DAS BUSINESS MODEL BUCH

DAS BUSINESS MODEL BUCH

WIE SIE INNOVATIVE GECHÄFTSIDEEN ENTWERFEN UND ERFOLGREICH IN DIE TAT UMSETZEN

ADAM J. BOCK UND GERARD GEORGE

Pearson

Bibliografische Information der deutschen Nationalbibliothek

Die Deutsche Nationalbibliothek verzeichnet diese Publikation in der Deutschen Nationalbibliografie; detaillierte bibliografische Daten sind im Internet über http://dnb.dnb.de abrufbar.

Der Umwelt zuliebe verzichten wir auf Einschweißfolie.

10 9 8 7 6 5 4 3 2 1

22 21 20

ISBN 978-3-86894-388-7 (Buch)
ISBN 978-3-86326-885-5 (E-Book)

A part of Pearson plc worldwide

Programmleitung: Martin Milbradt, mmilbradt@pearson.de
Übersetzung: Anke Harrer, München
Fachlektorat: Dipl. Ök. Christina Sieger, Essen
Korrektorat: Petra Kienle, Fürstenfeldbruck
Herstellung: Claudia Bäurle, cbaeurle@pearson.de
Satz&Layout: Gerhard Alfes, mediaService, Siegen (www.mediaservice.tv)
Druck und Verarbeitung: Drukkerij Wilco BV, Amersfoort

Printed in the Netherlands

Inhaltsverzeichnis

Vorwort

Als ich dieses Buch las, dachte ich über meine Karriere als Unternehmer nach. In den 30 Jahren, die ich als Unternehmer tätig war und in denen ich insgesamt fünf Unternehmen gründete und leitete, habe ich nicht ein einziges Mal über Geschäftsmodelle nachgedacht.

Für mein zweites Unternehmen, TomoTherapy, brauchte ich vermutlich keine umfangreiche Modellanalyse. Denn hier wurden wir angetrieben von unserem brennenden Wunsch, bisher unbehandelbare Krebsarten zu heilen. Vielleicht waren wir clever; vielleicht hatten wir einfach nur Glück. In jedem Fall schafften wir es, mit TomoTherapy Tausende Leben zu retten und gleichzeitig für die Gründer und Angestellten Wohlstand zu schaffen.

Während ich mich aber durch die Beispiele und Arbeitsblätter in diesem Buch arbeitete, erkannte ich, wie gut ich dieses Material hätte gebrauchen können – für meine eigenen Start-ups, die Projekte, die ich finanziert, und die Unternehmer, die ich beraten habe.

Jeder, der schon einmal ein Unternehmen geführt hat, gleichgültig ob erfolgreich oder nicht, weiß um die entscheidenden Beziehungen zu Kunden, Lieferanten, Mitarbeitern, Ressourcen, Finanzmitteln und dem eigenen Traum. Dieses Buch gibt Ihnen eine Anleitung an die Hand, mit der Sie Ihre Pläne visualisieren und Ihren Traum bewerten können. Es wird Ihnen die riesigen Lücken aufzeigen, die Sie noch zu füllen haben.

Wichtig ist nur, dass Sie beim Bearbeiten der Übungen vollkommen ehrlich sind. Belügen Sie sich nicht selbst.

Ich bin auch der Meinung, dass es Millionen von Geschäftsmodellen gibt, von denen sich aber die meisten in einige wenige Kategorien einteilen lassen. Wenn Sie versuchen, in einer etablierten Branche mit einem neuen Unternehmen Fuß zu fassen, ist es von entscheidender Bedeutung, dass Sie die Geschäftsmodelle Ihrer Konkurrenten kennen. Damit können Sie beurteilen, ob Sie wirklich das richtige Rüstzeug haben, um es mit ihnen aufzunehmen – noch bevor Sie viel Geld und Zeit in Ihr Vorhaben investieren.

Mit TomoTherapy hatten wir es mit einer eingefahrenen, fast schon erstarrten Branche zu tun. Intuitiv hatte ich mich mit dem dort vorherrschenden Geschäftsmodell beschäftigt und die großen Löcher darin gesehen. Jahrelang, ja jahrzehntelang, hatte dieses Modell gut funktioniert. Durch ihren dauerhaften Erfolg waren die Hauptakteure der Branche unachtsam, fast überheblich geworden. Doch mittlerweile verlangten unzufriedene, frustrierte Kunden nach Alternativen. Wir brachten eine völlig neue Technologie mit einer anderen Vision auf den Markt. Damit hatten wir ein neues Geschäftsmodell und eine bedeutende neue Geschäftschance.

Hätte ich dieses Buch schon früher gelesen, hätte ich jedoch auch meine anderen Projekte mit einem besseren Geschäftsmodell begonnen. Das hätte mir sicher die eine oder andere Bauchlandung und einige Beinahe-Zusammenbrüche erspart.

Allerdings dürfen wir nie vergessen, dass sich ein brillantes Geschäftsmodell im Handumdrehen in ein erfolgloses Modell verwandeln kann. Ein schnell wachsendes Unternehmen verändert sich rasant und seine Beziehungen entwickeln sich ebenso täglich weiter. Kunden, Märkte, Konkurrenten und auch ganze Branchen können sich wandeln – manchmal sehr schnell. Mir gefällt sehr, dass Adam und Gerry ihren Lesern raten, die Geschäftsmodellanalyse als Zyklus zu verstehen. Sie sollten sich diese Analyse immer wieder vornehmen, die Gültigkeit Ihrer Daten überprüfen ebenso wie Ihre Annahmen und Ihr Narrativ. Tun Sie das nicht, belügen Sie sich irgendwann selbst.

Haben Sie keine Angst vor Veränderungen, nur dadurch bleibt Ihr Unternehmen lebendig und lebensfähig. Arbeiten Sie einfach Ihren Modellzyklus und Ihre Analyse noch einmal durch, um zu erkennen, ob Sie vielleicht etwas übersehen haben. Schließlich sollten Sie das so früh wie möglich wissen, denn dann können Sie noch Veränderungen vornehmen.

Dieses Buch ist sicherlich leicht zu lesen, doch es steckt voller brillanter Wahrheiten und nützlicher Systeme, Analysen und Arbeitsblätter. Neben der strukturierten Herangehensweise an die Verwirklichung Ihres Traums sind auch die Beispiele und Kommentare sehr wertvoll für jeden Unternehmer. Adam und Gerry sind zwar Akademiker, aber sie sind eben auch Unternehmer. Ihr Wissen basiert auf gründlicher Recherche ebenso wie auf eigenen, praktischen Erfahrungen.

Es gibt viele Dinge, die ein Unternehmer aus seinen praktischen Erfahrungen – manchmal auch aus schmerzlichen Niederlagen – lernen kann. Lassen Sie sich auf diese Erfahrungen ein: Nutzen Sie diese einmalige Chance, aus unseren Fehlern zu lernen. Nehmen Sie sich Ihr eigenes Modell und auch dieses Buch in Zukunft immer einmal wieder vor. Glauben Sie mir, irgendwann und irgendwie werden Sie davon profitieren.

Paul J. Reckwerdt
Gründungs-CEO, TomoTherapy
Madison, WI

Über die Autoren

Adam J. Bock ist Unternehmer, Führungskraft, Akademiker und Kapitalgeber.

Adam ist Mitbegründer von vier Unternehmen aus dem Bereich Biowissenschaften, die alle aus Forschungsprojekten an der Universität entstanden sind. Nerites Corporation wurde 2011 von Kensey-Nash (Royal DSM) für 20 Millionen Dollar aufgekauft. Stratatech Corporation ging 2016 für 187 Millionen Dollar an Mallinckrodt. Virtual Incision Corporation vermarktet aktiv miniaturisierte Chirurgieroboter. Und sein aktuelles Projekt, Cellular Logistics, wurde 2016 als Spin-off der University of Wisconsin gegründet. Adam hat bereits zahlreiche Netzwerke für Investitionen von Business Angels gemanagt und so dafür gesorgt, dass über 10 Millionen US-Dollar an Seed-Kapital in Technologie-Start-ups geflossen sind. Er betreut Technologie- und Sozialunternehmer rund um die Welt.

Als Akademiker befasst sich Adam mit technologischem Unternehmertum, Geschäftsmodellen, Technologietransfer und nachhaltigem Unternehmertum. Adam ist Co-Autor (mit Gerry) von *Inventing Entrepreneurs* (Pearson Prentice Hall 2009) und *Models of Opportunity* (Cambridge University Press 2012) und hat zahlreiche Artikel veröffentlicht, z.B. in *Entrepreneurship Theory and Practice, Journal of Management Studies, Venture Capital: An International Journal of Finance, The European Business Review* und anderen Fachzeitschriften.

Er unterrichtete Unternehmertum an der University of Wisconsin-Madison, der University of Edinburgh, dem Imperial College London, dem Skolkovo Institute for Science and Technology und dem Edgewood College. Er hat Bachelor-Abschlüsse in den Fächern Volkswirtschaft und Luftfahrtechnik von der Stanford University, einen MBA-Abschluss von der University of Wisconsin-Madison und promovierte im Fach Innovation und Unternehmertum am Imperial College in London. Er ist Mitglied der UK Higher Education Academy und der Royal Society of Edinburgh Young Academy.

Adam lebt in Madison, Wisconsin, mit seiner Ehefrau Lynn Hyland und den beiden gemeinsamen Kindern, Taran Lee und Kenna Rose. Er hat alle Hände voll damit zu tun, den Plan seiner Kinder zu vereiteln, die im Auftrag ihres dunklen Oberherrn, ihres Katers Phoenix, die Weltherrschaft erringen wollen. Das Geschäftsmodell, das Kenna für ihr Start-up-Unternehmen Exvarderus™ entworfen hat, ist offensichtlich nur Fassade für diesen teuflischen Plan.

Gerard (Gerry) George ist Dekan und Professor des Lee Kong Chian Lehrstuhls für Innovation und Unternehmertum an der Lee Kong Chian School of Business der Singapore Management University (SMU). Gerry war vor seiner Zeit in China am Imperial College in London als stellvertretender Dekan der Business School, als Direktor des Gandhi Centre und als akademischer Leiter des ELITE Programme der Londoner Börse tätig. Dieses Programm begleitet ambitionierte Privatunternehmen bei ihrer nächsten anstehenden Wachstumsphase. Zuvor war er an der London Business School und der University of Wisconsin tätig.

Als preisgekrönter Forscher und Lehrer hat Gerry über 100 Artikel in führenden Fachzeitschriften veröffentlicht. Von 2013 bis 2016 war er Herausgeber des *Academy of Management Journal,* der bekanntesten empirischen Fachzeitschrift im Bereich Management. Ihm wurde eines der renommierten professoralen Stipendien des Economic and Social Research Council Großbritanniens verliehen, im Rahmen dessen er an ressourcenbegrenzter oder integrativer Innovation arbeiten konnte. In seinen Forschungsarbeiten befasste er sich mit Geschäftsmodellen, Organisationsdesign und deren Auswirkungen auf Innovation und Unternehmertum. In seinen Büchern wählt er (gemeinsam mit Adam) einen narrativen Ansatz, um zu beleuchten, wie Unternehmer ihre Geschäftsmodelle wahrnehmen und verändern können, um eine abwegige Idee in eine tragfähige Wachstumschance zu verwandeln: *Models of Opportunity: How Entrepreneurs Design Firms to Achieve the Unexpected* (Cambridge University

Press 2012). *Inventing Entrepreneurs: Technology Innovators and their Entrepreneurial Journey* (Pearson Prentice Hall 2009) beschreibt die menschliche Seite von Innovation und Technologie-Kommerzialisierung.

Er ist Vorstandsmitglied der Association to Advance Collegiate Schools of Business (AACSB) International. AACSB ist das größte Netzwerk für Auszubildende im Bereich Wirtschaft weltweit. Es verbindet Studenten, Universitäten und Unternehmen, um die Ausbildungsqualität in diesem Bereich zu verbessern. AACSB wurde 1916 gegründet und ist ein global aktiver Verband mit über 1.500 Mitgliedsorganisationen in mehr als 90 Ländern und Hauptsitzen in Nordamerika, Europa und im asiatisch-pazifischen Raum. Zudem ist Gerry Mitglied des Direktoriums der BML Munjal University nahe Neu-Delhi, die ihm auch den Ehrentitel Internationaler Dekan verlieh. Zuvor war er nicht exekutives Mitglied und Vorsitzender der Risk Management Committee of India Infrastructure Finance Company (UK) Limited (IIFC), einer Tochtergesellschaft eines Unternehmens der indischen Regierung. IIFC (UK) stellt großen indischen Infrastrukturprojekten, wie etwa dem Bau von Kraftwerken, dem Ausbau des Nahverkehrsnetzes etc., Finanzmittel in US-Dollar zur Verfügung. Für seinen Beitrag im Bereich weiterführende Bildung und Forschung erhielt er ein Fellowship des City & Guilds of London Institute.

Wie Sie dieses Buch nutzen sollten

Sie können dieses Buch natürlich einfach einmal ganz durchlesen, weil Sie es informativ oder unterhaltsam finden. Wir haben es allerdings eher als Arbeitsbuch für Unternehmer, Manager und Führungskräfte angelegt.

Jedes Kapitel enthält speziell ausgewählte Beispiele und Aufgaben, die darauf ausgerichtet sind, die erlernte Denkweise auf eine passende praktische Situation anzuwenden. Aus den Beispielen und den allgemeinen Erklärungen können Sie viel für sich lernen. Wenn Sie in Ihrer Organisation etwas bewegen möchten, sollten Sie genau überlegen, in welcher Phase sich Ihr Unternehmen befindet, und zumindest die Aufgaben bearbeiten, die sich auf diese Phase beziehen.

Wenn Sie alle angebotenen Aufgaben bearbeiten, können Sie von allem natürlich am meisten profitieren – auch von den Themen, die Ihnen für Ihr eigenes Unternehmen nicht relevant erscheinen. Organisationen verändern sich im Lauf der Zeit und das gilt natürlich auch für Geschäftsmodelle. Wenn Sie also bereits die Aufgaben bearbeiten, die sich auf ein Unternehmen in der Wachstumsphase beziehen, obwohl sich Ihre eigene Organisation gerade erst in der Startphase befindet, erscheint Ihnen das vielleicht zunächst so, als würden Sie das Pferd vom Schwanz her aufzäumen. Doch mit großer Wahrscheinlichkeit, werden Sie bereits jetzt in der Lage sein, Elemente Ihres langfristigen Geschäftsmodells zu erkennen. Und wenn Sie alternativ die Chance haben, Ihr Unternehmen in naher Zukunft schnell wachsen zu lassen, können Sie anhand unserer Arbeitsblätter zurückblicken und Ihre ursprünglichen Annahmen noch einmal auf den Prüfstand stellen. Haben sie immer noch Gültigkeit?

Zu diesem Buch gibt es die folgende Website: *www.pearson-studium.de/business-model-buch*, die auf der englischen Originalwebsite beruht. Alle wesentlichen Arbeitsblätter und Exkurse wurden ins Deutsche übersetzt. Darüber hinaus gibt es weitere englischsprachige Inhalte wie Videos und Links zu Websites, die wir im Original belassen haben und dem Nutzer nicht vorenthalten wollten.

Dort finden Sie:

Arbeitsblätter, die Sie zur eigenen Bearbeitung herunterladen können,

Links zu Beispielen und weiteren Ressourcen, u. a. Literaturempfehlungen, Interviews und Begriffsdefinitionen,

Exkurse, die weitere Informationen zu interessanten Themen liefern,

themenbezogene Videos.

Lassen Sie sich auf dieses Buch ein. Schließlich möchten Sie ja etwas Neues lernen. Wie beim Unternehmertum (oder auch im richtigen Leben), so ist es auch hier: Am besten lernt man, indem man es einfach ausprobiert.

Kurze Anmerkungen zum Buch

Wir haben uns bemüht, dieses Buch klar und präzise zu halten. Dazu mussten wir gewisse Kompromisse eingehen. Wissenschaftliche Forschung, neue Technologien und neue Geschäftsmodelle lassen sich häufig nicht umfassend in einigen wenigen Abschnitten erklären, ohne sie zu vereinfachen. Wir gehen aber davon aus, dass interessierte Leser ihr Wissen über bestimmte Themen eigenständig vertiefen werden.

Um zu viel „Fachchinesisch" zu vermeiden und den Text flüssig und ansprechend zu gestalten, haben wir im Text auf Quellenangaben und Querverweise verzichtet. Wir haben eine Website zum Buch gestaltet (*www.thebizmodelbook.com*), auf der Sie eine große Auswahl an zusätzlichem, hilfreichem Material finden. Wir empfehlen Ihnen als Leser, die Arbeitsblätter zu bearbeiten, denn damit können Sie selbst aktiv werden und das Gelesene sofort anwenden. Auch gibt es auf der Website zahlreiche Links zu Fachartikeln und anderen Quellen, eine ganze Reihe von Exkursen für interessierte Leser, die zu bestimmten Themen noch mehr erfahren möchten, und sogar weiterführende Diskussionen, die wir zwar für interessant hielten, die aber den Rahmen des Buchs gesprengt hätten. Zudem finden Sie auf der Website ein kleines Literaturverzeichnis akademischer und praxisorientierter Bücher, Artikel und Ressourcen. Inzwischen machen Google Scholar sowie andere Internetsuchsysteme solche Verzeichnisse zwar eigentlich überflüssig, wir haben unsere Liste aber dennoch erstellt

– und zwar aus zwei Gründen: Erstens wollten wir einige Arbeiten besonders hervorheben, die unser Denken als Akademiker am stärksten geprägt haben. Und zweitens wollten wir Lesern, die mit der akademischen und praxisbezogenen Literatur zum Thema Geschäftsmodelle weniger vertraut sind, eine kleine Hilfestellung für einen leichteren Einstieg geben. Wir beide sind amüsiert und zugleich erschrocken darüber, dass gründlich recherchierte Forschungsarbeiten in der Regel für aktive Manager und Unternehmer unlesbar und unverständlich sind. Vielleicht tut sich ja gerade hier eine neue Chance für eine Geschäftsmodellinnovation auf. Informationen zu geschlechtergerechter Sprache und Semantik des Worts „Unternehmer" finden Sie im Exkurs 2 auf der Website. Und der Exkurs 1 „Fallstudien und Beispiele" enthält Informationen über unsere Herangehensweise an dieses Thema.

Danksagungen der Autoren

Dieses Buch verdankt seine Existenz einer Reihe von Menschen und Institutionen. Wir bedanken uns ganz herzlich beim Pearson-Team. Steve Temblett startete dieses Projekt und Eloise Cook sorgte dafür, dass das Buch auch fertig wurde.

Adam J. Bock

Von Professor Anne Miner aus Wisconsin lernte ich unheimlich viel über das Leben und das Lernen. Professor Nick Oliver stellte mich ein und unterstützte mich in Edinburgh. Die Professoren Amy Gannon und Mark Barnard nahmen mich am Edgewood College freundlich in Empfang.

Hunderte von Unternehmern haben mir ihre Geschichten erzählt – wenn ich sie alle aufzählen wollte, würde das den Rahmen dieses Buchs sprengen. Wissenschaftler, die in der Wirtschaft tätig sind, können sich glücklich schätzen, wenn sie Menschen finden, die sich bereitwillig an den eigenen Forschungsprojekten beteiligen. Mein Dank gilt den Unternehmern, die mir über die Jahre zu Mentoren und Freunden geworden sind, darunter Tom Terry, Paul Reckwerdt, José Estabil, Larry Landweber, Joe Boucher, Charles Neider, Phil Blake und viele, viele andere.

Einen Großteil meines Erfolgs als Akademiker und Geschäftsmann verdanke ich diesen und anderen Kollegen sowie meinen Freunden und meiner Familie.

Gerard George

Ein akademisches Leben ist eine Reise – und auf jedem Abschnitt dieser Reise hatte ich das Glück, die richtige Unterstützung zu haben, um weiterzukommen. Ob nun in Singapur, London, Madison (Wisconsin), Syracuse (New York), Richmond (Virginia) oder Chennai (Indien) – überall traf ich auf großzügige und hilfsbereite Kollegen, Studenten, Co-Autoren, Geschäftspartner, Freunde und Familienmitglieder. Ich stehe tief in eurer Schuld und bin euch unendlich dankbar.

Ich möchte der Lee Foundation in Singapur für ihre großzügige Unterstützung meines Lehrstuhls danken ebenso wie der Lee Kong Chian School of Business an der Singapore Management University.

Danksagung des Verlags

Wir danken für die Genehmigung, folgendes urheberrechtlich geschütztes Material verwenden zu dürfen:

Abbildungen

Abbildung 10.1 adaptiert von *https://blog.leanstack.com/whylean-canvas-vs-business-model-canvas-af62c0f250f0*; die Lean Canvas ist adaptiert von The Business Model Canvas (*http://www.businessmodelgeneration.com*) und ist lizensiert unter der Creative Commons Attribution-Share Alike 3.0 Un-ported License; *Abbildung 11.1* adaptiert von *https://strategyzer.com/canvas/business-model-canvas*; diese Arbeit ist lizensiert unter der Creative Commons Attribution-Share Alike 3.0 Un-ported License; *Abbildung 14.1* adaptiert von Agile Business Model Innovation, The European Business Review, Mai/Juni 2014 (Adam J. Bock und Gerry George, 2014), Erstveröffentlichung in „The European Business Review", *http://www.europeanbusinessreview.com/agile-businessmodelinnovation/...*; *Abbildung 15.1* ist adaptiert von *http://www.plan-c.eu/bmix/*, Quelle: Circular Flanders, mit Genehmigung reproduziert.

Text

Fallstudie auf Seite 49 wiedergegeben mit Genehmigung von Vash Marada; Zitat auf Seite 123 von Tom Whiteaker, Partner, Propel Venture Partners, persönliches Interview mit Adam Bock, reproduziert mit Genehmigung; Zitat auf Seite 51 von John Biondi, Interview mit Adam Bock, reproduziert mit Genehmigung; Zeitungsüberschrift auf Seite 57 von Esther Dyson, *https://www.linkedin.com/pulse/20130722164610-28157-hyperloop-it-s-the-business-model-stupid*, reproduziert mit Genehmigung; Zitat auf Seite 105 von Mark Daugherty, Serienunternehmer, persönliches Interview, 2015 mit Adam Bock, reproduziert mit Genehmigung; Beispiel auf Seite 105 übernommen von *http://www.shortstackeats.com/*, reproduziert mit Genehmigung; Zitat Seite 126 zu Value Creation vs. Value Capture von Marty Cagan, 21. April 2013, *https://svpg.com/value-creation-vs-value-capture/*, reproduziert mit Genehmigung; Zitat auf Seite 143 von Ash Maurya, *https://leanstack.com/why-lean-canvas/*, reproduziert mit Genehmigung; Zitat auf Seite 224 von John McKinley, ehemaliger CTO bei Merrill Lynch (persönliche Korrespondenz), reproduziert mit Genehmigung.

Einführung

In einer Welt der Schlagworte ist vielleicht das „Geschäftsmodell“ das größte Schlagwort von allen.

Abbildung 1 zeigt, dass innerhalb der letzten zehn Jahre der Begriff „Geschäftsmodell“ im Vergleich zu anderen wichtigen Schlagwörtern aus dem Bereich Management immer mehr an Bedeutung gewonnen hat. Während einige andere wichtige Managementtools mehr und mehr in Vergessenheit geraten, kommt das Geschäftsmodell immer häufiger zum Einsatz und wird von Praktikern und Wissenschaftlern gleichermaßen beachtet. Es scheint so, als hätte sich dieses Konzept mittlerweile etabliert.

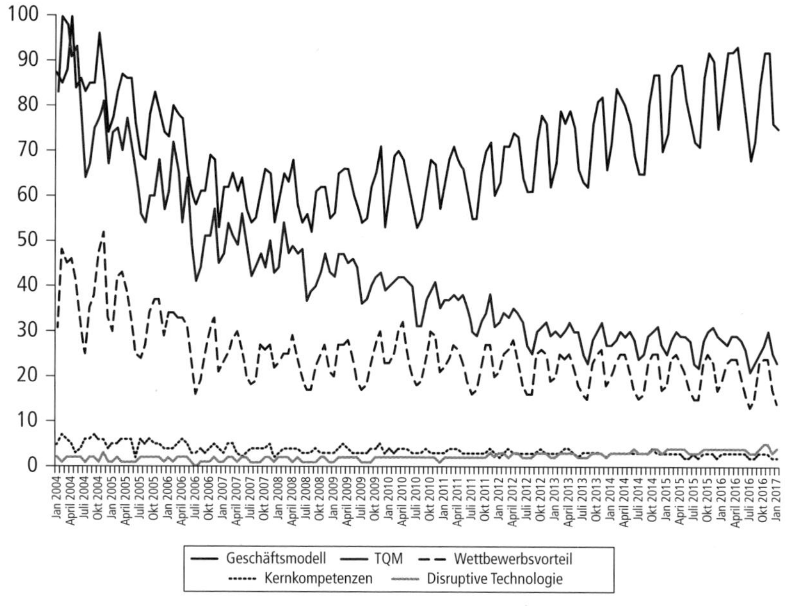

Abbildung 1: 2004 – 2017: Relative Google-Suchvorgänge nach Geschäftsmodellen und anderen Begriffen

Ein Geschäftsmodell ist eine merkwürdige Sache. Ein erfolgreiches Modell ist offensichtlich – zumindest rückblickend.

Eine kostenlose, werbefinanzierte Website, mit der man das gesamte Internet durchsuchen kann? Google hat ein großartiges Geschäftsmodell, doch die unvorstellbar riesigen Datenmengen, die das Unternehmen angesammelt hat, sind Grundlage für Dutzende weitere Geschäftsmodelle in verwandten sowie auch in völlig anderen Branchen.

Auch ein erfolgloses Geschäftsmodell erkennt man häufig auf den ersten Blick. Die Lieferung schwerer, sperriger Säcke mit Tierfutter direkt an den Kunden? Hohe Lieferkosten gepaart mit einem Produkt mit relativ geringer Gewinnmarge erwies sich als katastrophal für Pets.com. Heute, zwanzig Jahre später, kann man Tierfutter mit kostenloser Lieferung bei Amazon bestellen. Es kommt also ganz klar auch auf das richtige Timing an. Vielleicht ist dieses ganze Konzept eines Geschäftsmodells doch komplizierter, als es auf den ersten Blick aussieht.

Im Folgenden haben wir zusammengefasst, worauf man beim Thema Geschäftsmodell achten sollte:

Erfolgreiche Geschäftsmodelle – die Quintessenz

- Es gibt kein Geheimrezept für die Gestaltung und Umsetzung eines Geschäftsmodells, das immer und in allen Situationen funktioniert.
- Wer ein erfolgreiches Geschäftsmodell gestalten möchte, muss die entscheidenden Elemente einer Organisation verstehen (Ressourcen, Transaktionen, Wertschöpfung, Narrativ) und muss begreifen, wie sie in einer bestimmten Organisation oder Geschäftschance ineinandergreifen.
- In unterschiedlichen Entwicklungsphasen einer Organisation setzt man am besten auch unterschiedliche Geschäftsmodell-Tools ein.
- Eine Geschäftsmodellinnovation ist ein Prozess, der hohe Risiken, aber auch hohe Erfolgschancen birgt. Um ihn erfolgreich zu meistern, muss man sich gleichzeitig auf seine Kompetenzen konzentrieren und kreativ neue Geschäftschancen ausloten.

Geschäftsmodelle sind das Herzstück des Leistungsversprechens Ihrer Organisation.

Dieses Buch zeigt Ihnen, wie Sie Geschäftsmodelle entwickeln, überprüfen und (innovativ) verändern können. Erfolgreiche Geschäftsmodelle sind der Motor für schnelles Wachstum; das falsche Geschäftsmodell kann selbst das vielversprechendste Projekt zugrunde richten.

Sie haben vielleicht schon einiges über Geschäftsmodelle gelesen oder sogar schon eine Diskussionsrunde in Ihrem Unternehmen zu diesem Thema geleitet. Sie wollten schon immer mehr über das Geschäftsmodell Ihrer Organisation wissen, haben aber gleichzeitig den Verdacht, es eigentlich gar nicht zu kennen. Vielleicht haben Sie das Thema aber bisher auch gemieden, da in allen Büchern etwas anderes steht und alle Berater etwas anderes sagen. Dieses Buch ist anders: Es bietet Ihnen alle grundlegenden Informationen, die Sie brauchen, klare, präzise Beispiele und direkte Ratschläge, wie Sie an Ihr eigenes Geschäftsmodell in Ihrem Unternehmen herangehen sollten.

Wir bringen die neuesten Forschungsergebnisse, verständliche Hilfsmittel und aktuelle Beispiele zusammen, um dieses überraschend knifflige Thema mit Leben zu füllen. Aufschlussreiche Beispiele aus unserer Forschung und persönlichen Erfahrung vermitteln Ihnen die wichtigsten Lektionen. Wir wenden in diesem Buch zudem einen neuen Ansatz an, um das Thema Geschäftsmodell dem jeweiligen Entwicklungsstand Ihrer eigenen Organisation anzupassen – den Lebenszyklus des Geschäftsmodells. Ihr Unternehmen verändert sich mit der Zeit – also sollte das Ihr Geschäftsmodell auch tun.

Es kommt nicht darauf an, was Sie bereits über Geschäftsmodelle zu wissen glauben. Es ist gleichgültig, ob Sie eine erfahrene Führungskraft, ein Manager der mittleren Führungsebene, Besitzer eines kleinen Geschäfts oder ein Unternehmer (in spe) sind oder ob Sie einfach nur Interesse haben am Thema Unternehmertum und Management. Die Medien – ob nun populär oder wissenschaftlich – sind voll von übertriebenen und unbewiesenen Behauptungen darüber, was Geschäftsmodelle sind, wie man sie konstruieren sollte und wie man ihren Erfolg oder Misserfolg bestimmen kann.

Kümmern Sie sich jetzt nicht mehr um all diese Aussagen. Jetzt wird es Zeit, Ordnung ins Chaos zu bringen.

Es ist Zeit, Geschäftsideen zu entwickeln, umzusetzen und zu verändern, die erfolgreich sind.

TEIL 1

Das Geschäftsmodell

In diesem Abschnitt wird geklärt, warum mittlerweile niemand mehr – weder Laie noch Fachmann – am Konzept des Geschäftsmodells vorbeikommt, wenn es um das Thema Management geht. Wir untersuchen, was ein Geschäftsmodell ist – und auch was es nicht ist. Zuletzt tragen wir zusammen, was wir sicher über Geschäftsmodelle wissen und wie Sie dieses Wissen nutzen können, um ein zukunftsfähiges Unternehmen aufzubauen. Mit diesem Wissen schaffen Sie alle Voraussetzungen, um ganzheitliche und praktisch orientierte Geschäftsmodelle zu gestalten und bestehende Geschäftsmodelle an reale Organisationen anzupassen.

1

Reale Geschäftsmodelle

„Ich habe kein Geschäftsmodell.“

Sal Khan, Gründer der Khan Academy, die Studierenden weltweit Tausende von kostenlosen Unterrichtsstunden ermöglicht hat.

Ein Blick zurück zeigt, dass bis zum Dotcom-Boom, der Ende der 1990er-Jahre einsetzte, kein Geschäftsmodell notwendig war, um erfolgreich ein Unternehmen zu führen. Heute dagegen sind nicht nur Wissenschaftler, sondern auch Manager und Unternehmensberater davon überzeugt, das richtige Geschäftsmodell sei der heilige Gral, der jedem Unternehmen Erfolg, Wachstum und Ertragskraft sichere.

Zweifellos kann ein Geschäftsmodell ein wichtiges und effektives Werkzeug für jeden Manager sein. Jeder, der in einem Unternehmen Verantwortung trägt, sollte mit den Grundelementen eines Geschäftsmodells und deren Wirkungsweise vertraut sein. Ein solches Modell ermöglicht wertvolle Einblicke in jede Organisation, gleichgültig um welche Branche, welches Land oder welche Größe es sich handelt. Es ist für kommerzielle wie für nicht kommerzielle Unternehmen gleichermaßen von Bedeutung und kann ebenso auf akademische und staatliche Einrichtungen angewandt werden. Für jede Form der Organisation gibt es also ein Geschäftsmodell.

Warum funktionieren Geschäftsmodelle?

Das weiß niemand so genau ...

Die einfache, ungeschönte Wahrheit ist, dass die wissenschaftliche Theorie, die hinter dem Konzept eines Geschäftsmodells steckt, keine wirkliche Erklärung liefern kann, wie und warum manche Ansätze funktionieren und andere nicht. Es gibt einfach keine gesicherten Nachweise darüber, wie Unternehmer neue Geschäftsmodelle entwerfen. Eine eindeutige Methode zur Bewertung eines Geschäftsmodells sucht man vergeblich. Viele Wissenschaftler, die sich in ihrer Forschung mit Geschäftsmodellen beschäftigen, beziehen sich dabei auf Definitionen, die mit der Realität der Manager und ihrer Sichtweise relativ wenig zu tun haben. Und wenn es solide wissenschaftliche Erkenntnisse gibt, sind diese für Unternehmer meist wenig relevant.

Das Geschäftsmodell ist eben nicht wie die meisten anderen theoretischen Managementkonzepte. Das Managementkonzept der Unternehmensstrategie etwa beschreibt, wie ein Unternehmen gegen andere konkurriert. Und wie die meisten Managementkonzepte kann diese Strategie mit der Strategie anderer Organisationen verglichen werden. Wer das gleiche Produkt zu einem geringeren Preis produzieren kann, der liegt im Konkurrenzkampf mit anderen ganz vorne. Eine solche Strategie ist also in jedem Fall gut und führt – effektiv umgesetzt – immer zu Gewinnen und Wachstum.

Für ein erfolgreiches Geschäftsmodell dagegen gibt es häufig keine direkte, praktische Vergleichsmöglichkeit – vielleicht gibt es dafür sogar noch gar keinen existierenden Markt!

BEISPIEL Neue Geschäftsmodelle

Die Booking Holdings Inc. ist ein amerikanisches Unternehmen mit Hauptsitz in Norwalk im US-Bundesstaat Connecticut. Das Unternehmen betreibt mehrere Online-Reiseportale. Bis Februar 2018 firmierte das erfolgreiche Unternehmen noch unter The Priceline Group. Zwar hat das Unternehmen seine Dienstleistungspalette mittlerweile stark erweitert, doch wer das Geschäftsmodell der Organisation verstehen will, muss ins Jahr 1998 zurückgehen, als Priceline online ging. Obwohl Priceline für den Endkunden wie ein Online-Reisebüro aussah, bot das Unternehmen eigentlich selbst gar keine Reisedienste an. Für die Reiseindustrie war Priceline ein Marketingkanal, doch es gab keine formale Partnerschaft – Priceline verbarg aktiv die Namen der Reiseanbieter. Das Geschäftsmodell war brillant, denn Priceline nutzte das Internet als Plattform für blinde Auktionen in Echtzeit, um überschüssige Reisekapazitäten wie etwa freie Hotelzimmer oder Sitzplätze im Flugzeug anzubieten. Technisch gesehen war Priceline ein Online-Auktionator, der als Erster den Markt für „markenfreie" Reiseangebote entdeckt hatte.

Die Herausforderung, ein gutes Geschäftsmodell zu erkennen und umzusetzen, ist auf den ersten Blick einfach zu meistern. Herausragende Geschäftsmodelle funktionieren deshalb so gut, weil alle Elemente so ausgerichtet sind, dass sie den Wertschöpfungsprozess unterstützen. Doch diese Ausrichtung ist oft nicht klar ersichtlich. Betrachten wir etwa die Fluglinie Southwest Airlines, Vorreiter aller Billigflieger weltweit. Nahezu jedes einzelne Element des Southwest-Geschäftsmodells zielte auf Kostenminimierung ab. Es gab nur einen Flugzeugtyp, um Wartungskosten zu sparen. Man flog von kleineren, regionalen Flughäfen, um die Startgebühren gering zu halten. Eine einfache Preisstruktur hielt die Verkaufskosten niedrig. Und dennoch zahlte Southwest überdurchschnittlich hohe Löhne und Gehälter und gab zudem verhältnismäßig viel Geld für Aus- und Weiterbildung seines Personals aus. Warum? In der Luftfahrtbranche kann ein kleiner Fehler eines Mitarbeiters extrem hohe Kosten verursachen. Ein verspäteter Abflug kann sich negativ auf mehrere Folgeflüge auswirken; verpasst ein Passagier einen Anschlussflug oder kommt ein Gepäckstück nicht mit, kommen auf die betroffene Fluggesellschaft hohe Kundendienstkosten zu. Bei einer Gewinnmarge von 10 Prozent bedeuten 100 Euro Zusatzkosten für die Lösung eines Kundenproblems, dass zusätzlich 1000 Euro erwirtschaftet werden müssen, um diesen finanziellen Schaden auszugleichen. Das kostenreduzierende Geschäftsmodell von Southwest erforderte also gleichzeitig ein relativ kostenintensives Personalelement. Und zwei Jahrzehnte lang funktionierte dieses Modell höchst effektiv – Southwest erreichte beständig höhere Gewinnzahlen als der Rest der US-amerikanischen Flugbranche. In so manchem Jahr konnte Southwest sogar höhere Gewinne verbuchen als alle anderen US-Fluggesellschaften zusammen.

Doch Southwest ist mittlerweile nicht mehr die einzige Billigfluglinie. Ryanair ist in Europa extrem erfolgreich und investiert dabei weitaus weniger in seine Mitarbeiter. Hier kommt eine völlig andere Preisstruktur zum Einsatz, die sicherstellen soll, dass alle Flieger immer voll sind – die wichtigste Betriebsregel jeder Fluggesellschaft. Southwest wird in der Regel als attraktiver Arbeitgeber wahrgenommen, der zudem erstklassigen Kundendienst bietet, während Ryanair regelmäßig wegen eines schlechten Service am Pranger steht und von verschiedenen Regierungsbehörden mehrfach mit Geldbußen belegt wurde, weil Kundenbeschwerden überhandnahmen. Dennoch operieren beide Billigflieger rentabel und wachsen stetig.

Anders ausgedrückt – Geschäftsmodelle sind kompliziert.

PRAXISTIPP Geschäftsmodelle – Dos and Don'ts

Do: Wenden Sie die im Folgenden beschriebene Geschäftsmodellanalyse an, um zu erkennen, wie Organisationen gestaltet werden können, damit ein Mehrwert entsteht.

Don't: Lassen Sie sich nicht davon täuschen, wie scheinbar einfach theoretische Beschreibungen von Geschäftsmodellen großer Organisationen sind. Je größer ein Unternehmen und je komplexer die angebotene Mischung aus Produkten und Dienstleistungen ist, desto wahrscheinlicher ist es, dass hier mehrere Geschäftsmodelle im Spiel sind. Und auch in großen Unternehmen, die von außen betrachtet das gleiche Geschäftsmodell haben, können unter der Oberfläche ganz unterschiedliche Elemente zum Einsatz kommen, die eine völlig andere Wirkung haben.

Mehrwert schaffen und nutzen

Bevor wir fortfahren, müssen wir uns – zumindest vorläufig – darauf verständigen, was ein Geschäftsmodell ist. In *Kapitel 2* werden die Geschichte des Geschäftsmodells sowie einschlägige Forschungsarbeiten dazu thematisiert. Um dieses Thema jedoch überhaupt in Angriff nehmen zu können, müssen wir etwas weiter ausholen.

Meistens wurden und werden zwei wichtige Unternehmenskonzepte herangezogen, wenn es um die Einordnung des Begriffs Geschäftsmodell geht.

- Das erste Konzept ist die Wertschöpfung. Geschäftsmodelle haben immer etwas damit zu tun, wie (und warum) Organisationen Mehrwert schaffen.
- Das zweite zentrale Konzept ist die Gestaltung. Geschäftsmodelle legen fest, wie Organisationen funktionieren – besonders in Bezug auf Strukturen und Beziehungen, die Verhaltensweisen und Aktivitäten bestimmen.

Ein Geschäftsmodell beschreibt also, wie eine Organisation gestaltet werden muss, um eine Chance zu nutzen und Mehrwert zu schaffen.

Jede Organisation existiert nur aus einem einzigen Grund: Sie soll einen größeren Mehrwert generieren, als es eine Einzelperson allein könnte. Dieser Mehrwert kann wirtschaftlicher Gewinn sein, ebenso aber auch Bildung, Wirtschaftswachstum, soziale Gerechtigkeit, Unterhaltung oder jedes andere denkbare positive Ergebnis. Eine Organisation nutzt verschiedene Arten von Kapital (Mitarbeiter, Geld, Anlagen etc.), um diesen Mehrwert zu generieren und abzuschöpfen.

Sal Khan wollte ursprünglich seinem Neffen Fernunterricht in Mathematik geben. Dazu nahm er relativ einfache Videos auf, in denen er mathematische Konzepte mithilfe von Voiceover-Aufnahmen erklärte. Später stellte er diese Videos dann nicht nur seinem Neffen, sondern auch dessen Freunden per Internet zur Verfügung. Und die Khan Academy hat diesen Prozess der Wertschöpfung mittlerweile auf Millionen Lernwillige weltweit ausgeweitet.

AUFGABEN **Arbeitsblatt 1.1: Wertschöpfung verstehen**

Ganz gleich, ob Sie Profi oder Neuling sind, was Geschäftsmodelle angeht – Sie müssen in jedem Fall die harten Fakten der Wertschöpfung und Wertnutzung kennen und verstehen. Auf der Website zum Buch finden Sie im Bereich „Arbeitsblätter" das *Arbeitsblatt 1.1:* Wertschöpfung verstehen. Die Bearbeitung wird Sie weniger als fünf Minuten Ihrer Zeit kosten und es lohnt sich, denn die Begriffe und Konzepte auf diesem Arbeitsblatt werden Ihnen in unserem Buch immer wieder begegnen. Alles, was Sie dabei tun müssen, ist in einfachen, klaren Worten zu erklären, wie Ihre Organisation Mehrwert generiert und nutzt. Zur Übung haben wir noch ein Beispiel bereitgestellt, bevor Sie sich an die Einschätzung Ihrer eigenen Organisation heranwagen.

Bei einer gewinnorientierten Organisation muss der geschaffene Mehrwert immer in ein und derselben Form abgeschöpft und genutzt werden, nämlich in Form von Geld. Im Grunde soll jedes gute Geschäftsmodell eine Nutzung des erschaffenen Mehrwerts zur Folge haben. So erzeugen beispielsweise effektiv arbeitende Nichtregierungsorganisationen einen Wandel, der meist einen sozialen Zweck erfüllt. Eine solche Organisation könnte die erzielten positiven Ergebnisse zwar nutzen, um mehr Spenden zu sammeln oder freiwillige Helfer zu gewinnen, doch in der Regel sind diese Ergebnisse selbst keine Voraussetzung für die weitere Arbeit der Organisation. Bei einem gewinnorientierten Unternehmen dagegen ist es sehr wichtig, eine ausdrückliche Verbindung zwischen Wertschöpfung und Wertnutzung zu schaffen, denn ein Großteil der Gewinne wird wieder in das Unternehmen investiert und finanziert so neue Entwicklungen und Wachstum, aber belohnt auch die Eigentümer.

BEISPIEL Erfolgsgeschichte: Die Khan Academy

Die Khan Academy ist mittlerweile eine der einflussreichsten und gleichzeitig umstrittensten Bildungsinnovationen des 21. Jahrhunderts. Lehrende und Wissenschaftler sind sich uneins, was die Effektivität eines unabhängigen Fernstudiums betrifft, das nicht durch Stundenpläne und Noten geregelt wird. Die reinen Nutzerzahlen allerdings sprechen eine deutliche Sprache: Im Jahr 2015 besuchten jeden Monat über 15 Millionen Nutzer die Website der Khan Academy. Dort werden mehr als 100.000 verschiedene Videos und Lektionen zu unterschiedlichen Fachrichtungen bereitgestellt – von den Grundlagen der Addition bis hin zu Quantenmechanik und Kunstgeschichte. Diese Lektionen wurden ursprünglich in englischer Sprache entwickelt, sind aber inzwischen auch in vielen anderen Sprachen verfügbar. Alle Lektionen und Kurse sind kostenfrei. Es kann sein, dass Sal Khan kein Geschäftsmodell hat, aber die Khan Academy hat die Vision dieses Mannes – Bildung für alle – zu einem globalen Phänomen gemacht. Mehr Informationen zum Unternehmen finden Sie über die *Weblinks* auf der begleitenden Website.

Bewährungsprobe in der realen Welt

Leider gibt es keine allgemeingültige, narrensichere Methode, um zu testen, ob ein Geschäftsmodell funktioniert. Man muss es einfach in der realen Welt ausprobieren.

Doch die gute Nachricht ist, dass sich die meisten Geschäftsmodelle gut in einem Pilotprojekt überprüfen lassen. Später im Buch werden wir klären, wie sich ein in der Theorie geplantes Geschäftsmodell in die Praxis übertragen lässt. Sind bei der Wertschöpfung und -nutzung keine extremen Größenvorteile oder Netzwerkeffekte im Spiel, so kann man Geschäftsmodelle meist sehr gut und effektiv im Kleinformat testen, um mögliche Engpässe oder Systemfehler aufzudecken.

Die schlechte Nachricht lautet aber, dass ein gutes Geschäftsmodell jederzeit kopiert werden kann. Solche Modelle sind weder durch Patente noch durch Warenzeichen oder Copyright geschützt. Und natürlich kann man sie auch nicht wie ein Betriebsgeheimnis verstecken. Das Geschäftsmodell eines Unternehmens legt fest, was dieses Unternehmen tut, um Mehrwert zu schaffen und für sich zu nutzen. Daher haben Kunden, Lieferanten, Partnerunternehmen und sogar Konkurrenten naturgemäß Zugang zu einigen oder sogar allen Details des Modells. Allerdings kann ein Geschäftsmodell, das einer Organisation zu großem wirtschaftlichen Erfolg verholfen hat, für ein anderes Unternehmen ein totaler Fehlschlag sein. Ubers Idee etwa, aus der Vermittlung von Mitfahrgelegenheiten ein Geschäft zu machen, wurde mittlerweile von mehreren Unternehmen weltweit übernommen, etwa von Grab (Singapur), Hailo (London), Lyft (USA), Ola (Indien) und Didi (China). Nicht allen Unternehmen aber gelingt es, Ubers Erfolg zu kopieren. Auch Uber selbst konnte auf anderen internationalen Märkten wie etwa in China, nicht an seine Erfolge anknüpfen und musste diesen Markt inzwischen wieder verlassen.

BEISPIEL Risiko Geschäftsmodell

Ebenso wie Priceline, der Vorgänger der Booking Holdings Inc., und viele andere Dotcom-Unternehmen versuchte auch FoodUSA via Internet direkten Zugriff auf einen Markt zu erlangen. In diesem Fall war das der Markt für Fleisch. Schlachthäuser und fleischverarbeitende Betriebe konnten auf dem elektronischen Marktplatz von FoodUSA anonym Informationen über verfügbare Ware posten und Käufer konnten dafür Gebote abgeben. Durch den hohen Konsolidierungsgrad der Lebensmittelindustrie in den USA fielen die Gewinne der Schlachtereien traditionell immer relativ gering aus und FoodUSA war darauf ausgelegt, dieses Kräfteverhältnis zugunsten der Schlachthäuser und Landwirte zu verschieben, wobei das Unternehmen dennoch für jeden Verkauf eine Provision verlangte.

Wir werden wohl nie erfahren, ob dieses Geschäftsmodell ein langfristiger Erfolgsgarant gewesen wäre, denn obwohl FoodUSA mehrere Millionen Dollar von Risikokapitalgebern erhielt und Transaktionen im Wert von über 35 Millionen Dollar abwickelte, ging das Unternehmen nach weniger als drei Jahren in die Insolvenz. Warum? Das Geschäftsmodell war kopiert worden – von einem Konsortium aus Lebensmittelunternehmen, das Fleisch direkt von den Schlachthäusern kaufte. Commerce Ventures war nur aus dem einen Grund ins Leben gerufen worden, um mit FoodUSA in Konkurrenz zu treten. 55 Prozent der Unternehmensanteile gehörten Tyson Foods, 27 Prozent Cargill, zwei der weltgrößten Lebensmittelanbieter. Zudem gehörten drei weitere große Unternehmen aus dem Bereich Fleischverarbeitung dem Konsortium an. Commerce Ventures brachte zwar nie eine mit FoodUSA vergleichbare Marktplattform an den Start, doch die Schlachtereien posteten einfach keine Angebote mehr bei FoodUSA. Der Cashflow versiegte und als auch kein Risikokapital mehr floss, musste FoodUSA aufgeben. Commerce Ventures gewann also keineswegs im direkten Konkurrenzkampf gegen FoodUSA, doch das Konsortium machte das Geschäftsmodell des Internetunternehmens wirkungslos.

Funktioniert ein Geschäftsmodell in einer Branche hervorragend, heißt das nicht automatisch, dass es auch in anderen Branchen erfolgreich ist. Andererseits kann ein totgeglaubtes Modell durchaus wieder neu belebt werden, wenn sich die Bedingungen auf dem Markt verändern. Hier spielen das Branchenumfeld, die Marktbedingungen und auch der Zeitfaktor eine wichtige Rolle. So werden zum Beispiel für das Geschäft des Online-Musikdienstes immer wieder neue Geschäftsmodelle entworfen und ausprobiert. Napster ist inzwischen vom Markt verschwunden, doch Spotify, iTunes®, SoundCloud und selbst YouTube schaffen es, jeweils auf ihre Art und Weise sehr erfolgreich verschiedene Märkte, Kundenbedürfnisse und -segmente zu bedienen.

Wir stellen fest, dass zwei Geschäftsmodelle nie genau gleich sind. Veränderungen der technischen Infrastruktur können schnell dafür sorgen, dass bisher erfolgreiche Modelle plötzlich uneffektiv oder sogar unmöglich werden. Die meisten grundlegenden Elemente eines Geschäftsmodells jedoch sind Managern und Unternehmern durchaus bekannt. Wer schon 100 Geschäftsmodelle gesehen hat, findet mit großer Wahrscheinlichkeit in Modell 101 Ähnlichkeiten und Entsprechungen zu den vorherigen Modellen. Genau aus diesem Grund legen Risikokapitalgeber großen Wert darauf, sich jedes neue Geschäftsmodell ganz genau erklären und oft auch mit Diagrammen visualisieren zu lassen. Viele Start-up-Unternehmen nutzen bereits bewährte Modelle und adaptieren sie nur geringfügig, wenn sie einen neuen Markt betreten.

In der Spieleindustrie existiert ein Ökosystem aus sich stark ähnelnden Unternehmen, die kleine (aber dennoch wichtige) Unterschiede aufweisen. Große Konzerne wie etwa Sony, Microsoft und Nintendo entwickeln und veröffentlichen Software, die zu den jeweils eigenen Hardware-Plattformen passt. Allerdings gibt es darum herum auch ein großes Netzwerk aus kleineren Unternehmen, die die großen Marktteilnehmer unterstützen. Vom finnischen Handyspiele-Entwickler Supercell etwa kommen führende Produkte wie Clash Royale und Clash of Clans, die täglich von einer Million Fans gespielt werden. 2016 wurde Supercell vom chinesischen Internet-Konglomerat Tencent aufgekauft, das so seine Präsenz auf dem internationalen Markt für Handyspiele stärken wollte. Und je weiter man auf dem Globus nach Osten geht, desto größer wird die Vielfalt an Plattformanbietern für Handyspiele. Beispiele sind Garena aus Singapur, dessen Zielmarkt vor allem Südostasien ist. Mixi (Japan) veröffentlichte zunächst das Handyspiel Monster Strike, das aber sehr schnell so bekannt wurde, dass Mixi mittlerweile daraus ein soziales Netzwerk gemacht hat. In Südkorea sind Internet- und Handyspiele so beliebt, dass man professionelles Spielen dort heute als „E-Sport" bezeichnet – und die erfolgreichsten Protagonisten von großen Unternehmen wie Netmarble oder Gravity gesponsert werden. Und auch kleinere Nischenmärkte wie z.B. Vietnam haben inzwischen relativ große Spieleentwickler vorzuweisen, z.B. die Firma VNG. Nur in dieser einen Branche können wir eine große Vielfalt an verschiedenen Geschäftsmodellen und Unternehmen beobachten, die sich auf unterschiedliche geografische Märkte spezialisieren und nur aufgrund geringfügig abweichender Fähigkeiten individuell sehr erfolgreich sein können.

Ihr eigenes Geschäftsmodell muss also keineswegs einzigartig sein, doch es muss sich aufgrund der Ressourcen, Transaktionen und Wertschöpfungsprozesse Ihres Unternehmens eindeutig von der Konkurrenz abheben, damit Ihre Geschäftsidee überleben und wachsen kann.

Videomaterial

Geoff Yang, Gründungsmitglied der kalifornischen Risikokapitalfirma Redpoint Ventures, erklärt, dass so gut wie jedes Geschäftsmodell irgendwo schon einmal ausprobiert wurde.

Die Konzepte und Übungen aus diesem Buch können kein Ersatz sein für einen Testlauf in der realen Geschäftswelt. Sie können allerdings wertvolle Hilfsmittel und Methoden liefern, um sich auf diesen Testlauf vorzubereiten. Und sie sollten unbedingt als Anleitung zur Fehlersuche verstanden werden, um Fehler und Probleme von Geschäftsmodellen zu beheben.

AUFGABEN **Arbeitsblatt 1.2: Was stimmt nicht mit meinem Geschäftsmodell?**

Bevor wir uns dem nächsten Kapitel zuwenden, in dem Sie etwas über die Geschichte des Geschäftsmodells erfahren, nehmen Sie sich bitte noch das *Arbeitsblatt 1.2* vor. Überlegen Sie, ob es etwas gibt, das bei Ihrem eigenen Geschäftsmodell eventuell nicht funktioniert. Dazu könnten Sie sich zunächst darauf konzentrieren, ob es Geschäftsmodelle anderer Organisationen gibt, die in Ihren Augen auch nicht gut funktionieren. Diese Übung sollte nur einige Minuten in Anspruch nehmen, bereitet Sie aber optimal auf die detaillierteren Übungen und Aufgaben in den folgenden Kapiteln vor.

Was macht ein gutes Geschäftsmodell aus?

Ein gutes Geschäftsmodell ist die Grundlage einer zukunftsfähigen Organisation. Ein gutes Geschäftsmodell

- erfüllt ein Kundenbedürfnis,
- schafft Mehrwert für das Unternehmen und seine Partner,
- nutzt wertvolle Fähigkeiten oder Ressourcen und wertet sie auf,
- ist effizient,
- hebt das Unternehmen von der Konkurrenz ab und
- ist auf lange Sicht nachhaltig gestaltet.

Jeder dieser Punkte ist wichtig und verdient es, genauer betrachtet zu werden:

Bedürfnis. Jede zukunftsfähige und nachhaltige Organisation dient einem zentralen Zweck: Sie erfüllt ein Bedürfnis. So kann ein gutes Geschäftsmodell beispielsweise ein Bedürfnis des Markts befriedigen und Einkünfte und Gewinne generieren; es könnte auch auf ein Bedürfnis der Gesellschaft eingehen, die Spendenbereitschaft steigern und zu einer positiven sozialen Entwicklung führen. In seltenen Fällen kann ein gutes Geschäftsmodell auch ein völlig neues Bedürfnis schaffen – und es befriedigen. In jedem Fall erfüllt ein tragfähiges Geschäftsmodell immer ein Bedürfnis, das bisher nicht vollständig befriedigt wurde. Ist das nicht der Fall, so ist das Modell schlicht nicht zukunftsfähig.

Mehrwert. Die Erfüllung eines Bedürfnisses ist notwendig, für sich allein genommen aber nicht ausreichend. Denn ein gutes Geschäftsmodell muss auch Mehrwert für das betreffende Unternehmen und dessen Partner generieren. Wird kein Mehrwert geschaffen, hat das Modell keine Zukunft. Manche Geschäftsmodelle transferieren bestehende Werte einfach von einer Organisation zur nächsten oder auch entlang der Wertschöpfungskette. Wird also kein Mehrwert generiert, so läuft die Wirkung eines Geschäftsmodells auf eine Aufteilung von Werten zwischen mehreren Parteien hinaus. Ein gutes Geschäftsmodell dagegen muss nachhaltig sein – es schafft Mehrwert für die eigene Organisation sowie für deren Partner. Dadurch entsteht eine synergetische Beziehung, von der alle Parteien profitieren.

Fähigkeiten und Ressourcen. Gleichzeitig sollte ein Geschäftsmodell die wertvollen Fähigkeiten und Ressourcen einer Organisation nutzen und aufwerten. Es geht also anders ausgedrückt nicht darum, eine endliche Ressourcenmenge, z.B. Rohstoffe, bedenkenlos zu verbrauchen. Ein gutes Geschäftsmodell muss vielmehr sicherstellen, dass eine Organisation mit steigender Lebensdauer immer effektiver arbeitet und damit immer wertvoller für ihre Kunden und Partner wird. Die wertvollsten Ressourcen sind diejenigen, die verbessert und nicht verbraucht werden können. So ist etwa die Fähigkeit, qualitativ hochwertige Autos zu entwerfen, viel wertvoller als der Stahl, der im Herstellungsprozess verbraucht wird. Stahl wird verbraucht und ersetzt – ein hochqualifizierter Designer dagegen wird mit der Zeit immer erfahrener und besser.

Effizienz. Ein gutes Geschäftsmodell ist effizient. Ein unwirtschaftliches Modell hält langfristig gesehen neuen Entwicklungen und Innovationen auf dem Markt nicht stand.

Konkurrenz. Gute Geschäftsmodelle sorgen dafür, dass sich eine Organisation klar von ihren Konkurrenten und anderen Marktteilnehmern abhebt. Häufig nutzen mehrere Organisationen einer Branche das gleiche Geschäftsmodell, das dann in manchen Fällen als dominantes Modell oder sogar als ein Sonderfall der Kontingenztheorie bezeichnet wird. Dabei geht man davon aus, dass viele Organisationen gerne ein bereits erprobtes Modell übernehmen, da sie befürchten, jede Form der Abweichung könne sich negativ auf die Rentabilität auswirken. Tatsache ist jedoch, dass gerade die effektivsten Geschäftsmodelle vom Industriestandard abgewichen sind. Beispiele hierfür sind Alibaba im Bereich E-Commerce, die Fluglinie Southwest, der Computerhersteller Apple, Tesla in der Automobilbranche und Tencent im Bereich Mobile Payment. Ein gutes Geschäftsmodell muss also zumindest dafür sorgen, dass eine Organisation nicht nur das wiederholt, was alle anderen Konkurrenten auch tun.

Nachhaltigkeit. All diese Punkte laufen im Endeffekt auf die langfristige Nachhaltigkeit eines Geschäftsmodells hinaus. Das wahre Ziel eines guten Modells ist es, einer Organisation das Potenzial zu geben, zu überleben und zu prosperieren. Und die besten Organisationen nutzen wiederum ihren wirtschaftlichen Erfolg, um ihre Geschäftsmodelle immer neu auszurichten und anzupassen, um allen anderen in der Branche immer einen Schritt voraus zu sein.

Fazit

- Die Kernpunkte eines jeden Geschäftsmodells sind Unternehmensgestaltung und Wertschöpfung.
- Ein effektives Geschäftsmodell nutzt die Fähigkeiten einer Organisation, um einen höheren Mehrwert zu schaffen.
- Die Elemente eines Geschäftsmodells können auch widersprüchlich ausgerichtet sein.
- Geschäftsmodelle sind in der Regel komplizierter, als sie zunächst aussehen.
- Ein Geschäftsmodell, das in einer Branche gut funktioniert, kann in einer anderen Branche ein Fehlschlag sein.

2

Ein kurzer Blick auf die Geschichte

„Anfang der 1990er-Jahre verwendete noch niemand den Begriff ‚Geschäftsmodell'. Und auch in Fachzeitschriften tauchte der Ausdruck so gut wie nie auf. Seit damals aber hat er sich langsam, aber sicher vom abstrakten, theoretischen Fachterminus hin zu einem praxisnahen, fast lebendigen Konzept entwickelt."

Anna Codrea-Rado für QZ.com, 17. April 2013

Das Konzept des Geschäftsmodells ist in der Unternehmenswelt zwar noch relativ neu – trotzdem ist es mittlerweile in Fachkreisen in aller Munde. Und es ist zum wichtigsten Managementwerkzeug aufgestiegen, um Start-ups, Unternehmertum, Innovationen und Schlüsselbereiche von Unternehmensstrategien zu bewerten. In diesem Kapitel wollen wir die Geschichte Revue passieren lassen und aufzeigen, wie alles anfing.

Wenn Sie wenig Zeit haben und Ihr Geschäftsmodell rasch neu aufbauen oder anpassen möchten, können Sie dieses Kapitel erst einmal überspringen.

Wer allerdings die geschichtliche Entwicklung kennt, versteht auch, warum das Konzept des Geschäftsmodells für Manager und Wissenschaftler heute eine so große Bedeutung hat. Außerdem wird klar, wo und warum dieses Konzept an seine Grenzen stößt. Auch wenn Sie dieses Kapitel also zunächst überspringen möchten, sollten Sie sich auf jeden Fall später dafür Zeit nehmen, denn es kann Ihre Perspektive erweitern und Ihnen dabei helfen zu verstehen, was ein Geschäftsmodell wirklich ist.

Unternehmensmodelle

Der Begriff „Geschäftsmodell“ entstand erst vor etwa 50 Jahren. In den 1960er-Jahren versuchten Wissenschaftler, jeden einzelnen Aspekt eines Geschäftsprozesses zu isolieren und einzeln zu analysieren. Diese Bemühungen basierten auf einer Reihe wichtiger Fachfragen zum Thema Management und Strategie, wie z.B. den folgenden:

- Wie treffen Manager Entscheidungen, ohne über alle vorhandenen Informationen zu verfügen?
- Warum ähneln sich die Firmen in einer bestimmten Branche, sind aber nicht genau gleich?
- Warum schaffen es manche Unternehmen dauerhaft, ihren Konkurrenten immer einen Schritt voraus zu sein?
- Warum wirken sich Veränderungen auf manche Organisationen positiv aus, sind aber für andere schädlich oder sogar destruktiv?

Einige Wissenschaftler begannen, zur Lösung dieser Fragen, „Unternehmensmodelle“ zu konstruieren – mithilfe entsprechender Computerprogramme schufen sie Simulationen aller Unternehmensaktivitäten. Dabei lag das Hauptaugenmerk darauf, Managemententscheidungen innerhalb aller bestehenden rationalen Rahmenbedingungen zu erklären. Und tatsächlich ergaben sich daraus faszinierende Einblicke in so manchen Entscheidungsprozess, wie z.B. die Preisgestaltung. Eine wissenschaftliche Disziplin der „Geschäftsmodelle“ entstand daraus aber nicht.

In den 1970er-Jahren hatte sich die wissenschaftliche Ausrichtung im Bereich Management und Unternehmensführung drastisch verändert. Studien über Entscheidungsprozesse und Unternehmensleistung konzentrierten sich erneut auf Konzepte wie Kognition, Strategie, Verhalten in der Organisation und Sozialpsychologie. Selbst in den späten 1990er-Jahren ist der Begriff „Geschäftsmodell“ nur selten und vereinzelt in der Fachliteratur zu finden. Das Gleiche gilt für Fachzeitschriften und Veröffentlichungen für Manager. So wird der Begriff „Geschäftsmodell“ in der renommierten Harvard Business Review in den 1970er-Jahren nur in insgesamt sechs Artikeln erwähnt – in den 1980er-Jahren sind es gerade einmal elf Artikel, die diesen Fachterminus enthalten. Man kann also durchaus sagen, dass das Konzept des Geschäftsmodells bis zum Ende der 1990er-Jahre ruhte.

Wenn Sie mehr über die oben erwähnten Unternehmensmodelle erfahren möchten, lesen Sie dazu den *Exkurs 3* zum Thema auf der begleitenden Website – darin werden Sie unter anderem erfahren, dass ein solches Unternehmensmodell sogar schon einmal in der Dankesrede eines Nobelpreisträgers Erwähnung fand.

Einfache Geschäftsmodelle

Ende der 1990er-Jahre veränderte sich bei Wissenschaftlern und Managern die Sichtweise auf Unternehmen und Innovation. Dabei wäre es zu einfach gedacht, diese Veränderung allein dem rasanten Aufstieg des Internets zuzuschreiben. Die Idee eines

„Geschäftsmodells“ als ganzheitliche Erklärung dafür, wie ein Unternehmen Mehrwert schafft, war in Diskussionen und Fachgesprächen über Strategien und Wettbewerbsvorteile schon längere Zeit wieder unterschwellig präsent. Mit der Zeit wurde dieses Konzept in der Managementwelt dann immer beliebter.

Allerdings wurden Geschäftsmodelle zunächst häufig als vereinfachte Analogien zum Wertschöpfungsprozess eines Unternehmens verwendet. Eines der bekanntesten Beispiele hierfür ist wohl das Verkaufsmodell von Rasierer und Rasierklinge. Einige Unternehmen verkaufen eines ihrer Produkte (hier: den Rasierer) besonders günstig oder geben es sogar gratis ab, um dadurch eine langfristig stabile Nachfrage nach einem Komplementärprodukt zu erzeugen, das regelmäßig neu gekauft werden muss (hier: die Wegwerf-Rasierklinge).

Immer mehr Manager und auch Wissenschaftler nutzten Geschäftsmodelle als einfache Erklärungsmethode für die individuellen Wertschöpfungsprozesse von Unternehmen. In der Rubrik „Perspektiven“ der Harvard Business Review aus dem Jahr 1993 thematisierte Bob Lurie, Mitbegründer der Monitor Company (heute Monitor Deloitte), die Herausforderung, eine gute strategische Idee von einer guten Umsetzung dieser Idee zu unterscheiden: „IKEA hat ein nicht wirklich originelles Geschäftsmodell äußerst erfolgreich umgesetzt, das in weniger geschickten Händen durchaus ein Fehlschlag hätte werden können.“

Ende der 1990er-Jahre hatte sich der Begriff des Geschäftsmodells endgültig in der Welt der Manager und Unternehmer etabliert – ja er war sogar zu einer Art Modewort geworden. Das Accenture Institute for Strategic Change (ehemals Anderson Consulting) veröffentlichte eine Übersicht, in der möglichst jedes vorhandene Geschäftsmodell aufgeführt sein sollte. Neben dem Modell „Rasierer und Rasierklinge“ wurden 33 weitere Geschäftsmodelle vorgestellt – sorgfältig in Kategorien unterteilt, wie z.B. „Preismodelle“ oder „Innovationsmodelle“. Der Bericht enthielt zudem die Kategorie „Veränderungsmodelle“, die man als eine der ersten dynamischen Annäherungen an das Thema Geschäftsmodelle verstehen kann.

AUFGABEN **Arbeitsblatt 2.1: Haben Sie ein Standard-Geschäftsmodell?**

Eine vollständige Liste aller möglichen Geschäftsmodelle wird es wohl nie geben. Dennoch ist es hilfreich, darüber nachzudenken, ob Ihr eigenes Geschäftsmodell einer gängigen Kategorie zugeordnet werden kann. Auf diese Weise können Sie auch feststellen, ob sich das von Ihnen genutzte Modell relativ einfach mithilfe einer Analogie erklären lässt. Möglicherweise ist Ihr Geschäftsmodell aber auch eine Kombination aus mehreren Kategorien – oder aber es ist völlig neu und andersartig.

Verwirrung um E-Business-Modelle

Ende der 1990er-Jahre wurden wir Zeuge eines erstaunlichen technologischen, kulturellen und sozialen Phänomens – des rasanten Aufstiegs des Internets. Es entwickelte sich hauptsächlich über die Infrastruktur des World Wide Web und sein immenser Einfluss auf Gesellschaft und Geschäftswelt ist bis heute ungebrochen. Natürlich wurde auch das Konzept des Geschäftsmodells – in Theorie und Praxis – durch das Internet völlig durcheinandergewirbelt.

Das Geschäftsmodell war – wie Akademiker es vielleicht ausdrücken würden – ein „Kunstbegriff". Zunächst bezeichnete man in der praktischen Welt des Managements damit die Schaffung von Mehrwert auf Unternehmensebene, wobei aber auch einige operative Abläufe auf verschiedenen Ebenen miteinbezogen wurden. Klar war schlussendlich nur, dass der Begriff in verschiedenen Kontexten für verschiedene Menschen eine ganz unterschiedliche Bedeutung hatte. Der Aufstieg des Internets und die rasante Entwicklung des E-Business sorgten dann in der Diskussion um das Konzept des Geschäftsmodells für völlige sprachliche Verwirrung – ganz nach dem Vorbild des Turmbaus zu Babel.

Der Begriff des E-Business-Modells stellte ein Gerüst für internetbasierte Unternehmen dar, das dem Konzept der „Unternehmensmodelle" aus den 1960er-Jahren nicht unähnlich war. Ein wichtiger Unterschied lag allerdings darin, dass bei den E-Business-Modellen vor allem Transaktionen im Vordergrund standen, denn gerade diese wurden ja durch das Internet erheblich einfacher und auch kostengünstiger. Geld, Informationen und auch Waren konnten per Internet mit erheblich weniger Arbeitsaufwand ausgetauscht werden.

Der Fokus dieser Modelle lag ganz klar auf neuen Geschäftsideen oder neuen Unternehmenseinheiten, die zu großen Teilen oder sogar komplett über internetbasierte oder andere elektronische Plattformen operierten oder realisiert wurden. Einzelne Transaktionen konnten genau abgegrenzt, in ihre Bestandteile zerlegt und neu zusammengesetzt werden. Manager und Wirtschaftswissenschaftler kombinierten solche Transaktionen ganz individuell und schufen sozusagen atomartige E-Business-Kleinstmodelle. Beispiele für solche Modelle sind Content-Provider und Integrationssysteme für den Direktvertrieb oder das Wertenetzwerk einer Organisation.

Organisationen, deren Aktivitäten vollständig oder zum Teil internetbasiert waren, sahen sich bald mit dem Problem konfrontiert, zwischen einem „E-Business-Modell" und einem „Geschäftsmodell" unterscheiden zu müssen. Mittlerweile hat sich die Welt der E-Business-Modelle zu einem hoch spezialisierten Fachgebiet entwickelt, das besonders dann von Relevanz ist, wenn große Organisationen mit einer umfangreichen materiellen Infrastruktur ihren Fokus auf internetbasierte Aktivitäten und Abläufe verlegen möchten. Das Thema E-Business-Modelle werden wir in diesem Buch nicht weiter vertiefen. Interessierten Lesern sei hierzu der Titel „Place to Space: Migrating to eBusiness Models" von Peter Weill und Michael Vitale empfohlen.

Für weitere Verwirrung sorgte die Frage, ob internetbasierte Unternehmen in der gleichen Art und Weise bewertet werden können wie „traditionelle" Unternehmen. Lesen Sie zu diesem Thema den *Exkurs 4* auf unserer Website, um mehr darüber zu erfahren. Interessant ist zum Beispiel die verhängnisvolle Vorhersage, die ein angesehener Management-Professor über „diese neue Wertschöpfung" traf – nur Monate, bevor die Internetblase platzte.

Heute können wir ganz klar sagen, was wir aus dem Internetboom und dem rasanten Absturz nach dem Platzen der Blase lernen können:

- Geschäftsmodelle, die auf neue Art und Weise Mehrwert für Kunden schaffen, sollten immer genau geprüft werden.

- Auch innovative Geschäftsmodelle müssen sich an traditionellen Maßstäben der Wertschöpfung messen lassen. Die Neuartigkeit einer Geschäftsidee kann vielleicht eine Weile lang die Aufmerksamkeit von der Messung der erreichten Leistung ablenken – aber nicht für immer. Nur ein gutes Geschäftsmodell erzeugt eben auch reale, messbare Ergebnisse.

Geschäftsmodelle in Theorie und Praxis

Zwar ist die Internetblase geplatzt, doch das Konzept des Geschäftsmodells hat sich von diesem Crash mehr als erholt. Schließlich setzten nicht nur Dotcom-Unternehmen Geschäftsmodelle ein. Jedes tragfähige Unternehmen arbeitet mit einem Geschäftsmodell, das nachweislich Mehrwert schafft. Auf eine klare Definition dieses Begriffs konnte man sich allerdings bis heute nicht einigen. Was genau ist ein Geschäftsmodell? Gibt es eine klar definierte Auswahl an Modellen? Können diese in Kategorien unterteilt werden? Funktionieren manche Geschäftsmodelle besser als andere? Und wenn ja, warum?

Die wohl bedeutendste Forschungsarbeit zum Thema Geschäftsmodelle stammt von den Professoren Raphael Amit und Christoph Zott. Im Jahr 2001 veröffentlichten sie ihren ersten Artikel über Geschäftsmodelle in einer renommierten Managementzeitschrift. Darin stellten sie eine scheinbar leichte Frage: Warum gelingt es Internetunternehmen, einen größeren Mehrwert zu schaffen als andere Unternehmen? Ihre Antwort: neue Geschäftsmodelle. Sie erläuterten, das Geschäftsmodell stelle eine neue Art und Weise dar, um die Wertschöpfung von Unternehmen zu betrachten und zu bewerten. Und obendrein lieferten sie die erste und wohl bisher logisch schlüssigste Definition eines Geschäftsmodells.

Mit ihrer Arbeit „Value Creation in E-Business" ebneten Amit und Zott den Weg für weitere bahnbrechende Forschungen zum Thema Geschäftsmodelle als wichtiges neues Konzept. Sie schrieben:

„Unsere Forschungsergebnisse legen nahe, dass keine Theorie zu Unternehmertum oder strategischem Management allein für sich genommen das Wertschöpfungspotenzial eines Internetunternehmens vollständig erklären kann. Vielmehr ist dazu die Integration aller theoretischen Perspektiven zum Thema Wertschöpfung nötig. Um eine solche Integration zu ermöglichen, bieten wir das Konstrukt des Geschäftsmodells als Analyseinstrument für weitere Forschungen über Wertschöpfung im E-Business-Bereich an. Ein Geschäftsmodell bildet einen Transaktionsprozess mit all seinen Bestandteilen wie Inhalt, Struktur und Steuerung ab. Dadurch wird klar, dass Wertschöpfung durch die Nutzung von Geschäftschancen entsteht."

Natürlich müssen Sie mit dieser Definition nicht einverstanden sein, wenn Sie ein Geschäftsmodell für sich nutzen möchten, doch es lohnt sich in jedem Fall, noch ein wenig darüber nachzudenken. Amit und Zott argumentierten, ein Geschäftsmodell sei die Darstellung der Transaktionen, mit welchen ein Unternehmen Mehrwert schafft. Damit sind sowohl interne als auch externe Transaktionen gemeint – alles eben, was ein Unternehmen tut, um Informationen oder Vermögenswerte auszutauschen. Dies ist eine sehr starke Definition, denn sie ist präzise und umfassend zugleich. Keine später veröffentlichte Erklärung des Begriffs „Geschäftsmodell" (unseren vorliegenden Beitrag eingeschlossen) war bisher so elegant formuliert.

Allerdings hatte die von Amit und Zott veröffentlichte Arbeit auch ihre Schwächen. Zum einen ist die Definition wenig transparent und lässt sich nur schwer in einfache, praktische Managementwerkzeuge umsetzen. Zum anderen verwendeten die beiden Autoren Daten aus der Zeit des Dotcom-Booms – ein Großteil des geschaffenen Mehrwerts, auf den sie sich bezogen, war also nach dem großen Internet-Crash wieder verschwunden. So wurden z.B. drei Firmen mit außergewöhnlichen Wertschöpfungsprozessen vorgestellt: Autobytel (heute AutoWeb), Cyberian Outpost und Ricardo.de. Als die Internetblase platzte, verloren diese drei Unternehmen zusammen gut 80 Prozent ihres Werts. Ein „innovatives" Geschäftsmodell allein ist eben kein Garant für langfristige Wertschöpfung.

Seit Erscheinen der Studie haben Hunderte Wissenschaftler und Tausende von Fachkollegen geprüfte Forschungsarbeiten über Geschäftsmodelle verfasst. Wer den Suchbegriff „Geschäftsmodell" in Google Scholar eingibt, erhält sofort über eine halbe Million Treffer. Allein im Titel relevanter Fachartikel erscheint der Suchbegriff 12.000 Mal. Und dennoch lässt sich bis dato kein Konsens darüber erzielen, was genau ein Geschäftsmodell ist und wie man es exakt überprüfen und bewerten kann.

Unser *Exkurs 5* liefert Ihnen mehr Informationen dazu und enthält z.B. auch eine Reihe verschiedener Definitionen des Begriffs „Geschäftsmodell", die im Laufe der Zeit von Wirtschaftswissenschaftlern erstellt wurden.

In unserer eigenen Forschungsarbeit wandten wir uns noch einer anderen Seite des Definitionsproblems zu. Wenn sich Wirtschaftswissenschaftler mit dem Thema Geschäftsmodell befassten, bezogen sie dabei in der Regel kaum praktische Informationen oder Beobachtungen von Managern über die Nutzung und Wirkungsweise solcher Modelle in der realen Welt mit ein. Aber wie nützlich und sinnvoll können Forschungsergebnisse im Bereich Management sein, wenn Denk- und Arbeitsweise realer Manager gar nicht berücksichtigt werden? Als sei es nicht schlimm genug, dass sich die Riege der Wirtschaftswissenschaftler untereinander nicht einigen konnte – auch mit Managern gab es keine Einigkeit! Umfassende Interviews und Umfragen in den Führungsebenen von Unternehmen zeigten deutlich, dass die Vielzahl verschiedener Definitionen des Geschäftsmodellbegriffs, die von Wissenschaftlern verfasst und getestet wurden, einfach nicht das wiedergaben, was Manager über ihre Geschäftsmodelle dachten.

So gut die Definition von Amit und Zott also auch sein mag – auch sie gibt nicht wieder, wie reale Unternehmer und Manager ihre Geschäftsmodelle sehen. Und da wir nun die Wahl hatten zwischen einer starren akademischen Definition und der praktischen Einschätzung der Manager selbst, haben wir uns für Letzteres entschieden.

Manager sehen in einem Geschäftsmodell die Konvergenz drei entscheidender Elemente ihrer Organisation: Ressourcen, Transaktionen und Wertschöpfung.

Für Manager stellt das Geschäftsmodell das Bindeglied zwischen der Gestaltung der Organisation und der Geschäftschance dar, die die Organisation schafft oder für sich nutzt.

Die Business Model Canvas

Den größten Fortschritt bezüglich der praktischen Anwendbarkeit des Konzepts Geschäftsmodell brachte wohl die von Alexander Osterwalder erdachte Business Model Canvas (wörtlich übersetzt Geschäftsmodell-Leinwand), die er in seinem Buch „Business Model Generation“ vorstellte.

Die Business Model Canvas ist ein praktisches Managementwerkzeug zur Visualisierung eines Geschäftsmodells. Auf der Basis zahlreicher Diskussionen mit Hunderten von Managern, Unternehmern und Wissenschaftlern entwickelte Osterwalder eine Reihe relativ einfacher Geschäftsmodellelemente sowie einen ästhetisch ansprechenden Rahmen, um diese darzustellen. So entstand eine Leinwand mit neun Modellelementen: Schlüsselressourcen, Schlüsselaktivitäten, Schlüsselpartnerschaften, Wertangebote, Kundenbeziehungen, Kanäle, Kundensegmente, Einnahmequellen und Kostenstruktur.

Besonders aus drei Gründen war die Leinwand ein sehr wichtiger Fortschritt.

- Erstens stellte sie eine vernünftige und sinnvolle Zusammenfassung der zahlreichen von Wissenschaftlern entwickelten Ideen zum Thema Geschäftsmodelle dar.
- Zweitens bot sie einen effektiven visuellen Mechanismus, um Vorstellungen und Diskussionen über bestimmte Geschäftsmodelle zu ordnen und zu organisieren.
- Und drittens machte sie durch ihre visuelle Darstellung deutlich, dass es für die Gestaltung, Bewertung und auch Veränderung eines Geschäftsmodells vor allem wichtig ist, dass die einzelnen Elemente gut zusammenpassen und nicht nur, woraus die Elemente bestehen.

Wir werden uns die Business Model Canvas noch genauer im *Kapitel 11* ansehen.

Die Zukunft des Geschäftsmodells

Ist das Geschäftsmodell auch heute noch Thema aktueller Forschungsarbeiten? Ja, und ob!

Abbildung 2.1 zeigt, wie rasant die Zahl der wissenschaftlichen Publikationen zu diesem Thema ansteigt – besonders im Vergleich zu anderen wichtigen Managementthemen.

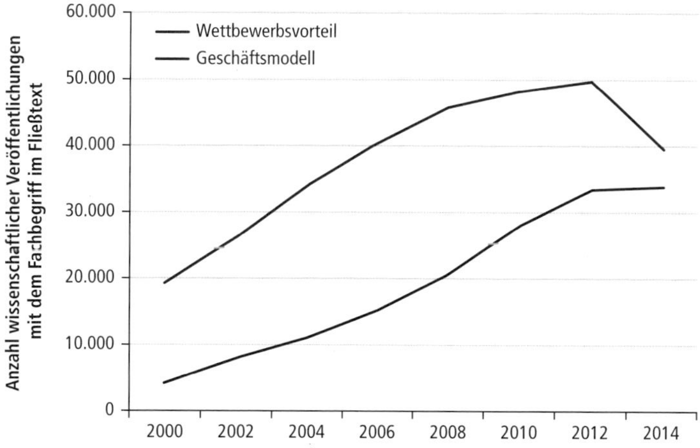

Abbildung 2.1: Anzahl der wissenschaftlichen Publikation, die die Begriffe „Geschäftsmodell" und „Wettbewerbsvorteil" im Fließtext enthalten (Quelle: Google Scholar).

Wie alle Modeworte hat sich auch der Begriff „Geschäftsmodell" von einem ursprünglich neuen und aufregenden Phänomen hin zu einem alltäglicheren und vertrauten Konzept entwickelt. Es werden immer wieder neue Modeworte aufkommen. Das Geschäftsmodell wird ein weiteres Konzept sein, das in Wirtschaftskursen gelehrt, von Unternehmensberatern eingesetzt und von Risikokapitalgebern analysiert wird.

Der Erfolg der Business Model Canvas ließ weitere, ähnliche Konzepte entstehen wie etwa die Lean Canvas, die Business Model Zen Canvas und andere. Jedes dieser Instrumente ermöglicht eine aufschlussreiche Analyse einer neuen Unternehmenschance.

Der Wert eines Analysetools für Geschäftsmodelle liegt nicht im Werkzeug selbst. Schließlich ist die Nutzung dieses Werkzeugs allein noch keine Garantie für den Erfolg! Der wahre Nutzen eines solchen Tools ist der strukturierte Analyseprozess, den sein Einsatz mit sich bringt, denn dabei werden bisher kaum hinterfragte Annahmen auf den Prüfstand gestellt und das Zusammenwirken aller Elemente einer Organisation wird überdacht.

In den nächsten Jahren wird es weitere wissenschaftliche Veröffentlichungen zum Thema Geschäftsmodelle geben. Sie alle werden vermutlich nützlich und sinnvoll sein, denn in jedem Fall wird mehr Wissen darüber vermittelt, wie Organisationen ihre Chancen besser erkennen und nutzen können. Andererseits wird sich ein Teil dieser Abhandlungen wohl abgekoppelt von der realen, praktischen Welt bewegen, in der Unternehmer und Manager täglich schwierige Entscheidungen über neue Ideen treffen müssen, für die zu wenig Zeit und Geld zur Verfügung stehen. Zudem ist die Forschung über Geschäftsmodelle häufig zu sehr auf eng definierte Einzelbereiche fokussiert und so für die meisten Unternehmen irrelevant oder sogar nicht umsetzbar. Und überdies verändern sich manche Branchen, wie z.B. die Informationstechnologie, so schnell – während der Zeitrahmen bei wissenschaftlichen Veröffentlichungen nach wie vor relativ großzügig ist –, dass so manche Forschungsarbeit über das Thema Geschäftsmodelle schon veraltet ist, bevor sie überhaupt veröffentlicht wurde. Wir als

Akademiker sind aber dennoch zuversichtlich, dass die Forschungsarbeit im Bereich Geschäftsmodelle in den nächsten Jahren auch an praktischer Relevanz gewinnt – und dass man aus Fehlern der Vergangenheit lernen wird.

Vielleicht fragen Sie sich jetzt: „Was hat denn das alles mit mir zu tun?"

Ein Geschäftsmodell ist ein wichtiges Werkzeug, wenn es darum geht, eine neue Geschäftsidee in die Tat umzusetzen oder bei einem Unternehmen für Wachstum zu sorgen. Die Analyse des Geschäftsmodells ist ein einfaches und zugleich effektives Konzept für die Bewertung neuer Geschäftschancen. Wer sich eingehend mit dem Geschäftsmodell eines neuen Geschäftsvorhabens befasst, kann wichtige Fragen stellen und z.B. Kostenexperimente durchspielen, um die Qualität und Tragfähigkeit der neuen Chance zu testen.

Auch wenn Sie ein Familienunternehmen leiten oder ein Lifestyle-Unternehmen führen, ist ein Geschäftsmodell für Sie von großer Bedeutung. In vielen Fällen mussten sich die Geschäftsführer oder Manager solcher Unternehmen nie wirklich Gedanken über ein vorhandenes Geschäftsmodell machen. Doch auch sie können ganz entscheidend von einer solchen Analyse profitieren, denn genau damit lassen sich die grundlegendsten Annahmen hinterfragen, die zur Gründung und zum Ursprungserfolg des Unternehmens führten. Die meisten Unternehmen müssen sich im Laufe ihrer Lebensdauer verändern und wandeln, um neue Chancen nutzen zu können.

Und auch wenn Sie Manager bei einem großen Unternehmen, einer gemeinnützigen Stiftung, einer Bildungseinrichtung oder einer anderen nicht kommerziellen Organisation sind, können Sie von der Nutzung eines Geschäftsmodells profitieren. Jede Organisation hat ein Geschäftsmodell. Geschäftsmodelle können konstruiert, getestet und bewertet werden und sind ein wichtiger Indikator dafür, ob eine Organisation langfristige Überlebenschancen hat. Allerdings denken die Geschäftsführer und Manager solcher Organisationen in der Regel nicht an die Anwendung eines Geschäftsmodells – was dazu führt, dass gerade hier eine entsprechende Analyse unerwartete und sehr aufschlussreiche Ergebnisse zutage bringen kann.

Im Laufe der Zeit werden sich immer neue Geschäftsmodelle entwickeln. Verändert sich in einem Umfeld die Infrastruktur grundlegend, so führt das häufig auch zur Entwicklung völlig neuer, innovativer Geschäftsmodelle. Technologische, soziale und rechtliche Wandlungsprozesse schaffen neue Möglichkeiten der Wertschöpfung. Wer Zugang zu diesen neuen Wertschöpfungschancen haben möchte, muss auch bereit sein, neue Geschäftsmodellstrukturen auszuprobieren.

Fazit

- Manager und Wissenschaftler betrachten und definieren Geschäftsmodelle häufig sehr verschieden.
- Das Geschäftsmodell ist eines der jüngsten Analyseinstrumente, die Managern zur Verfügung stehen.
- Auch neue und innovative Geschäftsmodelle müssen messbaren Mehrwert schaffen.
- Jede Organisation hat auch ein Geschäftsmodell!

3

Geschäftsmodelle verstehen

„Der Grund, warum es für etablierte Unternehmen so schwierig ist, disruptive Innovationen für sich zu nutzen, liegt darin, dass [die Prozesse und das Geschäftsmodell], die sie in der aktuellen Situation erfolgreich machen, ihnen im Wettbewerb um die neuen Technologien tatsächlich schaden."

Clayton Christensen

Mit dem richtigen Geschäftsmodell ist alles möglich.

Unternehmer setzen neue Geschäftsmodelle ein, um Innovationen auf den Markt zu bringen. Risikokapitalgeber wissen, dass ein tragfähiges Geschäftsmodell für schnelles Wachstum sorgt. Und auch die CEOs großer Konzerne brauchen Geschäftsmodelle, um ihr Unternehmen dem technologischen und sozio-demografischen Wandel anzupassen. Clevere Entscheidungsträger in der Politik haben ebenfalls erkannt, dass erfolgreiche Geschäftsmodelle Grundlage für langfristiges Wirtschaftswachstum, Beschäftigungswachstum und sogar für die zuverlässige Bereitstellung öffentlicher Dienstleistungen sind.

Die gute Nachricht ist: Ein Geschäftsmodell ist ein nahezu universelles Konstrukt, denn es kann – mit unterschiedlicher Genauigkeit und Effektivität – auf fast alle Bereiche unserer Wirtschaft und Gesellschaft angewendet werden: neue Unternehmensideen, Familienbetriebe, Unternehmen im Wachstum, multinationale Konzerne, Branchen, Regierungen und möglicherweise auch ganze Nationen. Denn ein Geschäftsmodell identifiziert die entscheidenden Elemente und Strukturen einer Organisation. Und die Analyse eines Geschäftsmodells zeigt auf, wie sich eine Organisation verbessern kann, um die Bedürfnisse des Markts zu erfüllen und Mehrwert zu schaffen – gleichgültig ob dieser Mehrwert als wirtschaftlicher Gewinn oder in weniger greifbarer Form gemessen wird.

Die schlechte Nachricht lautet allerdings, dass es kein allgemeingültiges Patentrezept gibt, um ein Geschäftsmodell zu entwickeln, zu bewerten, anzupassen oder umzusetzen. Es gibt zwar viele Instrumente und Hilfsmittel, die diesen Prozess einfacher machen können, doch ihre Einfachheit täuscht. Wer ein erfolgreiches Geschäftsmodell entwickeln, prüfen und umsetzen möchte, benötigt Wissen, Sachverstand und nicht zuletzt die richtige Intuition. Wer nicht bereit oder in der Lage ist, all dies zu investieren, dem werden sich zahlreiche Hindernisse in den Weg stellen.

Was bei Geschäftsmodellen zu beachten ist

Auf dem Weg zum erfolgreichen Geschäftsmodell müssen zahlreiche Hindernisse überwunden werden.

- Erstens besteht der Weg des geringsten Widerstands bei der Entwicklung eines Geschäftsmodells darin, sich auf bereits Bekanntes zu verlassen.
- Zweitens sind die Informationen, die man braucht, um ein wirklich innovatives Geschäftsmodell zu schaffen und zu bewerten, eventuell nicht klar ersichtlich oder schwer zugänglich.
- Drittens kann die Kommunikation über Innovation oder Veränderung eines Geschäftsmodells schwierig sein.
- Viertens kann es leicht passieren, dass man sich bei der Entwicklung eines Geschäftsmodells verzettelt und an den falschen Stellen zu sehr ins Detail geht.
- Und fünftens ist das entscheidende Element für die Bewertung und Erprobung eines Geschäftsmodells, seine Stimmigkeit bzw. Kohärenz, in der Regel weder leicht festzustellen noch offensichtlich.

Wir werden jedes dieser Hindernisse genau unter die Lupe nehmen und anhand von Beispielen die damit verbundenen Herausforderungen aufzeigen. Und in jeder Phase ist es durchaus ratsam, wenn Sie die hier angebotene Übung durchführen, um die eigenen Annahmen über das in Ihrer Organisation verwendete Geschäftsmodell auf die Probe zu stellen.

Der Weg des geringsten Widerstands führt über bereits Bekanntes

In der Geschäftswelt weiß man in der Regel, was man weiß. Was man nicht weiß, ist einem allerdings meist nicht bewusst. Auch Sie kennen Ihre eigenen Wissenslücken also für gewöhnlich nicht. Beim Thema Geschäftsmodell ist dies besonders problematisch, denn ein solches Modell fasst zusammen, wie eine Organisation Mehrwert schafft. Geschäftsmodelle werden daher häufig als einfache, kurze Erklärungen oder Geschichten dargestellt, die sowohl für die Mitarbeiter innerhalb als auch für andere Stakeholder außerhalb der Organisation sofort und intuitiv Sinn ergeben. Ein Geschäftsmodell ist eine extrem effiziente Methode, um anderen möglichst viele Informationen über eine Organisation zu vermitteln. Doch gerade weil diese Methode so effizient und überzeugend ist, werden abweichende Daten und Informationen ebenso wie verschiedene Optionen oft übersehen oder nicht berücksichtigt.

Regelmäßig bitten wir unsere Studenten und auch Unternehmer, ein Geschäftsmodell für ein bestimmtes Geschäftsvorhaben oder eine Organisation zu entwerfen. In den meisten Fällen benötigen sie nur etwa 10 bis 15 Minuten, um ein erstaunlich klares und aufschlussreiches Modell zu gestalten. Danach stellen wir ihnen die Aufgabe, das gerade entworfene Geschäftsmodell so zu verändern, dass es im Wettbewerb mit Alternativprodukten für verschiedene Kundensegmente mithalten kann. Die allermeisten unserer Studenten und Unternehmer scheitern an dieser Aufgabe oder aber sie gestalten – unabsichtlich – noch einmal genau das gleiche Geschäftsmodell. Und selbst wenn wir ihnen alternative Daten über ein bestimmtes Marktsegment, spezielle Kundenbedürfnisse oder Vertriebsmethoden an die Hand geben, zeichnet sich bei ihren Bemühungen ganz deutlich die Tendenz ab, immer wieder auf bereits Bekanntes zurückzugreifen – ganz nach dem Motto: „Repariere nichts, was nicht kaputt ist."

Wenn Sie aber Ihr Geschäftsmodell wirklich effektiv analysieren und hinterfragen möchten, müssen Sie unbedingt etablierte Ansichten und Annahmen über die Art und Weise, wie das eigene Geschäftsmodell Mehrwert schafft, über Bord werfen. Im besten Fall führt Sie Ihre Analyse schlussendlich wieder zu Ihrem bereits verwendeten Geschäftsmodell zurück. Dessen können Sie sich aber keinesfalls sicher sein, wenn Sie es nicht schaffen, grundlegende Annahmen, die das Fundament Ihres aktuellen Modells bilden, vorbehaltlos auf den Prüfstand zu stellen.

AUFGABEN **Arbeitsblatt 3.1: Annahmen und Gegenannahmen**

Auf unserer Website finden Sie das *Arbeitsblatt 3.1*, das Sie sich bitte herunterladen. Anhand der dort gestellten Aufgaben können Sie Methoden entwickeln, um die fünf Hindernisse auf dem Weg zu einem erfolgreichen Geschäftsmodell zu überwinden. Dazu sollten Sie zunächst drei oder vier zentrale Annahmen aufschreiben, auf denen Ihr aktuelles Geschäftsmodell aufbaut. Seien Sie nicht beunruhigt, wenn Ihnen das schwerfällt – mit diesem Schritt hat jeder anfangs Probleme. Nehmen Sie sich Zeit, all Ihre Ideen schriftlich festzuhalten – auch wenn Sie sie nicht ganz ausformulieren. Versuchen Sie dann, gegensätzliche Annahmen zu formulieren. Wahrscheinlich wird es Ihnen leichter fallen, Daten heranzuziehen, um diese Gegenannahmen zu überprüfen.

Die benötigten Informationen sind oft nicht klar ersichtlich oder aber schwer zugänglich

Leider gibt es im Internet keinen Datenpool über Geschäftsmodelle.

Schätzwerte über die Größe eines Markts oder die Rentabilität einer bestimmten Branche findet man häufig nach nur einer Suche bei Google. Wer dagegen ein Geschäftsmodell recherchieren möchte, muss begrenzte oder schwer zugängliche Daten durchforsten, die zudem nur am Rande etwas mit der eigenen Organisation zu tun haben.

Wenn Sie ein Geschäftsmodell identifizieren und untersuchen wollen, erfordert dies meist die Analyse dichter, detaillierter Daten einerseits und allgemeine Primärforschung andererseits. Ausführliches Brainstorming ist genauso wichtig wie eine unternehmensspezifische Analyse. Und dort, wo völlig neue, innovative Geschäftsmodellelemente zum Einsatz kommen, gibt es vielleicht schlichtweg noch keine brauchbaren Vergleichsdaten.

Einige unserer Studenten wollten das Geschäftsmodell „buy one, give one" untersuchen, das darauf abzielt, junge Frauen in Zimbabwe mit Hygieneprodukten zu versorgen. In vielen afrikanischen Ländern gehen junge Mädchen nicht zur Schule, weil sie Angst vor dem mit der Menstruation verbundenen Stigma haben. Allerdings benötigten die Studenten für die Beurteilung dieses neuen und sehr komplexen Geschäftsmodells Daten, an die sie einfach nicht herankamen. Mehr zu diesem ungewöhnlichen Beispiel können Sie im *Exkurs 6* über die Taurai Foundation auf unserer Website nachlesen.

AUFGABEN **Arbeitsblatt 3.2: Welche Daten brauchen Sie?**

Für die Bearbeitung des *Arbeitsblatts 3.2* nehmen Sie sich zunächst noch einmal die Annahmen und Gegenannahmen vor, die Sie mithilfe des *Arbeitsblatts 3.1* aufgestellt haben. Welche Daten brauchen Sie, um diese Annahmen zu testen? Und woher könnten Sie diese Daten bekommen?

Die Kommunikation eines Geschäftsmodells mithilfe von Analogien kann irreführend sein

Geschäftsmodelle sind auch deshalb ein so wirkungsvolles Instrument, weil wir sie nutzen können, um Feedback zu erhalten, und manchmal auch, um neue Chancen in einem Pilotprojekt zu prüfen.

Wenn ein Modell allerdings sehr komplexe und unbekannte Elemente enthält, kann es schwierig sein, dieses Modell allen Mitarbeitern klar und effektiv zu erklären. Und leider ist die gängigste „Lösung" für dieses Problem, Analogien zu bereits bekannten Innovationen herzustellen.

Es ist also durchaus Vorsicht geboten, wenn man ein Geschäftsmodell mithilfe einer Analogie verständlicher machen möchte. Zum einen passt eine Analogie fast nie perfekt. In den meisten Fällen betont sie vor allem die Elemente des Modells, die sich ähneln, verschleiert aber gleichzeitig – wenn auch unbeabsichtigt – andere Elemente, die eben nicht passen. Zum anderen wird durch die Analogie ganz bewusst der subjektiv empfundene Erfolg des Vergleichsobjekts ausgenutzt. Das lässt die Menschen glauben, sie hätten den zukünftigen Erfolg des Vergleichsobjekts sicher vorhergesehen – außerdem sollen sie das positive Gefühl vermittelt bekommen, eine neue Chance gleich erkannt zu haben. Schließlich glaubt jeder gern daran, einen Gewinner mühelos entdecken zu können.

BEISPIEL **Das Risiko der Geschäftsmodellanalogie**

Einer unserer Studenten musste erfahren, dass eine gute Analogie ein wichtiges Problem verschleiern kann. Vash Marada untersuchte und testete Grappl, einen uni-spezifischen, mobilen, bei Bedarf abrufbaren Lernbetreuungsdienst von Studenten für Studenten. Klingt kompliziert und unverständlich? Wir könnten die Idee auch „Uber für Studenten-Lernhilfe" nennen. Damit klingt das Projekt viel greifbarer und auch vertrauter. Studenten können sich einloggen und Unterstützung zu einem bestimmten Thema anfordern. Registrierte Tutoren können dann auf die Anfrage antworten und so noch am gleichen Tag Unterstützung leisten.

Im Fall von Grappl rückte die Analogie zu Uber vor allem den Vorteil der Just-in-time-Hilfestellung in den Vordergrund. Ebenso wie bei Fahrdienstleistungen ist auch bei der Lernbetreuung der Zeitfaktor entscheidend: Man muss um eine bestimmte Zeit an einem bestimmten Ort sein – ebenso muss man für ein Fach oder ein Thema lernen, um für eine bestimmte Prüfung vorbereitet zu sein. Einige wichtige Unterschiede werden allerdings durch die gewählte Analogie völlig vernachlässigt. Beispiele hierfür sind die Themen Qualität und geografische Lage. Die meisten professionellen Fahrer sind ähnlich kompetent und es besteht kaum ein Zweifel, dass sie Sie heil und gesund an Ihr Ziel bringen werden. Die Qualität der Lernbetreuung dagegen kann sehr unterschiedlich sein – und hier gibt es zudem keine Zulassungsbeschränkungen für Tutoren. Während jeder Fahrer bei Uber zwingend einen Führerschein haben muss, gibt es für Tutoren von Grappl – außer den Bewertungen früherer Nutzer – keine einheitlichen, messbaren Qualifikationen. Zudem wird in allen Städten der gleiche Uber-Service angeboten – ein Kunde kann ihn in jeder Stadt in gleicher Weise nutzen. Die Grappl-Tutoren dagegen können natürlich nur bei Themen und Lerninhalten Unterstützung anbieten, die inhaltlich zu den in der jeweiligen Universität gelehrten Kursen passen.

Sobald die App zur Testlauf-Nutzung freigeschaltet war, erkannte Vash schnell, welche Probleme sich aus der „Normierung" seines Geschäftsmodells ergeben hatten. Inzwischen hat er sich anderen spannenden Projekten zugewandt, bereut aber seine Erfahrung mit Grappl keineswegs, die ihm aufgezeigt hat, wie und wo ein Geschäftsmodell an seine Grenzen stoßen kann.

Seien Sie also sehr vorsichtig damit, an Geschäftsmodellanalogien zu glauben – geschweige denn diese selbst zu schaffen oder zu nutzen.

Es ist leicht, an den falschen Stellen zu sehr ins Detail zu gehen

Wenn Sie ein neues Geschäftsmodell entwickeln oder auch Ihr aktuelles Modell neu ausrichten möchten, müssen Sie sich unweigerlich mit manchen Elementen Ihrer Organisation mehr beschäftigen als mit anderen. Und so neigen viele Unternehmer und Manager dazu, sich auf die ihnen vertrauten und bereits verifizierten Details zu konzentrieren.

Grafiken und Leinwände sind effektive Werkzeuge, mit denen Geschäftsmodelle entworfen und bewertet werden können. In *Teil 3* werden wir genau diese Werkzeuge einsetzen, um Geschäftsmodelle zu entwickeln und anzupassen. Allzu leicht kann es dabei allerdings passieren, dass man sich auf vereinfachte, übergeordnete Elemente oder aber auf zu kleinteilige Details konzentriert. Die Tools Grafiken und Leinwände sind zwar sehr aussagekräftig, können aber Ihre Aufmerksamkeit davon ablenken, wie die einzelnen Elemente Ihres Geschäftsmodells interagieren und wie sie im realen Unternehmenskontext wirken.

Der am häufigsten begangene Fehler bei der Geschäftsmodell-Leinwand ist unserer Erfahrung nach die Konzentration auf zu allgemeine, übergeordnete Elemente. Dies kann zwar durchaus ein guter Ausgangspunkt sein, wenn Sie ein erstes Gespür für Ihr Geschäftsmodell bekommen möchten. In den allermeisten Fällen führt eine übermäßige Verallgemeinerung allerdings zu mindestens drei Problemen.

- Erstens wird dabei nicht klar, welche Daten genau gesammelt werden müssen, um das vorliegende Geschäftsmodell effektiv zu testen.
- Zweitens mag es auf den ersten Blick zwar so erscheinen, als griffen die Elemente des Modells gut ineinander, was aber nur daran liegt, dass es nicht genau genug dargestellt wurde, um mögliche Konflikte aufzuzeigen.
- Und drittens ist die Darstellung des Geschäftsmodells im Fall eines Wandels oder einer Innovation nicht realistisch genug, um einer Übertragung auf die Organisation, die sich tatsächlich in dieser neuen Situation befindet, standzuhalten.

Weniger verbreitet, aber ebenso problematisch sind Darstellungen von Geschäftsmodellen, die jedes Detail bis ins Kleinste abbilden möchten. Solche Grafiken sind häufig zwar sehr überzeugend, denn sie scheinen ja jede erdenkliche Nuance des Geschäftsmodells zu enthalten. Tatsächlich aber entstehen durch eine solche übermäßige Genauigkeit bei der Darstellung von Geschäftsmodellen eine Reihe anderer Probleme.

- Erstens ist es in einem solchen Fall oft schwierig zu beurteilen, wie die Elemente eines Modells interagieren, denn durch die detaillierten Erläuterungen geht häufig ihre Verbindung miteinander verloren.
- Zweitens erleichtert die ausführliche Beschreibung einerseits vielleicht die Sammlung relevanter Daten, andererseits werden dadurch manchmal auch übergeordnete Probleme verschleiert und notwendige Annahmen können nicht gemacht werden.
- Und drittens stammen sehr detaillierte Informationen über ein Geschäftsmodell in der Regel von den Elementen, die Managern und Beratern sehr vertraut sind, oder die eben bereits in der Organisation existieren. Diese sind zwar mit großer Wahrscheinlichkeit korrekt, verhindern aber eine genauere Untersuchung weniger bekannter und vertrauter Alternativen.

AUFGABEN **Arbeitsblatt 3.3: Der Teufel steckt im Detail**

Laden Sie sich bitte das *Arbeitsblatt 3.3* herunter. Betrachten Sie darauf zunächst die drei beispielhaften Leinwände, die ein Geschäftsmodell zum Thema „E-Parking" darstellen. Dieses soll das Problem begrenzter Parkmöglichkeiten auf einem Universitätsgelände lösen. (Für alle drei Leinwände finden Sie entsprechende Weblinks.) Bei der Betrachtung sollte Ihnen schnell klar werden, welche Darstellung übermäßig detailliert und welche zu allgemein ist und welche das richtige Maß an Genauigkeit bietet. Um die Aufgabe vollständig bearbeiten zu können, laden Sie sich bitte zusätzlich das *Arbeitsblatt 3.4* herunter und wählen dann eine Komponente aller Geschäftsmodelle aus (z.B. „Ressourcen", „Kanäle" etc.), um diese in allen drei Darstellungen zu vergleichen. Überlegen Sie, welche Daten Sie anhand der vorhandenen Informationen auf jeder Leinwand zusammentragen würden. Wie würden Sie diesen Bereich auf der Leinwand einem neuen Mitarbeiter erklären? Wie einem potenziellen Investor? Könnten Sie diesen Bereich mit zusätzlichen Informationen noch verbessern?

Geschäftsmodelle sind komplexe Systeme

Ein Geschäftsmodell ist ein System aus Elementen und Verbindungen. Einige dieser Elemente und Verbindungen sind wichtiger als andere. Der Erfolg des Modells hängt jedoch vor allem davon ab, ob das System als Ganzes gut und effektiv funktioniert. Darauf werden wir später noch zurückkommen, wenn wir eigene Geschäftsmodelle gestalten. Zudem finden Sie im *Exkurs 7* über das Geschäftsmodell als kohärentes System auf unserer Website mehr zu diesem Thema.

Was Geschäftsmodelle nicht sind

„Wenn ich über Geschäftsmodelle nachdenke, muss ich immer auch an Potter Stewart denken. Er war Richter am Obersten Gerichtshof der USA und musste sich einmal mit dem Thema Pornografie auseinandersetzen: ‚Heute unternehme ich keinen weiteren Versuch, den Begriff (Pornografie) näher zu definieren … und vielleicht gelingt mir das niemals. Doch ich erkenne Pornografie, wenn ich sie sehe.' Was mich angeht auch ich bin mir nicht sicher, ob ich den Begriff Geschäftsmodell definieren könnte, aber ich erkenne eines, wenn ich es sehe."

John Biondi, Multiunternehmer und Leiter des „Discovery to Product"-Programms an der Universität von Wisconsin-Madison (persönliches Interview)

Geschäftsmodelle wurden schon oft fälschlicherweise mit so manchen anderen Unternehmenskonzepten verwechselt. Bevor wir uns dem zuwenden, was wirklich über Geschäftsmodelle bekannt ist, und bevor wir damit beginnen, eigene Geschäftsmodelle zu entwerfen, sollten wir uns darüber im Klaren sein, was Geschäftsmodelle nicht sind.

Ein Geschäftsmodell ist kein Bild

Die Werkzeuge zur Bewertung von Geschäftsmodellen sind effektive und effiziente Anleitungen, um das Geschäftsmodell eines Unternehmens begreifen, beurteilen, gestalten und/oder verändern zu können.

Die Zusammenstellung einer Leinwand oder Grafik eines Geschäftsmodells erfüllt den wertvollen Zweck, die einzelnen Elemente der Organisation abzubilden und – hoffentlich – auch darzustellen, wie diese Elemente zusammenwirken und Mehrwert schaffen.

Eine solche Abbildung kann also ein extrem effektives Kommunikationswerkzeug sein, mit dessen Hilfe Manager komplexe Ideen und Strukturen schnell und einfach vermitteln können. Wie oben bereits erwähnt, werden für eine solche Vereinfachung allerdings häufig Analogien bemüht, was zu Fehldeutungen und Problemen führen kann.

Das „reale" Geschäftsmodell einer Organisation wird letztendlich erst in der betrieblichen Kombination aus Ressourcen und Aktivitäten (Transaktionen) umgesetzt und damit erst dann, wenn das Unternehmen wirklich funktioniert. Die Gestaltung einer

Leinwand, Grafik oder einer sonstigen Darstellung eines Geschäftsmodells ist keine Garantie dafür, dass dieses Modell tatsächlich funktioniert oder wie bzw. wann es funktioniert. Letzten Endes macht also erst die reale Umsetzung innerhalb der Organisation den eigentlichen Erfolg einer Geschäftsmodell-Leinwand oder Grafik aus.

Ein Geschäftsmodell ist keine Marketingstrategie

„Free-to-play ist kein Geschäftsmodell. Free-to-play ist eine Marketingstrategie, die die Leute dazu bringen soll, unser Spiel auszuprobieren. Denn dadurch entfällt die Hürde der Vorabzahlung für die Nutzer."

Mitch Lasky, Benchmark Capital, Disney Activision, EA

Häufig wird die Geschäftsmodellanalyse auch fälschlicherweise genutzt, um das Leistungsversprechen eines Unternehmens gegenüber potenziellen Kunden zu verdeutlichen. Dies ist zwar durchaus löblich und möglicherweise auch wertvoll, hat aber nichts mit tatsächlicher Geschäftsmodellanalyse zu tun.

Manche Unternehmer, Manager und Organisationen sehen in der Veränderung oder Innovation ihres Geschäftsmodells ein mögliches Allheilmittel für eine von ihnen wahrgenommene Diskrepanz zwischen den aktuellen Fähigkeiten der Organisation und den Bedürfnissen des Marktsegments. Und tatsächlich kann eine Analyse sowie eine Neugestaltung des Geschäftsmodells zumindest in der Theorie dabei helfen, wie die Produkte und Dienstleistungen eines Unternehmens zukünftig besser vermarktet werden können. Allerdings besteht der Hauptzweck eines Geschäftsmodells keineswegs in der Lösung von Marketingproblemen. Wer seine Marketingprobleme aus der Perspektive einer Geschäftsmodellanalyse betrachtet, könnte sogar von unerwarteten – manchmal unliebsamen – Ergebnissen überrascht werden. Manager, die eine schnelle Lösung für eine kleinere Marketingschwäche ihres Unternehmens suchen, sehen sich häufig konfrontiert mit einer radikalen Neugestaltung ihres gesamten Kundenmanagements oder gar einem völlig neuen Prozess der Wertschöpfung, um bisher unerfüllte Kundenbedürfnisse zu befriedigen. Natürlich können solche Ergebnisse durchaus nützlich und auch notwendig sein – vielleicht verbirgt sich hinter ihnen aber auch nur eine schlechte Umsetzung der gewählten Marketingstrategien.

Ein Geschäftsmodell ist kein Investoren-Pitch

Risikokapitalgeber und andere private Investoren waren mit die Ersten, die die Aussagekraft der Geschäftsmodellanalyse schätzen lernten. Anders als ein Businessplan, der eher eine Vermarktungsstrategie beschreibt, stellt ein Geschäftsmodell jedes einzelne – und einzigartige – Element der Wertschöpfung dar. Für einen Investor, der abzuwägen versucht, ob ein neues Projekt langfristig gesehen Potenzial hat oder nicht, kann eine solche Analyse sehr aufschlussreich sein.

Videomaterial

Ann Miura-Ko von Floodgate Ventures, einem Risikokapitalunternehmen mit Sitz in Kalifornien, erklärt, warum Risikokapitalgeber das Geschäftsmodell eines Start-up-Unternehmens verstehen möchten.

Investoren müssen allerdings noch viel mehr im Blick haben, als nur ein Geschäftsmodell und eine Business Model Canvas. Tatsächlich tauchen solche Darstellungen auch eher selten in einem Investoren-Pitch auf. Denn für eine Business Model Canvas gilt in der Regel:

- Sie hat eine hohe Informationsdichte und ist während einer Präsentation oder als schriftliches Handout nur schwer darstellbar.
- Sie enthält viele Abkürzungen und unternehmensspezifische Ausdrücke oder Akronyme, die für einen Außenstehenden nur schwer verständlich sind.
- Die entscheidenden Erfolgsfaktoren oder Innovationen lassen sich nur schwer hervorheben, denn auf der Leinwand erscheint jeder aufgeführte Punkt gleichermaßen wichtig.

Ein Geschäftsmodell ist keine Demonstration von und auch kein Test für Rentabilität

Eine Geschäftsmodellanalyse kann klarstellen, ob die Einzelteile einer Organisation so kombiniert und koordiniert werden können, dass sie Mehrwert schaffen. Eine effektive Geschäftsmodellanalyse ist also ein gutes theoretisches Hilfsmittel, um aufzuzeigen, ob eine Organisation, beispielsweise ein gewinnorientiertes Unternehmen, zukunftsfähig ist oder nicht.

Allerdings kann man anhand eines Geschäftsmodells nicht darstellen oder überprüfen, ob ein Unternehmen Gewinne erwirtschaften wird. Eine Analyse des Geschäftsmodells kann Hinweise darauf geben, welche Organisationselemente und -strukturen mit der Unternehmensstrategie im Einklang stehen. Rentabilität kommt zu allererst durch die Umsetzung einer Strategie im Wettbewerbskontext zustande. Ein Geschäftsmodell kann ein wichtiger Input für den strategischen Gesamtplan eines Unternehmens sein, darf aber kein Ersatz für die Unternehmensstrategie sein.

Ein Geschäftsmodell ist keine Bewertung neuer Chancen

Ein Geschäftsmodell kann erklären, wie eine Organisation eine neue Chance für sich nutzen kann. Dabei geht es aber nicht darum, ob diese Chance attraktiv und zukunftsfähig ist oder nicht. Eine der bittersten Lektionen für Unternehmer ist die Erkenntnis, dass nicht alle neuen Chancen gleich gut – und gleich leicht – nutzbar sind. Manch neue Ideen sind eine ganz große Sache, andere sind leicht und schnell umsetzbar, wieder andere dagegen haben ein eher langfristiges Erfolgspotenzial.

Wenn Sie die Attraktivität einer neuen Idee richtig einschätzen möchten, müssen Sie immer sowohl Ihren Zielmarkt als auch das Branchenumfeld Ihrer Organisation im Blick haben. Eine durchdachte Geschäftsmodellanalyse kann hier durchaus helfen. Sie ist aber eben keine Grundlage für eine fundierte Bewertung der Attraktivität einer neuen Chance.

Ein ausgezeichnetes Fachbuch über die Bewertung neuer Geschäftsideen ist „The New Business Road Test" von John Mullins, erschienen bei Pearson Financial Times.

Auch wir nutzen dieses kompakte (und preisgünstige) Fachbuch als Lehrmaterial in vielen unserer Kurse für Unternehmer. Neuere Auflagen des Buchs enthalten eine Einführung zum Thema Geschäftsmodelle und schlanke Start-up-Methodik. Mullins argumentiert, dass jeder Unternehmer seinen „Road Test" durchführen sollte, bevor er einen ausführlichen Businessplan verfasst. Dem stimmen wir voll und ganz zu! Und wir möchten hinzufügen, dass Sie nach dem „Road Test" unbedingt eine Geschäftsmodellanalyse anschließen sollten, bevor Sie Ihren Businessplan erstellen. Denn ein Businessplan ohne Geschäftsmodell ist reine Spekulation.

Ein Geschäftsmodell ist keine Unternehmensstrategie

Manager und Wissenschaftler tun sich schwer damit, die Beziehung zwischen Geschäftsmodell und Unternehmensstrategie klar zu definieren. Einige wissenschaftliche Veröffentlichungen haben erklärtermaßen Geschäftsmodelle zum Thema, befassen sich aber eigentlich mit strategischen Aspekten. So sind etwa Fluglinien wie Southwest oder Ryanair schon seit Jahren für ihre Low-Cost-Strategie bekannt. In den letzten Jahren allerdings bezeichnen immer mehr Wissenschaftler diese Unternehmen als Beispiele für Billigflieger-Geschäftsmodelle.

Das Thema Unternehmensstrategie (oder Wettbewerbsstrategie) ist eines der ältesten, bedeutendsten und meist behandelten Managementthemen in Theorie und Praxis. Kann ein Geschäftsmodell eine Zusammenfassung der Unternehmensstrategie sein? Oder ist es vielleicht einfach nur ein Bestandteil der Wettbewerbsstrategie? Eine Unternehmensstrategie befasst sich schließlich mit Ressourcen, Transaktionen, Wettbewerbsvorteilen und Wertschöpfung. Sind also Geschäftsmodell und Unternehmensstrategie vielleicht ein und dasselbe?

Diese Frage können wir klar mit einem Nein beantworten. Eine Wettbewerbsstrategie befasst sich zuallererst mit der Positionierung eines Unternehmens gegenüber seinen Konkurrenten, während Geschäftsmodelle erklären, wie neue Chancen genutzt werden können. Beide Begriffe können aber leicht verwechselt werden. Wenn Sie mehr über die Unterschiede zwischen Geschäftsmodellen und Unternehmens-/Wettbewerbsstrategie erfahren möchten, lesen Sie dazu den *Exkurs 8* zum Thema auf unserer Website.

Fazit

In diesem Kapitel haben wir uns damit auseinandergesetzt, warum es für die Erstellung eines erfolgreichen Geschäftsmodells kein Patentrezept gibt:

- Auf dem Weg zur effektiven Geschäftsmodellanalyse gibt es zahlreiche Hindernisse.
- Geschäftsmodelle können leicht mit einer Vielzahl anderer Organisationselemente und -konzepte verwechselt werden.
- Die Analyse eines Geschäftsmodells ist eine Fähigkeit, die erlernt werden muss und viel Fachwissen und Übung erfordert.

4

10 Fakten zu Geschäftsmodellen

„Es geht ums Geschäftsmodell, Dummkopf!"

Esther Dyson

Das größte Problem bei Geschäftsmodellen ist, dass wir nicht wirklich wissen, warum manche von ihnen funktionieren und andere nicht. Bis heute hat die Forschung zum Thema Geschäftsmodelle keine klaren Methoden zur Bewertung und Einordnung von Geschäftsmodellkomponenten, -prozessen und -ergebnissen hervorgebracht.

So lässt sich beispielsweise nicht nachweisen, dass Unternehmer, die eine Business Model Canvas nutzen, tendenziell mehr Erfolg mit der Umsetzung neuer Projekte haben als diejenigen, die über keine derartige Darstellung verfügen. Es gibt keine Forschungsergebnisse, die genau aufzeigen, welche Anforderungen für ein „neues" oder „innovatives" Geschäftsmodell erfüllt werden müssen.

Manche Forschungsstudien lassen den Schluss zu, innovative Geschäftsmodelle seien gewinnbringender als bereits bestehende Modelle, allerdings wurden in diesen Studien nicht konsequent immer die gleichen Modellvariablen zur Bewertung erfasst. Zudem wird in vielen Fällen die Definition der Begriffe „Geschäftsmodell" oder „Geschäftsmodellinnovation" hauptsächlich der Interpretation der Manager überlassen, die an Interviews oder Umfragen zur Erstellung einer Studie teilnehmen. Eine besondere Ironie beim Thema Geschäftsmodellstudien liegt darin, dass sich einerseits Wissenschaftler und Akademiker schwer damit tun, eine einheitliche und klare Begriffsdefinition festzulegen, während andererseits die Manager auf der praktischen Seite meist davon ausgehen, dass alle Beteiligten unter dem Konzept des Geschäftsmodells in etwa dasselbe verstehen.

Was also wissen wir wirklich über Geschäftsmodelle? Angesichts der Flut an verwirrenden und häufig auch widersprüchlichen Informationen zu den Themen Geschäftsmodelle und Geschäftsmodellinnovation ist es zunächst hilfreich, herauszustellen, welche Fakten Wissenschaftler und auch Manager bisher eindeutig nachweisen konnten. Mit den folgenden zehn Aussagen können wir zusammenfassen, was wir wirklich über Geschäftsmodelle wissen:

1. Das Geschäftsmodell ist aus unserer Welt nicht mehr wegzudenken.
2. Geschäftsmodelle sind nicht direkt an die Leistung eines Unternehmens gekoppelt.
3. Innovative Geschäftsmodelle können hohe Gewinne bringen.
4. Innovative Geschäftsmodelle sind sehr risikoreich.
5. Geschäftsmodelle funktionieren nicht isoliert.
6. Ein Geschäftsmodell ist nur so gut wie seine praktische Umsetzung.
7. Geschäftsmodelle verändern sich.
8. Die Veränderung eines Geschäftsmodells ist keine leichte Aufgabe.
9. Organisationen können verschiedene Geschäftsmodelle testen und umsetzen.
10. Neue Geschäftsmodelle lassen sich unmöglich in der Zukunft voraussagen.

Das Geschäftsmodell ist aus unserer Welt nicht mehr wegzudenken

Modewort hin oder her – das Geschäftsmodell ist aus der Geschäftswelt und der Welt der Wissenschaft heute nicht mehr wegzudenken. Der Begriff ist in innovativen Kreisen weltweit längst Teil der Standard-Nomenklatur und auch die Geschäftswelt im Allgemeinen hat das Konzept längst akzeptiert. Auch wenn Sie selbst dem Thema Geschäftsmodell bisher noch nicht begegnet sind – die Chancen stehen gut, dass sich dies bald ändern wird.

Geschäftsmodelle sind nicht direkt an die Leistung eines Unternehmens gekoppelt

Anders als viele andere Instrumente aus den Bereichen strategisches Management, Finanzwesen, Marketing etc. gibt es bisher keine eindeutig nachgewiesene Verbindung zwischen der Nutzung eines Geschäftsmodells und einer verbesserten Leistung oder dem Überleben eines neuen Unternehmens. Der Einsatz eines Hilfsmittels zur Erstellung eines Geschäftsmodells, etwa einer Business Model Canvas, allein ist keine Erfolgsgarantie für ein Unternehmen. Wenn Sie nach der Lektüre dieses Buchs nur eine Erkenntnis für sich gewonnen haben sollten – dann sollte es diese sein.

Der Einsatz eines Hilfsmittels zur Erstellung eines Geschäftsmodells ist keine Garantie dafür, dass Sie auch ein tragfähiges Geschäftsmodell finden. Denn dies ist keine Garantie, dass Sie dieses Geschäftsmodell auch umsetzen und darauf ein erfolgreiches Unternehmen aufbauen.

Innovative Geschäftsmodelle können hohe Gewinne bringen

Wahrscheinlich gibt es eine Verbindung zwischen wirklich innovativen Geschäftsmodellen und unternehmerischem Erfolg. Unternehmen mit innovativen Geschäftsmodellen experimentieren häufig mit neuartigen Ressourcen, Transaktionsformen oder Wertschöpfungssystemen. All dies kann einer Organisation einen Wettbewerbsvorteil bescheren, der sie zu Erfolg und Wachstum führt.

Das indische Telekommunikationsunternehmen Barthi Airtel gilt allgemein als eines der beeindruckendsten Beispiele für besonders erfolgreiche Geschäftsmodellinnovationen in den letzten Jahren. Das Unternehmen gestaltete ein neues Geschäftsmodell für Indiens Mobilfunkbranche, das sich besonders durch eine reduzierte Infrastruktur auszeichnete. Barthi vergab nahezu jeden einzelnen Bereich der Netzwerk-Infrastruktur extern an Zweitfirmen und stellte damit das weltweit übliche Standard-Betriebsmodell von Grund auf infrage. Barthi bezog auch Einzelhändler aus ländlichen Regionen Indiens in sein Verkaufs- und Vertriebssystem mit ein und konnte so gemessen am Kundenvolumen zum weltweit viertgrößten Mobilfunkanbieter aufsteigen.

Eine von IBM durchgeführte internationale Umfrage, an der sich über 700 CEOs beteiligten, zeigte, dass der Einsatz eines innovativen Geschäftsmodells der wichtigste Unterschied zwischen erfolgreichen und weniger erfolgreichen Unternehmen ist (siehe *Abbildung 4.1*).

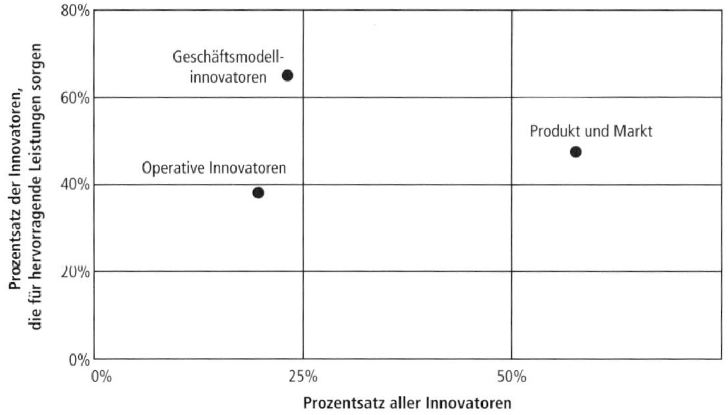

Abbildung 4.1: Leistung nach Innovationsart

Quelle: Basiert auf Daten aus „Giesen, E., Berman, S. J., Bell, R. und Blitz, A. (2007), „Three ways to successfully innovate your business model", Strategy & Leadership, 35 (6), 27–33.

Innovative Geschäftsmodelle sind sehr risikoreich

Innovative Geschäftsmodelle können sicherlich hohe Gewinne bringen, stellen aber auch ein sehr hohes Risiko dar. Wirklich innovative Modelle können ein Unternehmen also auch in den Ruin treiben. Betrachten wir beispielsweise die innovativen Geschäftsmodelle von Napster und Apple in der digitalen Musikbranche. Apple setzte auf eine sehr unkomplizierte Innovation – Verträge mit den großen Musikstudios, um dann über eine zentrale Plattform – iTunes© – Songs zu verkaufen. Napster dagegen führte eine viel drastischere Innovation ein und schuf eine Peer-to-Peer-Plattform, über die alle Nutzer uneingeschränkt Songs tauschen konnten. Apples Innovation betraf vor allem die nötigen Transaktionen, denn mit ihr wurden die Verkaufs- und Vertriebskanäle auf den allerneuesten Stand gebracht, um über den Internethandel Kosten zu sparen. Napster dagegen griff mit seiner Innovation in alle drei wichtigen Geschäftsmodellstrukturen ein: Ressourcen, Transaktionen und Wertschöpfung. Napsters Innovation war damit so radikal, dass seine Umsetzung zu einer Verletzung des Urheberrechts führte. Napster wurde daraufhin verklagt und musste schließlich Konkurs anmelden.

Daraus können wir eine entscheidende Lektion ziehen: Geschäftsmodellinnovationen können auch zerstörerische Wirkung haben.

Geschäftsmodelle funktionieren nicht isoliert

Das Geschäftsmodell einer Organisation funktioniert in verschiedenen Kontexten. In *Abbildung 4.2* ist dies grafisch dargestellt. Das Top Management Team (TMT) eines Unternehmens muss voll und ganz hinter dem Geschäftsmodell stehen. Es muss in der gesamten Organisation umgesetzt und gleichzeitig mit der Organisationskultur abgestimmt werden – oder eben den kulturellen Wandel innerhalb der Organisation deckungsgleich abbilden. Ein Geschäftsmodell ist ein „grenzüberschreitendes“ System, denn es muss Aktivitäten und Transaktionen umfassen, die über die Grenzen der Organisation hinausgehen und eben auch Lieferanten, Partner und Kunden betreffen. Das Geschäftsmodell funktioniert also im Kontext der Wertschöpfungskette eines Unternehmens und muss einen Beitrag zur Wertschöpfung der Organisation leisten. Und schließlich ist das Geschäftsmodell eines Unternehmens auch nur ein einzelnes Modell innerhalb des umfassenderen Branchenkontexts. In manchen Branchen halten sich mehrere verschiedene Geschäftsmodelle, in anderen nicht.

Auch dieser Aspekt zeigt, dass innovative Geschäftsmodelle durchaus eine Herausforderung sein können. Radikale Veränderungen des Geschäftsmodells eines Unternehmens haben drastische Auswirkungen, die nicht nur Kosten und Nutzen des Unternehmens betreffen. Die Ablehnung eines Wandels oder Rückschläge nach einer Veränderung können auf den verschiedensten Ebenen entstehen.

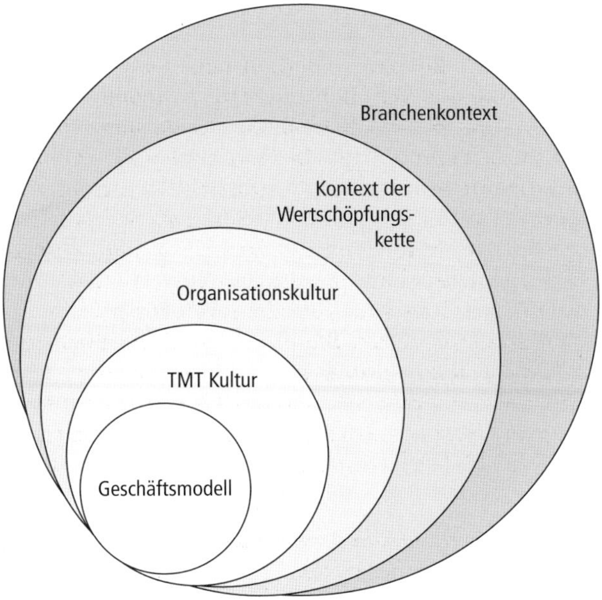

Abbildung 4.2: Das Geschäftsmodell im Kontext

Ein Geschäftsmodell ist nur so gut wie seine praktische Umsetzung

Ein Geschäftsmodell ist keine bildliche Darstellung oder Demonstration von Rentabilität. Um erfolgreich zu sein, muss ein Geschäftsmodell auch umgesetzt werden. Der Unternehmer oder Manager muss die bildliche Darstellung in eine Reihe von Prozessen und Aktivitäten übersetzen, die die Ressourcen der Organisation nutzen und gewinnbringend umwandeln. Ein schlecht oder ineffizient umgesetztes Geschäftsmodell ist wahrscheinlich ebenso sinnlos wie ein nicht passendes Geschäftsmodell. Und genau darum legen Risikokapitalgeber auch so viel Wert auf die Fähigkeiten des Teams, das für die Umsetzung verantwortlich ist. Gut und effektiv umgesetzt kann sogar ein mittelmäßiges Geschäftsmodell erfolgreich sein. Alternativ kann ein gutes Managementteam ein vorgegebenes Geschäftsmodell auch spontan den praktischen Gegebenheiten der Organisation optimal anpassen. Ein schlecht umgesetztes Modell ist jedoch früher oder später zum Scheitern verurteilt, gleichgültig wie gut es zum Unternehmen passt. Betrachten wir dazu den Fall des privaten Transitanbieters Leap Transit.

BEISPIEL Probleme in der Umsetzung eines Geschäftsmodells

Im Jahr 2013 startete eine Gruppe von Unternehmern aus San Francisco das Pilotprojekt Leap Transit, das als Zielgruppe die wachsende Zahl der jungen, gut situierten IT-Angestellten der Region hatte. Das Geschäftsmodell sah ein besonderes Angebot an „öffentlichem" Nahverkehr vor, das mit seinen höheren Fahrpreisen besonders für die Kunden attraktiv sein sollte, die lieber mit dem eigenen Auto zur Arbeit fuhren. Diese Innovation war auf den ersten Blick durchaus sinnvoll, besonders in diesem dicht besiedelten, wohlhabenden Stadteinzugsgebiet. Und so konnte Leap in kurzer Zeit über 2,5 Millionen Dollar von erfahrenen Risikokapitalgebern sammeln und brachte seine Dienstleistung 2013 auf den Markt. Allerdings wurde das Geschäftsmodell nicht effektiv genug umgesetzt. Das Transportwesen ist eine hochgradig regulierte Branche und so musste Leap zunächst darum kämpfen, vom Bundesstaat Kalifornien überhaupt die Zulassung für seine Dienstleistung zu erhalten. Zudem boten die eingesetzten Fahrzeuge keinen behindertengerechten Zugang und entsprachen somit nicht den gesetzlichen Vorgaben. Und so wurde der Betrieb umgehend von der Regierung geschlossen und blieb dies auch während des ganzen Jahres 2014 so. Erst 2015 startete man einen neuen Versuch, doch wieder hatte das Unternehmen Probleme damit, zuverlässig immer die gleichen Routen anzubieten oder einen treuen Kundenstamm aufzubauen. Schließlich griff der Bundesstaat Kalifornien erneut ein und sorgte für die Einstellung der Unternehmensaktivitäten, weil die gesetzlich vorgeschriebenen Zulassungen fehlten. Noch vor Ende des Jahres 2015 musste Leap Konkurs anmelden.

Geschäftsmodelle verändern sich

Die Veränderung eines Geschäftsmodells kann von einer Reihe verschiedener Kräfte oder Bedürfnisse ausgehen. Auf diese werden wir in *Teil 4* dieses Buchs genauer eingehen, doch einige wichtige Punkte sollen auch an dieser Stelle schon erwähnt werden. Die Anpassung eines Geschäftsmodells kann Ergebnis eines Problemlösungsprozesses sein, mit dem Manager oder Unternehmer auf einen externen Wandel reagieren. So kann es beispielsweise sein, dass wichtige Ressourcen, Transaktionen oder Wertschöpfungsmaßnahmen plötzlich kein effektives Bindeglied mehr sind zwischen den Ressourcen und dem Markt eines Unternehmens. Alternativ können auch interne Faktoren einen Wandel bewirken; Beispiele hierfür sind neue Visionen oder unternehmerische Ziele. Eine von IBM durchgeführte Studie (*Abbildung 4.3*) zeigt, dass die Innovation eines Geschäftsmodells in der Regel durch eines von vier Bedürfnissen ausgelöst wird: Kostenreduktion, strategische Flexibilität, Spezialisierung und Erschließung neuer Märkte.

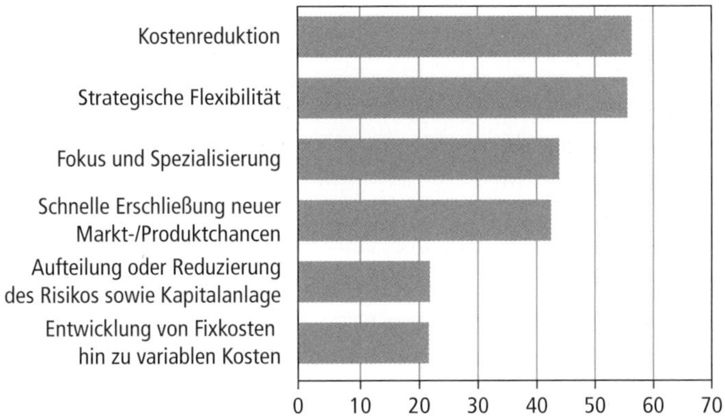

Abbildung 4.3: Die wichtigsten Antriebskräfte für eine Geschäftsmodellinnovation
Quelle: Basiert auf Daten aus „Expanding the innovation horizon: the global CEO study 2006", IBM Global Business Services, März 2006

Die Veränderung eines Geschäftsmodells ist keine leichte Aufgabe

Die Veränderung eines Geschäftsmodells ist vielleicht der schwierigste Wandlungsprozess überhaupt für das Management einer Organisation.

Warum ist das so?

Wer ein Geschäftsmodell verändern will, muss die gesamte Organisation von Grund auf verändern: wie sie arbeitet, mit wem sie interagiert und wie sie Mehrwert schafft. Dabei ist es fast unvermeidlich, dass wichtige Mitarbeiter und Mitarbeitergruppen völlig neue Dinge lernen, sich mit bisher unbekannten Ressourcen vertraut machen und neue Fähigkeiten erwerben müssen.

Anders als ein strategischer Wandel, eine Produktinnovation oder die Umgestaltung eines Prozesses geht mit der Veränderung eines Geschäftsmodells in den allermeisten Fällen die Erforschung bisher unbekannter Gebiete einher. Die betroffene Organisation muss sich völlig neuen Herausforderungen stellen, ohne sicher zu wissen, ob sie überhaupt über die Fähigkeiten verfügt, diese zu meistern.

Natürlich sind dabei einige Veränderungen eines Geschäftsmodells bedeutender und damit schwieriger als andere. Allgemein ausgedrückt steht der Schwierigkeitsgrad einer solchen Veränderung im direkten Verhältnis dazu, welche und wie viele Modellstrukturen verändert werden müssen. Am kompliziertesten ist die Veränderung der Wertschöpfungsstruktur, am leichtesten die Veränderung der Ressourcenstruktur. Und natürlich kommt es auch häufig vor, dass bei einer Innovation des Geschäftsmodells verschiedene Strukturen verändert oder angepasst werden müssen. Das sorgt für eine noch größere Herausforderung, wie *Abbildung 4.4* zeigt.

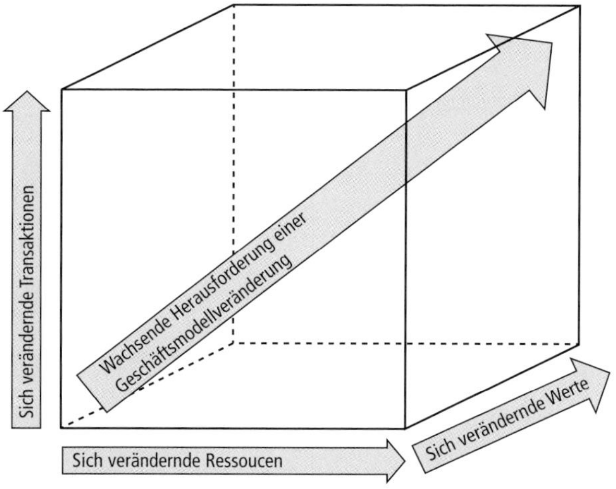

Abbildung 4.4: Die Herausforderung komplexer Geschäftsmodellveränderungen

Andere Erkenntnisse zum Thema Veränderung bei Geschäftsmodellen sind weniger offensichtlich. So zeigte beispielsweise unsere eigene Forschungsarbeit, dass eine wichtige Voraussetzung für die erfolgreiche Umsetzung einer Geschäftsmodellinnovation darin bestand, den Fokus der gesamten Organisation auf ihre wichtigsten Fähigkeiten zu richten, ohne dabei den größeren Marktkontext aus den Augen zu verlieren. Das kann eine große Herausforderung für ein Unternehmen sein. Zudem scheint es auch keine erlernbare Fertigkeit zu sein, ein Geschäftsmodell zu verändern – selbst mit Übung und Erfahrung wird diese Aufgabe nicht einfacher.

Organisationen können verschiedene Geschäftsmodelle testen und umsetzen

Lange Zeit waren Unternehmer und auch Wissenschaftler überzeugt davon, ein Unternehmen könne nur über ein Geschäftsmodell – und nicht mehrere gleichzeitig – verfügen. Dies stellte sich aber als sehr vereinfachte Sichtweise heraus. In Wahrheit befinden sich alle Unternehmen in einem ständigen Prozess der Veränderung und der Anpassung. Erfahrene Unternehmer und Manager machen sich diese fließende

Perspektive zunutze, um einzelne Modellelemente oder sogar ganze Geschäftsmodelle in Echtzeit zu testen. So probieren die Entwickler brandneuer Ideen, wie etwa neuer Smartphone-Apps oder anderer internetbasierter Dienste, gern eine ganze Reihe von Geschäftsmodellen aus, bevor sie ihre Dienstleistung dann tatsächlich großflächig auf den Markt bringen. Ein eindrucksvolles Beispiel hierfür ist Ocere Ltd.

BEISPIEL **Der Geschäftsmodelltest**

Im Jahr 2012 trieb Firmengründer Tom Parling sein Unternehmen zur Optimierung von Suchmaschinen, Ocere, mit einer Mischung aus Hektik und vielen Überstunden unermüdlich voran. Nach der Gründung 2009 hatte sich das neue Unternehmen zu einem aufregenden Projekt in einem sich rasch verändernden Branchenumfeld entwickelt. Ocere baute auf Toms umfassende Kenntnis von Googles Suchalgorithmus und Webcrawler, um so seinen Kunden einen guten Einblick in die von Google präsentierten Suchergebnisse zu gewähren. Allerdings wurde die Branche mit der Zeit immer wettbewerbsintensiver und risikoreicher, denn der Markt wurde fast vollständig vom Marktführer Google und dessen Fähigkeit kontrolliert, seine Suchalgorithmen anzupassen. 2013 wurde Tom klar, dass sein Unternehmen inzwischen zu sehr von einmaligen Projekten abhängig war und das Risiko bestand, in der sich konsolidierenden Branche den Anschluss zu verlieren. So begann er damit, eine Reihe anderer Dienstleistungen auszuprobieren, die alle irgendwie mit Internetsuche und digitalem Marketing zu tun hatten. All dies waren im Grunde Experimente mit verschiedenen Geschäftsmodellen, durchgeführt in Echtzeit mit echten Ressourcen, um in der verwirrenden Welt von Onlinemarketing und -vertrieb die Bedürfnisse echter Kunden zu erkennen. In weniger als einem Jahr konnte Ocere tatsächlich einige Nischenprojekte identifizieren, die hohe Margen und eine starke Kundenbindung versprachen. Heute versorgt Ocere kleinere Dienstleistungsunternehmen in ganz Großbritannien mit lokalen, produktspezifischen Kundenkontakten – und das Unternehmen experimentiert und wächst dadurch immer weiter.

Neue Geschäftsmodelle lassen sich unmöglich in der Zukunft voraussagen

Rückblickend könnte man sagen, dass jede Geschäftsmodellinnovation ein naheliegender Schritt war. Betrachten wir etwa den Aufstieg und Niedergang der Musik-Single. Wenn wir weit genug in die Vergangenheit zurückgehen, kommen wir zu einer Zeit, in der Musiktitel hauptsächlich auf 45er-Vinylplatten verkauft wurde. Die Entwicklung der 33er-Langspielplatte läutete dann die 30 Jahre währende Vorherrschaft der Musikalben ein (auf LPs, Kassetten und später CDs). Mit dem Aufstieg des Internets fielen die Kosten für die Verbreitung digitaler Inhalte praktisch auf null. Und damit machte es plötzlich wieder Sinn, Musiktitel einzeln zu verkaufen. *Abbildung 4.5* zeigt, dass die Musikindustrie heute wieder von Single-Downloads dominiert wird. Der größte Nutznießer dieser Innovation sind dabei weder die Interpreten noch die Musikverlage – es ist Apple, die Firma, die mit iTunes® das erste Online-Musikvertriebssystem auf den Markt brachte, das mit den großen Musikverlagen verbunden war. Theoretisch hätte jedes große Plattenlabel diesen gleichen Schritt machen können, doch ihnen fehlten die technischen Fähigkeiten und zudem die Vision, wie ihre Kunden Musik auf dem digitalen Markt kaufen und nutzen würden.

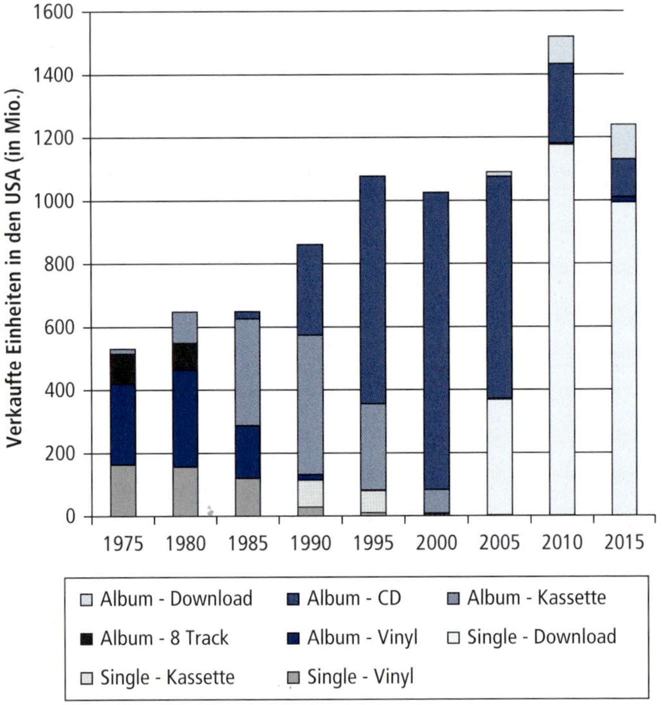

Abbildung 4.5: Musikkäufe nach ihrer Art im Zeitverlauf

Quelle: RIAA-Daten und Minnesota-Public-Radio-Analyse, *http://blog.thecurrentorg/2014/02/40-years-of-album-sales-data-in-one-handy-chat/*

Fazit

Herzlichen Glückwunsch – Sie haben *Teil 1* des Buchs abgeschlossen! Jetzt wissen Sie bereits mehr über Geschäftsmodelle als die große Mehrheit aller Manager und Unternehmer. Sie kennen das Potenzial und die Grenzen der Geschäftsmodellanalyse. Im Folgenden fassen wir nochmals die wichtigsten Erkenntnisse aus *Teil 1* zusammen:

- Ein Geschäftsmodell ist eine Möglichkeit, um zu erklären, wie eine Organisation Mehrwert schafft und für sich nutzt.
- Ein Geschäftsmodell ist ein System, das die Ressourcen und Aktivitäten einer Organisation miteinander verbindet.
- Niemand kann wirklich genau erklären, warum manche Geschäftsmodelle erfolgreich sind, während andere scheitern.
- Es ist nicht leicht, ein erfolgreiches Geschäftsmodell zu entwickeln.
- Innovative Geschäftsmodelle erfordern es, die Grenzen traditioneller Annahmen zu überschreiten, Daten von Kunden zu gewinnen und Wege zu finden, wie die einzelnen Elemente des Modells zusammen funktionieren können.
- Innovative Geschäftsmodelle sind risikoreich, bringen aber auch hohe Gewinne.
- Geschäftsmodelle verändern sich, doch eine solche Veränderung erfordert neue Daten, die richtige Einsicht und das Testen neuer Elemente.
- Organisationen können Geschäftsmodelle zwar untersuchen und testen, letztendlich können die Modelle aber nur erfolgreich sein, wenn sie in der realen Welt umgesetzt werden.

Nun sind Sie bereit dafür, Geschäftsmodelle von Grund auf zu entwickeln und aufzubauen.

TEIL 2

Die Elemente des Geschäftsmodells – das RTWN-System

In diesem Teil lernen wir die drei Teile eines Geschäftsmodells genauer kennen und wir erfahren, wie sie zusammenpassen. Dabei ist es hilfreich, sich ein Geschäftsmodell als dreiseitige Pyramide vorzustellen, die aus drei verschiedenen Perspektiven betrachtet werden kann: Ressourcen, Transaktionen und Werte. Gemeinsam bilden sie die Grundstruktur jedes Geschäftsmodells. Dieser Ansatz kann auf jede Organisation angewandt werden, gleichgültig in welcher Phase sie sich befindet, wie groß sie ist und aus welcher Branche sie stammt. Natürlich hat die Pyramide auch eine versteckte Seite, nämlich die, die nach unten zeigt. Diese versteckte Seite ist das Narrativ jedes einzelnen Geschäftsmodells, also die Grundlage, sein Sinn und Zweck und gleichzeitig eine Hilfestellung, um unvermeidbare Zielkonflikte zu bewerten.

Geschäftsmodelle sind dann kohärent, wenn ihr Narrativ ihre Ressourcen, Transaktionen und Werte miteinander verbindet. Und wer diese Kohärenz versteht, kann eine sinnvolle Abbildung des Geschäftsmodells oder eine Business Model Canvas erstellen. Und wenn wir erst einmal über die entsprechenden Gestaltungswerkzeuge verfügen, liefern die Elemente eines Modells wiederum die Grundlage für eine Veränderung oder eine Innovation des Geschäftsmodells.

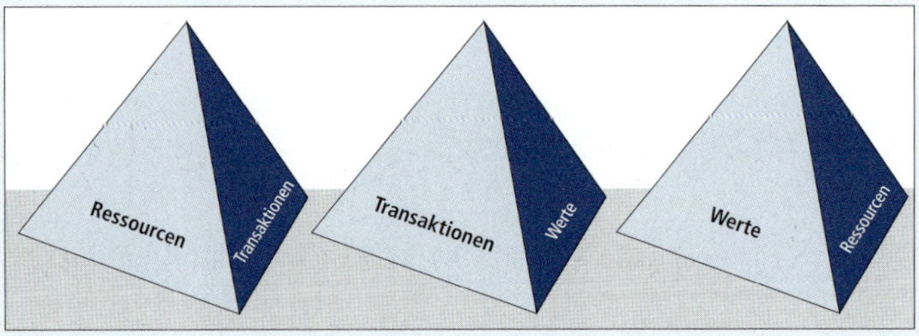

Drei Perspektiven eines Geschäftsmodells

5

Wie Ihre Ressourcen für Ihr Unternehmen arbeiten

„Dieselben Produkte, Dienstleistungen oder Technologien können erfolgreich sein oder aber fehlschlagen – je nachdem, welches Geschäftsmodell man wählt. Entscheidend für die Wahl eines erfolgreichen Modells ist die genaue Untersuchung der gegebenen Möglichkeiten. Wer sich mit der erstbesten Idee zufriedengibt, riskiert unter Umständen, viel Potenzial zu verschenken, das man nur entdeckt, wenn man mehrere Prototypen entwickelt und testet."

Alexander Osterwalder

Obwohl die Analyse eines Geschäftsmodells natürlich an jeder beliebigen Stelle ansetzen kann, beginnen die meisten Manager und Unternehmer bei den Ressourcen. Denn die Struktur der eingesetzten Ressourcen lässt sich am einfachsten identifizieren und sie ist ein konkreter Bestandteil des Modells (siehe *Abbildung 5.1*). Professionelle Manager betrachten Ressourcen in der Regel als Teil ihrer operativen und strategischen Planung. Die anderen Perspektiven gilt es natürlich auch zu berücksichtigen, diese sollten aber einzeln und Schritt für Schritt analysiert werden.

Der Begriff Ressourcen bezeichnet alles, was Organisationen einsetzen, um Mehrwert zu schaffen. Die Anwendung der „ressourcenbasierten" Perspektive auf ein Unternehmen hilft uns dabei zu verstehen, wie und warum manche Unternehmen so leistungsstark und konkurrenzfähig sind. Die Ressourcen einer Organisation sind tatsächlich auch die Rohstoffe für ein Geschäftsmodell.

Wenn Sie damit beginnen, ein Geschäftsmodell zu untersuchen, zu gestalten, aufzubauen oder anzupassen, ist eine Ihrer wichtigsten Ressourcen dafür ein Geschäftsmodell-Team. Es kann aus Kollegen, Freunden, Beratern oder anderen Experten bestehen, denen Sie vertrauen. Ihr Geschäftsmodell-Team unterstützt Sie darin, fokussiert zu bleiben und kreative Ideen für Ihr eigenes Modell zu entwickeln. Natürlich müssen Sie eine gewisse Zeit investieren, um ein gutes Team zusammenzustellen. Doch ein solches Team kann ein Geschäftsmodell viel schneller aufbauen und bewerten, als dies eine Einzelperson könnte. Zudem bringt ein vielseitiges, gemischtes Team sicherlich eher neue und innovative Ideen hervor, als es einem einzelnen Unternehmer oder Manager möglich wäre.

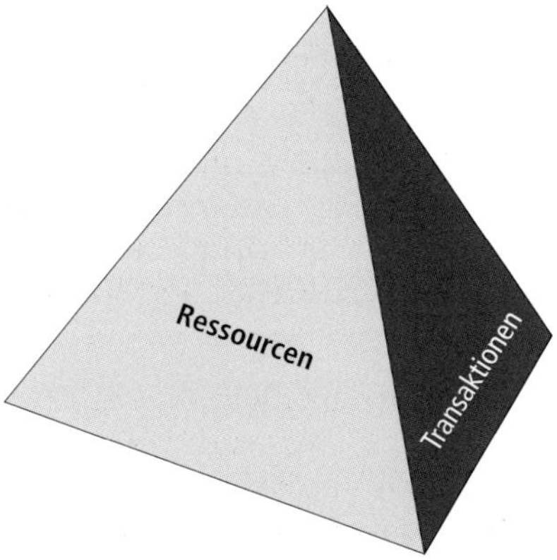

Abbildung 5.1: Die Ressourcen-Perspektive

Geschäftsmodell-Ressourcen

Ressourcen, die für ein Geschäftsmodell relevant sind, können Vermögenswerte, Fachkenntnisse oder auch spezielle Fähigkeiten sein. Außerdem unterscheiden wir materielle und immaterielle Ressourcen. In *Tabelle 5.1* haben wir die organisationalen Ressourcen kategorisiert und Beispiele genannt.

Art	Materiell	Immateriell
Vermögenswerte	Ausstattung	Beziehung zu Zulieferern
Fachwissen	Arbeitsschritte und Voraussetzungen für einen Herstellungsprozess; geistiges Eigentum	Auf Erfahrung beruhende Informationen
Fähigkeiten	Konstant hoher Fertigungsdurchsatz	Konstant hohe Fertigungsqualität

Tabelle 5.1: Kategorisierung von Ressourcen

Die Erfassung und Bewertung der Ressourcenstruktur eines Geschäftsmodells erfolgt in drei Schritten. Zunächst muss aufgelistet werden, welche Ressourcen vorhanden sind und welche benötigt werden, wobei genau auf die Ressourcenkategorie geachtet werden sollte. Anschließend müssen die Ressourcen im Hinblick darauf untersucht werden, welchen Mehrwert sie im Sinne des Geschäftsmodells schaffen. Und schließlich muss beurteilt werden, ob die eingesetzten Ressourcen in diesem Geschäftsmodell auch effektiv genutzt und erweitert werden.

Es gibt einige Richtlinien, die Ihnen die Analyse Ihrer Ressourcenstruktur erleichtern können.

- Erstens sind nicht alle Ressourcen gleich beschaffen. Selbst wenn wir jeder Ressource einen klaren Zahlenwert zuordnen könnten – was nicht der Fall ist –, wäre das noch keine Garantie dafür, dass diese Ressourcen angemessen und konsequent miteinander verglichen werden können. Manche Ressourcen, wie etwa spezielle Fähigkeiten oder Fachkenntnisse, brauchen Zeit, um sich zu entwickeln. Immaterielle Ressourcen können zudem häufig nicht übertragen werden.
- Zweitens ist es von entscheidender Bedeutung, die vorhandene Ressourcenstruktur zu bewerten und auszuloten, wie sie mit den gegebenen Transaktionen und Wertstrukturen interagiert. Ein häufig begangener Fehler bei der Geschäftsmodellanalyse ist, sich nur auf den spezifischen Wert von einer oder zwei wichtigen Ressourcen zu konzentrieren.
- Und drittens ist es sehr ratsam, nochmals zur Ressourcenstruktur zurückzukehren, nachdem Sie sich mit der Transaktions- und Wertestruktur Ihres Geschäftsmodells beschäftigt haben. Da ja die meisten Analysen mit den Ressourcen begonnen werden, kann es leicht passieren, dass Sie wichtige Ressourcen oder Ressourcen-Interaktionen vergessen. So wird in vielen Geschäftsmodellanalysen die Bedeutung wichtiger Kunden oder Vertriebskanäle anfangs unterschätzt. Diese werden üblicher- und auch richtigerweise bei der Analyse der Transaktionsstruktur berücksichtigt. Sie sind aber gleichzeitig auch Ressourcen der Organisation, in denen häufig die Arbeit von Monaten, Jahren oder sogar Jahrzehnten steckt. In vielen Organisationen sind die anderen Ressourcen isoliert von diesen Beziehungen nahezu oder sogar vollkommen wertlos.

AUFGABEN **Arbeitsblatt 5.1: Wichtige Ressourcen identifizieren**

Welche wichtigen Ressourcen gibt es im Geschäftsmodell Ihrer Organisation? *Arbeitsblatt 5.1* bietet eine Vorlage, mit der Sie diese Ressourcen schnell identifizieren und klassifizieren können. Sie finden sie zum Download auf der Website zum Buch.

Eine entscheidende Frage lautet: „Wie steht es mit Ihrem Humankapital?“ Oft sind die Mitarbeiter ganz klar die wichtigste Ressource einer Organisation. Ein gutes Beispiel für ein Unternehmen, das dies erkannt hat, ist das Lkw-Transportunternehmen Crete Carrier Corporation aus Omaha, Nebraska. Das Unternehmen warb mit einem Bild eines Sattelschleppers, das deutlich machen sollte, dass die Fahrer die entscheidenden Erfolgsfaktoren des Unternehmens sind. Dafür prangte auf dem Auflieger des Lkw das Statement „Unsere wertvollste Ressource seit 1937“ – verbunden mit einem Pfeil auf das Führerhaus. Auf unserer Website finden Sie unter Weblinks das entsprechende Bild und weitere Informationen.

Besonders in der Startphase einer neuen Geschäftsidee kommt es vielleicht auf einzelne Mitarbeiter an. Unter dem Aspekt der Einfachheit ist es allerdings oft effektiver, sich in der Analyse auf die entscheidenden Fachkenntnisse und Fähigkeiten zu konzentrieren, die diese Mitarbeiter in ihrer Arbeit einbringen. Denn diese können leichter im Ressourcenraster der Analyse untergebracht werden. Dies ist besonders für die Analyse eines Geschäftsmodells wichtig, denn eine Organisation kann sich (leider) nicht darauf verlassen, dass bestimmte Mitarbeiter für sie immer uneingeschränkt zur Verfügung stehen werden. Zudem ist eine Analyse der grundlegenden Fähigkeiten und Fachkenntnisse, die einen Mitarbeiter unverzichtbar machen, auch deshalb sinnvoll, weil damit klar definiert werden kann, wie sich die Arbeitszeit dieses Mitarbeiters optimal im Geschäftsmodell nutzen lässt.

Manchmal scheint klar auf der Hand zu liegen, welches die entscheidenden Ressourcen für ein Unternehmen sind. Betrachten wir dazu das Beispiel Cellular Logistics Inc., ein Unternehmensprojekt aus dem Bereich der Biowissenschaften.

BEISPIEL Ermittlung von Schlüsselressourcen

Eric Schmuck, Medizinstudent an der University of Wisconsin-Madison, entwickelte ein biologisches Material, das die Heilung von erkranktem Herzgewebe beschleunigen konnte. Im Jahr 2016 gründete er das Start-up-Unternehmen Cellular Logistics Inc., um seine Technologie kommerziell zu nutzen. Damit ist Eric natürlich die entscheidende Ressource seines eigenen Unternehmens – er kennt das Material besser als jeder andere Mensch auf der Welt. Doch wie passt er in das Geschäftsmodell seines Unternehmens? Um diese Frage zu beantworten, müssen wir zuerst wissen, dass das patentierte neue Material technisch gesehen Eigentum der Technologietransferstelle der Universität ist. Erics eigentlicher Wert für sein Unternehmensprojekt besteht in seinem Wissen und seinen Fähigkeiten im Zusammenhang mit Herstellung, Erprobung und Einsatz des Materials. Zudem studiert Eric immer noch und lernt beständig Neues über Unternehmensmanagement und die Umsetzung neuer Technologien hinzu. Er wird also auch in Zukunft noch erheblich von der fachkundigen Anleitung und Betreuung profitieren, die ihm helfen werden, seine komplexe Innovation kommerziell zu nutzen.

Auswahl der richtigen Ressourcen

Nicht jede Ressource, die ein Unternehmen nutzt, ist entscheidend für den Erfolg seines Geschäftsmodells. Schließlich nutzen viele Organisationen die gleichen Ressourcen: Papier, Computer, Internet, Schreibkompetenz, Buchhaltung etc. Anders ausgedrückt sind viele Ressourcen also notwendig, aber allein für sich nicht ausreichend. Aber wie können wir unterscheiden, welche Ressourcen entscheidend sind? Teilweise basierend auf Forschungsarbeiten von Wissenschaftlern wie Berger Wernerfelt, Jay Barney, Richard Rumelt, Edith Penrose und anderen können wir festlegen, welche Eigenschaften eine Ressource haben muss, um von entscheidender Bedeutung zu sein.

Ressourcen, die Grundlage für ein erfolgreiches Geschäftsmodell sind, haben folgende Eigenschaften: Sie sind spezialisiert, schwer zu imitieren, selten und wertvoll.

Abbildung 5.2 zeigt, wie sich diese Eigenschaften aus der Ressourcen-Perspektive kombinieren lassen.

Dabei müssen wir uns bewusst machen, dass es bei diesen Eigenschaften Abstufungen gibt, je nachdem, um welche Organisation es sich handelt. Für ein wachstumsorientiertes Technologieunternehmen etwa kommt es vor allem auf die Seltenheit und Spezialisierung einer Ressource an, während ein kleiner, regional operierender Einzelhändler nicht über derart einzigartige Ressourcen verfügen muss, um dauerhaft überleben zu können.

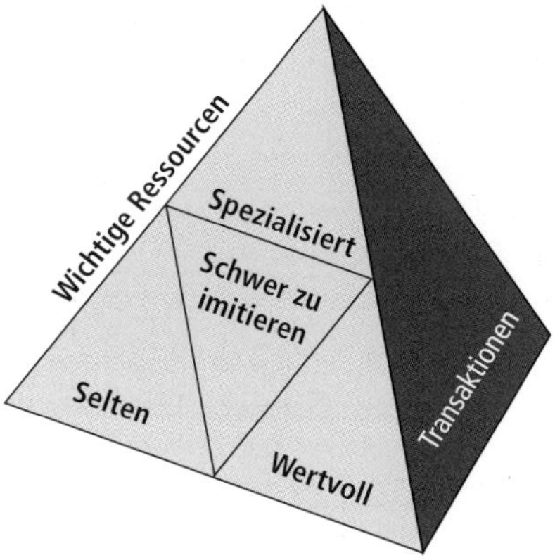

Abbildung 5.2: Entscheidende Ressourcen für ein erfolgreiches Geschäftsmodell

Spezialisiert. Manche Ressourcen einer Organisation kommen in vielen Geschäftsmodellen vor. Es versteht sich schließlich von selbst, dass jedes Unternehmen kommunizieren, seine Geschäftstätigkeit organisieren, Ergebnisse messen und Mitarbeiter entlohnen muss. Die Ressourcen, die zum Einsatz kommen, um diese allgemeinen Ziele zu erreichen, sind in der Regel überall gleich: Papier, Computer, personalpolitische Regelungen etc.

Andere Ressourcen dagegen sind hochgradig spezialisiert. Klassische Beispiele sind hier Patente und Betriebsgeheimnisse. Manche Ressourcen sind aber auch deshalb so spezialisiert, weil sie auf einzigartige Art und Weise eingesetzt werden. Fachwissen über Design und Softwareentwicklung gibt es in tausenden Technologieunternehmen überall auf der Welt. Bei Apple werden diese Fachkenntnisse auf einzigartige Weise vermittelt und genutzt, um außergewöhnlich populäre Produkte zu entwickeln, die den Menschen völlig neue Möglichkeiten bescheren, Technologien für sich zu nutzen. Der iPod® beispielsweise, den Apple 2004 auf den Markt brachte, hat mittlerweile etwa 75 Prozent des MP3-Player-Markts weltweit erobert. Ein Teil dieses Erfolgs lässt sich sicherlich auf den Urheberschutz zurückführen, die wichtigste Triebkraft war und ist aber ohne Zweifel die einzigartige Kombination aus Design, Software und dem Verständnis von Musik. Bedenken Sie, dass der iPod® weder der erste noch der preisgünstigste MP3-Player auf dem Markt war.

Die Geschichte von Adam Sutcliffe ist ein eindrucksvolles Beispiel für eine hochgradig spezialisierte Fähigkeit. Die einzigartige Kombination seines Designs, das den Menschen in den Mittelpunkt stellte, und seines Wissens um die Herausforderung der Händedesinfektion im Klinikalltag führte ihn zu seiner Innovation, dem Orbel®.

Sutcliffe nutzte seine komplexen Fähigkeiten zur Entwicklung eines Desinfektionssystems, das sich den menschlichen Instinkt zunutze macht, sich die Hände an der eigenen Kleidung abzuwischen. Orbel™ ist genau auf Höhe der Hände an der Kleidung angebracht, sodass das reflexartige Abwischen der Hände automatisch zu einer Desinfektion führt, anstatt noch mehr Keime auf die Haut zu bringen. Mehr über Sutcliffe und Orbel erfahren Sie im *Exkurs 9* zum Thema auf der Website zu unserem Buch.

Schwer zu imitieren. Einige Ressourcen lassen sich nur schwer kopieren oder imitieren. Geschäftsgeheimnisse wie etwa das Rezept für Coca-Cola® stellen einen langfristigen Ressourcenwert dar, der sehr schwer nachzuahmen ist. In den meisten Fällen profitieren Ressourcen, die schwer zu kopieren sind, allerdings von einem zeitlichen oder erfahrungsbedingten Vorsprung. Solche Ressourcen finden sich traditionell in besonderen Herstellungskonfigurationen oder -prozessen, können aber genauso gut in Form von hochspezialisierten Fachkenntnissen, einer besonderen Organisationskultur oder einem erfolgreichen Beziehungsmanagement vorliegen.

Selten. Manche Ressourcen sind von Natur aus selten und ihr großer Wert liegt hier bereits in der Seltenheit an sich. Innerhalb eines Geschäftsmodells aber können seltene Ressourcen auch Vermögenswerte, ungewöhnliches Wissen oder einzigartige Fähigkeiten sein. Ein Krankenhaus investiert vielleicht sehr viel Geld in ein komplexes bildgebendes Verfahren, z.B. einen Magnetresonanztomografen (MRT). Wenn keine andere Klinik in der Region über ein ähnliches Gerät verfügt, kann dieses MRT für das Krankenhaus eine sehr wertvolle Ressource darstellen. Natürlich muss es dort auch entsprechend ausgebildete Techniker und Ärzte geben, die das Gerät fachmännisch bedienen und die Bilder richtig auswerten können. Seltene Ressourcen sind also oft dann besonders wertvoll, wenn sie in Kombination mit anderen spezialisierten (und manchmal seltenen) Ressourcen vorkommen.

Viele Start-up-Unternehmen aus dem Technologiebereich setzen auf das wissenschaftliche oder technische Fachwissen ihrer Gründer und wichtigsten Erfinder. Das gilt auch für Cellular Logistics. Der technische Innovator Dr. Eric Schmuck ist einer der weltweit wenigen Menschen, die über die notwendigen Fachkenntnisse und Erfahrungen verfügen, um das urheberrechtlich geschützte neue Biomaterial des Unternehmens fachgerecht kultivieren und herstellen zu können.

Seltenheit kann aber auch relativ sein. Im Fall des Krankenhauses mit einem MRT handelt es sich um eine regional – und nicht global – definierte Seltenheit. Natürlich gibt es in vielen Krankenhäusern auf der Welt MRTs und jeder Patient könnte sich einer entsprechenden Untersuchung unterziehen, wenn er nur weit genug reisen würde. Und zudem hat das Krankenhaus keinerlei Kontrolle darüber, ob und wann andere Einrichtungen in der Nähe ähnliche Geräte anschaffen. Dasselbe könnte auch für Cellular Logistics gelten, denn die grundlegenden Kenntnisse über die Kultivierung und Verarbeitung des Zellmaterials sind keineswegs einzigartig. Andere Menschen könnten entsprechend ausgebildet werden und diese Kenntnisse erwerben. Für Cellular Logistics sind also die eingesetzten Aufbereitungsprozesse nur deshalb selten, weil sie bisher noch kein anderer ausprobiert hat. Um die Seltenheit seiner Ressourcen zu erhalten, muss Dr. Schmuck sich selbst kontinuierlich weiterbilden und seine Forschungsaktivitäten auf andere Prozesse und Fähigkeiten ausweiten oder verlagern, die selten sind und es bleiben.

Die Macht seltener und impliziter Fähigkeiten zeigt sich aber nicht nur in hoch spezialisierten Technologie-Start-ups. In vielen großen, bekannten Unternehmen kommen regelmäßig außergewöhnliche menschliche Fähigkeiten zum Einsatz. In der Automobilbranche etwa sind Lexus und Toyota weltweit führend im Bereich Total Quality Management (TQM) und dem Managementsystem zur Qualitätsverbesserung Six Sigma. Zwar geht es beim TQM vor allem um Automatisierung und optimales Prozessdesign, doch auch hochspezialisierte Sinneswahrnehmungen der Mitarbeiter spielen eine nicht unerhebliche Rolle. So wurden im Lexus-Werk, das 2005 in Kentucky eröffnet wurde, die Mitarbeiter speziell darin geschult, mit ihren Fingerspitzen Defekte an Autoteilen zu ertasten. Dies ist ein Beispiel für eine Fähigkeit, die man schon als „immaterielle Ressource" werten könnte. Man erwirbt sie durch Übung und Erfahrung, sie kann aber nicht durch Handbücher oder andere traditionelle Trainingsmethoden vermittelt werden. Die Mitarbeiter lernen durch das Nachahmen der Experten und kombinieren also objektive Informationen mit ihren eigenen, subjektiven Sinneswahrnehmungen.

Wertvoll. Manche Ressourcen sind von Natur aus wertvoller als andere. Wenn Sie ein Reisebüro betreiben, sorgen manche Ihrer zur Schau gestellten Vermögenswerte sicher für höhere Umsätze. Fotos und Souvenirs aus exotischen Ländern, Modelle von Kreuzfahrtschiffen und Erfahrungsberichte zufriedener Kunden – all dies steigert die Legitimität Ihrer Dienstleistung. Noch wichtiger sind wahrscheinlich zuverlässige Computer und ein schnelles Internet, denn Ihre Kunden möchten zeitnah über aktuelle Preise, buchbare Kabinen, Wetterbedingungen vor Ort und freie Flüge informiert werden. Schlussendlich kann es aber durchaus sein, dass die wertvollste Ressource Ihres Geschäfts das Verkaufstalent Ihres Mitarbeiters ist, der einen potenziellen Kunden berät. Über welche Fachkenntnisse verfügt er? Kann er das Interesse des Kunden halten, während er Preise und Reiseoptionen recherchiert? Kann er den Kunden überzeugen, Zusatzleistungen oder Upgrades zu buchen? Ist Ihr Kunde voller Vorfreude oder aber eher besorgt, nachdem er eine Anzahlung geleistet hat? Das in Ihrem Reisebüro verkaufte „Produkt" besteht aus vielen einzelnen Arrangements zu Verpflegung, Unterbringung und Transport. Ein erfolgreicher und damit wertvoller Kundenberater aber verkauft ein komplettes Urlaubserlebnis noch bevor die gebuchte Reise überhaupt begonnen hat.

Als Fazit bleibt die Erkenntnis: Wertvolle Ressourcen sind die Grundlage aller tragfähigen Produkte und Dienstleistungen.

AUFGABEN **Arbeitsblatt 5.2: Haben Sie die richtigen Ressourcen am Start?**

Auf unserer Website zum Buch finden Sie *Arbeitsblatt 5.2*. Welches sind die zwei oder drei entscheidenden Ressourcen, die den Erfolg Ihres Geschäftsmodells ausmachen? Nutzen Sie die oben eingeführten Definitionen, um Ihre eigenen Ressourcen entsprechend zu bewerten. Ist Ihr Unternehmen eher klein und/oder unkompliziert, müssen Sie sich mit Ihren Ressourcen nur gegen die lokale Konkurrenz durchsetzen. Wenn Sie aber auf Wachstum aus sind oder aber in einem komplexen und sich rasch verändernden Umfeld agieren, sollten Ihre Ressourcen so spezialisiert, schwer zu imitieren, selten und wertvoll wie möglich sein!

„Gegen ein mieses Produkt hilft auch kein noch so perfektes Geschäftsmodell."

Tim O'Neill

Es gibt nur relativ wenige Ressourcen, die über alle oben aufgeführten Eigenschaften verfügen. Und natürlich steigt der Wert einer Ressource mit jedem erfüllten Kriterium an. Bedenken Sie aber, dass der Wert der benötigten Ressourcen für jede Organisation individuell beurteilt werden muss. Für einen Getränkedosenhersteller etwa ist Aluminium nur ein Rohstoff und Ausgangsmaterial für seinen Fertigungsprozess. Für ein Raumfahrtunternehmen dagegen kann Aluminium mit speziellen Gütegraden den entscheidenden Unterschied ausmachen zwischen einem Luftfahrzeug, das fliegen kann, und einem Luftfahrzeug, das eben nicht fliegen kann. *Tabelle 5.2* zeigt verschiedene Varianten einer Ressource (Informationstechnologie) bei einem Modefachgeschäft, um zu verdeutlichen, wie verwandte Ressourcen innerhalb eines bestimmten Geschäftsmodells entsprechend unterschiedlich wertvoll sein können.

	Spezialisiert	Schwer zu imitieren	Selten	Wertvoll
Barcodescanner				
Modebewusster Kunde	X	X	X	X
Social-Media-Marketer	X			X
Luxusmodemarken		X		X
Buch über Stammkunden				X
Perfekte Lage			X	X

Tabelle 5.2: Wertvolle Ressourcen eines Modefachgeschäfts

Betrachten wir als weiteres Beispiel das Unternehmen Graze, das den größten Direktversandbetrieb für gesunde Snacks in den USA und Großbritannien betreibt. Graze verschickt „Überraschungsboxen" an potenzielle Kunden, um ihnen damit gesunde, handverlesene und individuell angepasste Snacks vorzustellen. Auch Hello Fresh ist in diesem Zusammenhang zu nennen, ein internationaler Lieferdienst, der frische Zutaten für Gerichte und entsprechende Rezepte verschickt und in vielen Ländern Westeuropas und Nordamerikas sowie in Australien präsent ist. Beide Unternehmen untergraben den traditionellen Markt etablierter Supermarktketten und beeinflussen gleichzeitig das Verhalten ihrer Kunden. Und ihre Geschäftsmodelle sind im Grunde genommen relativ simpel – man bewirbt individuell zusammengestellte Lebensmittel, akquiriert Kunden über soziale Medien und Marketing und liefert die individuell zusammengestellten Produkte direkt zum Kunden. Ganz einfach, oder? Wenn wir aber etwas in die Tiefe gehen, können wir erkennen, welche Ressourcen notwendig sind, um dieses Geschäftsmodell dauerhaft am Laufen zu halten. Denn an dieser Stelle sind schon einige andere Unternehmen mit einem Onlinemodell auf Abo-Basis gescheitert. Wer ein derartiges Modell erfolgreich umsetzen möchte, muss unbedingt vertikal integriert sein, d.h., er muss in der Lage sein, seine Produkte selbst zu beschaffen, herzustellen und direkt an den Kunden zu verkaufen. Denn so kann der Lebensmitteleinzelhandel komplett umgangen und die Preise können selbst kontrolliert werden. Zudem muss ein Unternehmen, das hier erfolgreich sein will, der operativen Komplexität gewachsen sein, die maßgeschneiderte Produktangebote sowie Verpackung und direkte Auslieferung mit sich bringen. Und schließlich bedarf es noch einer ausgeklügelten Plattform, die mithilfe von tiefem Lernen und künstlicher Intelligenz alle verfügbaren Produkte nahezu in Echtzeit den vielfältigen Wünschen der Kunden anpasst. All dies sind entscheidende Ressourcen, die ein Unternehmen in dieser Branche unbedingt braucht, um überleben zu können.

Ausbau und Nutzung von Ressourcen innerhalb eines Geschäftsmodells

Erfolgreiche Geschäftsmodelle setzen ihre Ressourcen jedoch nicht nur einfach ein. Dies wäre vergleichbar mit einem Fußballverein, der neue Spieler nur für ein einzelnes Spiel engagiert, sie nach dem Zufallsprinzip auf verschiedenen Spielpositionen einsetzt und nach dem Abpfiff wieder entlässt.

Erfolgreiche Sportteams dagegen entdecken Talente für sich, fördern sie und nutzen gezielt deren spezielle Fähigkeiten und Möglichkeiten aus, um möglichst viele Spiele zu gewinnen. Gleichzeitig werden die gewonnene Erfahrung und Spielpraxis genutzt, um die Kompetenzen und Fähigkeiten des gesamten Teams weiterzuentwickeln. Erfolgreiche Geschäftsmodelle funktionieren nach dem gleichen Prinzip. Entscheidende Ressourcen sollten also nicht nur genutzt und ausgeschöpft werden, sondern auch aufgebaut und weiterentwickelt werden, damit das Modell im Laufe der Zeit immer effektiver werden kann.

Manche Geschäftsmodelle machen vor allem deshalb einen erfolgreichen Eindruck, weil eine Schlüsselressource schnell und einfach genutzt werden kann. Solche schnellen Erfolge sorgen rasch für hohe Umsätze und Gewinne, sind aber selten nachhaltig. Ob ein Geschäftsmodell dauerhaft erfolgreich ist, hängt davon ab, ob seine Ressourcen erneuert und weiterentwickelt werden können.

Bei diesem Thema müssen wir uns mit drei entscheidenden Fragen beschäftigen. Bedenken Sie dabei, dass es hilfreich ist, den Status Ihrer eigenen Ressourcenstruktur ehrlich und objektiv zu bewerten. Schließlich wollen Sie Ihr Geschäftsmodell doch verbessern und nach vorne bringen und nicht einfach so tun, als sei alles prima. Es könnte allerdings sein, dass es Ihnen leichter fällt, die folgenden Fragen zu beantworten, nachdem Sie die Analyse Ihres Geschäftsmodells abgeschlossen, also auch Transaktionen, Werte und narrative Kohärenz untersucht haben.

Frage 1: Werden die Ressourcen und Fähigkeiten Ihrer Organisation in Ihrem Geschäftsmodell eher verbraucht und damit verringert oder erweitert?

In manchen Geschäftsmodellen wird die Ressourcengrundlage eines Unternehmens ganz automatisch im Laufe der Zeit aufgebraucht. So haben die meisten Geschäftsmodelle aus den Bereichen Fertigung, Lagerhaltung und auch Dienstleistung eine natürliche Tendenz, vorhandene Ressourcen zu verbrauchen. Alle Produktionsanlagen gehen mit der Zeit kaputt und müssen repariert oder ausgetauscht werden. Monteure erreichen in ihrem Berufsleben irgendwann den Status maximaler Effizienz und gehen irgendwann in Rente oder scheiden aus anderen Gründen aus dem Unternehmen aus. Dienstleistungsunternehmen setzen auf leistungsfähige Mitarbeiter, die aber häufig irgendwann die Lust verlieren, immer die gleichen Aufgaben zu erledigen. Und wir alle kennen natürlich die ständige Herausforderung schnell veralteter Technologien.

Bei Organisationen aus einigen wenigen Branchen verbessern sich die Ressourcenstrukturen, ohne dass diese sich unmittelbar besonders dafür anstrengen müssten. So wird zum Beispiel ein Qualitätswein mit zunehmendem Alter ganz automatisch immer wertvoller. Dies setzt natürlich einen enormen Arbeitseinsatz vor der Lagerung voraus. Doch wir können uns die lukrativen Gewinne eines Unternehmens sehr gut vorstellen, das Qualitätsweine ankauft, nur um sie dann zu lagern und zu einem späteren Zeitpunkt zu einem höheren Preis zu verkaufen. Fällt Ihnen vielleicht ein Geschäftsmodell ein, bei dem sich automatisch der Wert der Ressource Mitarbeiter steigern lässt?

Die meisten Organisationen jedenfalls müssen viel Zeit, Energie und Geld aufwenden, um ihre Ressourcenstruktur immer wieder zu verjüngen und auszubauen. Sie investieren in Weiterbildung, Neueinstellungen, Wartung und Ressourcenmanagement.

Wie wertvoll es ist, seine materiellen Vermögenswerte optimal auszubauen und zu nutzen, können wir bei jeder beliebigen erfolgreichen Organisation beobachten – gleichgültig aus welcher Branche sie stammt oder wie spezialisiert sie ist. Haben Sie schon von Magic gehört? Das ist ein Fantasy-Sammelkartenspiel mit etwa 35 Millionen aktiven Spielern weltweit. Neue Sammelkarten werden exklusiv vom Herausgeber Wizard of the Coast entwickelt, der mittlerweile zum Hasbro-Konzern gehört. Für gebrauchte Karten gibt es einen beträchtlichen Zweitmarkt, denn besonders die selteneren Karten werden nicht mehr hergestellt und sind auch in den offiziell genehmigten Wettkämpfen nicht zugelassen. Die wertvollsten Karten werden für über 10.000 Euro gehandelt. Mittlerweile gibt es Zehntausende einzigartige Karten. Das Wissen darum, welche Karten wie wertvoll sind und wie die Qualität der einzelnen Karten zu bewerten ist, ist mittlerweile sehr gefragt, besonders da die Zahl der existierenden Karten jedes Jahr steigt. Dan Bock (zur vollständigen Offenlegung: Dan ist der Bruder des Autors) ist Gründer und Manager von PowerNine Games, das ausschließlich mit Magic-Karten und nur auf dem Zweitmarkt handelt. Auf der eBay-Seite von PowerNine Games laufen über 25.000 Auktionen parallel. eBay und auch andere Zweithändler haben Dan jetzt gebeten, sein exklusives und seltenes Wissen über die Magic-Karten zu nutzen, um gefälschte Karten zu identifizieren. Durch sein umfassendes Wissen über die Karten und deren Marktwert hat Dan mittlerweile internationale Bekanntheit erlangt. Das Geschäftsmodell von PowerNine Games beginnt mit dem Erwerb großer Kartensammlungen, die oft aus zehntausend und mehr Karten bestehen. PowerNine löst die Sammlungen auf und verkauft die Karten einzeln über eBay. Dieser kontinuierliche Prozess sorgt dafür, dass die besonderen Fähigkeiten des Unternehmens stetig gefestigt und erweitert werden. So wird sichergestellt, dass Dan und sein Team auf diesem hoch spezialisierten Gebiet dauerhaft mit über das größte Fachwissen weltweit verfügen.

Frage 2: Steigert oder senkt Ihr Geschäftsmodell den Wert Ihrer Unternehmenspartnerschaften und deren Ressourcen?

Eine häufige Schwäche von Geschäftsmodellen liegt darin, dass das System auf Kosten von Geschäftspartnern und Partnerunternehmen Mehrwert schafft.

Während des Internetbooms wurden Hunderte neue Projekte gestartet, die danach strebten, mithilfe des Internets Lieferanten und Kunden direkt miteinander zu verbinden und somit bestehende Vertriebssysteme zu umgehen. Ein solcher Prozess wird als Disintermediation bezeichnet. Die ihm zugrunde liegenden Annahmen waren, dass

1. die existierenden Vertriebssysteme ineffizient waren,
2. die für eine Kaufentscheidung benötigten Informationen effektiv über das Internet beschafft und verbreitet werden konnten und

3. eine unabhängige dritte Partei in der besten Position war, um die notwendige Infrastruktur zu schaffen und die Erträge aus dem neuen effizienteren Prozess abzuschöpfen.

FoodUSA.com (siehe *Kapitel 1*) ist ein gutes Beispiel für das Scheitern einer derartigen Disintermediation. Es entzog den Lebensmittelhändlern die Möglichkeit, selbst für sich Mehrwert zu schaffen, und drohte gleichzeitig, auch den großen Lebensmittelproduzenten zu schaden. Dabei hätte FoodUSA theoretisch dafür sorgen können, dass für alle Beteiligten der Branche Mehrwert entsteht. So hätte das System beispielsweise eine effektivere Preisbildung für verarbeitete Fleischwaren ermöglichen können, sodass die Produzenten höhere Preise für hochwertige Produkte hätten verlangen können. Dadurch hätte sich der gesamte Kuchen vergrößert, wovon alle Beteiligten profitiert hätten. Stattdessen entstand hier – wie in den meisten Fällen der Disintermediation – die Gefahr, dass sich die in der Branche zu erzielenden Gewinne von den mächtigsten zu den schwächsten Marktteilnehmern verlagert hätten. Eine solche Form der Disintermediation ist nur in den seltensten Fällen erfolgreich.

Frage 3: Welche Aktivitäten außerhalb Ihres Geschäftsmodells tragen zum Aufbau Ihrer Ressourcenstruktur bei?

Häufig kann die Ressourcenstruktur einer Organisation von Aktivitäten profitieren, die eigentlich nichts mit ihrem eigentlichen Wertschöpfungsprozess zu tun haben. Das kann allerdings kompliziert sein. So kann es beispielsweise sehr lange dauern, bis derartige Aktivitäten Gewinne erbringen. Zudem kann der Zugang zu solchen Gewinnen nur über andere Organisationen oder über Prozesse möglich werden, die außerhalb des Kontrollbereichs des Unternehmens liegen.

Der US-amerikanische Motorradhersteller Confederate Motorcycles ist ein ungewöhnliches Beispiel für dieses Phänomen, das wir uns nachfolgend genauer anschauen.

BEISPIEL **Relevanz der Ressourcenstruktur**

Confederate fertigt von Hand exotische, hochpreisige Motorräder in New Orleans. Diese sind allerdings keine Einzelstücke auf Bestellung – das Unternehmen entwirft eine Maschine und fertigt dann eine begrenzte Stückzahl (meist weniger als 100 Stück) nach diesem Design. Kunden zahlen zwischen 60.000 und 120.000 Euro für ein solches Motorrad, je nach Design und Serie.

Confederates Zielkunden sind ultrareiche Sammler. Viele Käufer lassen ihre Maschinen ganzjährig in der Garage stehen und behandeln sie wie Museumsstücke. Manche fahren sie, private Rennen werden damit aber sicherlich niemals gefahren. Und dennoch bringt Confederate jedes Jahr eine Maschine in die Salzwüste des US-Bundesstaats Utah und versucht damit, in der jeweiligen Motorklasse einen Landgeschwindigkeitsrekord aufzustellen. Warum?

Die Aktion in der Salzwüste Utahs stärkt die Ressourcenstruktur des Unternehmens, denn dabei werden interne Fähigkeiten in Bezug auf Design und Produktion weiterentwickelt. Doch auch die immateriellen Ressourcen werden ausgebaut, denn die Vision des Unternehmens, die die ultrareiche Zielgruppe anzieht, wird durch dieses Rennen in skurriler Kulisse romantisiert und konkretisiert zugleich. Mehr zum Thema Confederate Motorcycles finden Sie im *Exkurs 10* Confederate Motorcycles und die Salzwüste auf der Website zum Buch.

Videomaterial

Confederate Motorcycle ist ein spezialisierter Kleinserienhersteller sehr hochwertiger Motorräder. Sehen Sie sich diese Videos über das Unternehmen und dessen Gründer Matt Chambers an. Welche Geschäftsmodellelemente werden erwähnt – mit besonderem Augenmerk auf die Ressourcen? Versuchen Sie sich vorzustellen, Ihre eigene Organisation gemäß der Denkweise und Vision von Matt Chambers und seinem Team umzugestalten.

Was können Sie persönlich aus der Geschichte von Confederate Motorcycles für sich mitnehmen? Erfolgreiche Geschäftsmodelle können ungewöhnlich und manchmal unerwartet sein. Versuchen Sie immer, offen für alles zu bleiben, wenn Sie Ihr Modell aufbauen oder umgestalten. Die brillantesten Geschäftsmodelle erfordern vielleicht eine völlig andere Perspektive, als es Ihnen jemals in den Sinn gekommen wäre.

Fazit

- Die meisten Geschäftsmodellanalysen beginnen mit der Ressourcenperspektive.
- Ressourcen, die ein tragfähiges Geschäftsmodell stützen, müssen die richtigen Eigenschaften haben: spezialisiert, schwer zu imitieren, selten und wertvoll.
- Erfolgreiche Geschäftsmodelle nutzen Ressourcen einer Organisation effektiv und erweitern sie, anstatt sie nur zu verbrauchen.

6

Transaktionen in einem Geschäftsmodell

„Du weißt, dass Dein Geschäftsmodell gescheitert ist, wenn Du Deine Kunden verklagst.“

Paul Graham, Mitbegründer von Viaweb und YCombinator

In keinem Bereich ist die Verwirrung beim Thema Geschäftsmodell größer als bei den Transaktionen.

Frühe akademische Arbeiten über Geschäftsmodelle konzentrierten sich bereits auf das Thema Transaktionen. Und wie wir schon eingangs erwähnten, ist die auf Transaktionen basierende Herangehensweise an die Analyse eines Geschäftsmodells sehr aussagekräftig. Inzwischen wurde dieser Ansatz allerdings von einer eher praxisorientierten Analysemethode abgelöst. Auf der Website zum Buch finden Sie dazu den *Exkurs 11* zum Thema transaktionsbasierte Geschäftsmodelle, der Ihnen weitere Einblicke gewährt.

Transaktionen bringen Ressourcen zusammen

Die zweite Seite der Geschäftsmodellpyramide ist die transaktionsbasierte Perspektive. Transaktionen sind die Glieder, die die Ressourcen im Wertschöpfungsprozess verbinden, kombinieren und austauschen. Diese Transaktionen sind manchmal offensichtlich, andere laufen aber auch eher unterschwellig oder sogar im Verborgenen ab.

Die bekanntesten Beispiele für Geschäftsmodellinnovationen und -disruptionen basieren auf weitreichenden Veränderungen der Transaktionsstrukturen eines Geschäftsmodells. eBay, Priceline (Booking.com), Googles Online-Werbedienst AdSense, iTunes® und Alibaba.com – all dies sind Beispiele für Geschäftsmodellinnovationen, die sich disruptiv auf die jeweilige Branche auswirkten und von neuen Ansätzen im Bereich Transaktionen vorangetrieben wurden.

Wie in *Abbildung 6.1* zu sehen, gibt es in jedem Geschäftsmodell drei Arten von Transaktionen. Interne Transaktionen finden ausschließlich innerhalb der Organisation statt. Sie verbinden Einzelpersonen, Gruppen, Systeme oder jede beliebige Kombination aus diesen Elementen innerhalb des Unternehmens miteinander. Externe Transaktionen dagegen finden ausschließlich außerhalb der Organisation statt, sind aber mit ihrem Wertschöpfungsprozess verbunden. Grenzüberschreitende Transaktionen klingen vielleicht zunächst exotisch, sind aber tatsächlich die bekannteste Transaktionsart. Sie verbinden Elemente innerhalb der Organisation mit Elementen außerhalb der Organisation und überschreiten damit die Grenze zwischen der Organisation und ihrem externen Umfeld.

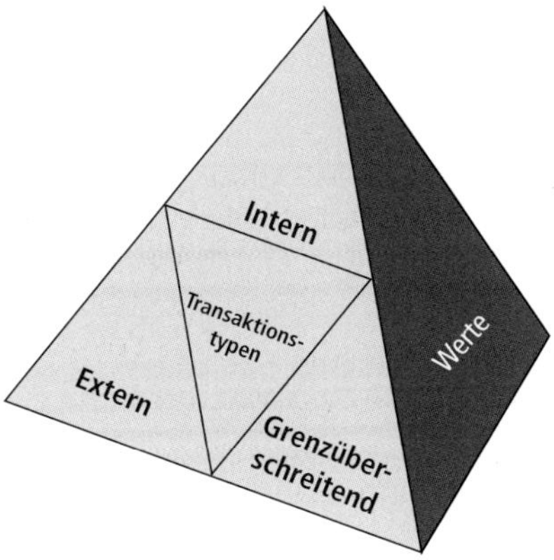

Abbildung 6.1: Das Geschäftsmodell aus der Transaktionsperspektive

Im Folgenden werden wir uns jede dieser drei Arten von Transaktionen genauer anschauen.

Interne Transaktionen

Vielleicht haben Sie noch nie darüber nachgedacht, aber die meisten Transaktionen, die in Ihrer Organisation ablaufen, sind interne Transaktionen. Viele Manager konzentrieren sich auf Transaktionen mit externen Parteien wie etwa Kunden, Geschäftspartner, Zulieferer und sogar Konkurrenten. Tatsächlich aber stellt jede Aktivität, jeder Prozess, der in einer Organisation stattfindet, eine Transaktion dar – eine Verbindung oder Kombination interner Ressourcen. Solche internen Transaktionen sind zum Beispiel Neueinstellungen, Fertigungsabläufe, Meetings etc.

Diese Perspektive stellt uns vor eine Herausforderung: Welche Transaktionen sind entscheidend für die Geschäftsmodellanalyse? Versierte Manager richten ihre Aufmerksamkeit vor allem auf interne Transaktionen, die mindestens zwei der drei folgenden Kriterien erfüllen: notwendig, hoch spezialisiert und differenzierend.

Das Kriterium der Notwendigkeit scheint auf den ersten Blick selbstverständlich zu sein. Natürlich setzt eine Organisation nur interne Transaktionen ein, die auch notwendig sind, oder etwa nicht?

Unnötige interne Transaktionen sind etwa überflüssige Arbeiten oder auch wertlose Aktivitäten. Wir hoffen, das Erstere vor allem durch fehlendes Engagement der Mitarbeiter oder aber eine schlechte Personalpolitik zustande kommen. Letztere allerdings stehen oft in direktem Zusammenhang mit ineffizienten Geschäftsmodellen.

AUFGABEN **Arbeitsblatt 6.1: Überflüssige interne Transaktionen in Ihrer Organisation**

Bevor Sie weiterlesen, empfehlen wir Ihnen das *Arbeitsblatt 6.1* im Hinblick auf Ihre eigene Organisation zu bearbeiten. Welche überflüssigen Aktivitäten bzw. solche mit zu geringem Wert und welche Transaktionen können Sie entdecken?

Wenn Organisationen wachsen und sich verändern, kann es passieren, dass Aktivitäten, die bisher wichtig waren, plötzlich nicht mehr notwendig sind. So manche Aktivitäten innerhalb einer Organisation wurden zudem sicherlich mit guter Absicht geschaffen, sind aber tatsächlich nur wirkungslose Beschäftigungstherapie. In beiden Fällen gehen das Ergebnis bzw. der Output dieser Transaktionen nicht über den Mitarbeiter oder das Team hinaus, die mit der jeweiligen Aufgabe betraut sind.

Eine einzige Frage reicht aus, um herauszufinden, ob eine bestimmte Transaktion innerhalb eines Geschäftsmodells effizient ist oder nicht:

Wird das Ergebnis dieser Transaktion oder Aktivität an irgendeiner anderen Stelle in der Organisation gebraucht?

Lautet die Antwort auf diese Frage „nein“, so handelt es sich mit größter Wahrscheinlichkeit um eine überflüssige interne Transaktion.

Wir haben unter anderem mit einer gemeinnützigen Stiftung gearbeitet, die mit diesem Problem zu kämpfen hatte. Der ausgebildete Buchhalter, der sich unentgeltlich um die Buchführungssoftware kümmerte, verließ die Stiftung völlig unerwartet. Eine der Verwaltungsangestellten begann daraufhin damit, die Bücher der Stiftung in Excel zu führen, da sie die bisher genutzte, spezielle Buchführungssoftware nicht bedienen konnte. Schließlich übertrug ein neuer Schatzmeister alle Transaktionen in die Buchführungssoftware. Die Verwaltungsangestellte exportierte jedoch weiterhin Daten in ihre Excel-Dateien, um damit periodische Finanzberichte zu erstellen. Diese bekamen die Vorstände zwar auf den Schreibtisch, lasen sie aber nicht, da sie nicht der üblichen Form entsprachen, an die sie gewöhnt waren, und zudem nicht immer mit den Zahlen der Buchhaltungssoftware übereinstimmten. Das Ergebnis dieser internen Transaktion war also vollkommen nutzlos.

Effiziente und einzigartige interne Transaktionen dagegen tragen dazu bei, eine Organisation von ihrer Konkurrenz abzugrenzen. In den meisten Unternehmen gibt es jedoch nur sehr wenige interne Transaktionen, die diese Kriterien erfüllen. Wir dürfen schließlich nicht vergessen, dass wir hier immer noch über interne Transaktionen sprechen, sodass der Effekt der Abgrenzung durch andere wertschöpfende Aktivitäten erzielt werden muss. Gibt es in Ihrer Organisation interne Prozesse, die so neuartig oder einzigartig ablaufen, dass sich daraus die Chance einer Abgrenzung bei Kunden und Partnern ergibt?

Ein wunderbares Beispiel für die Nutzung interner Transaktionen lässt sich bei PowerNine, dem bereits erwähnten Unternehmen, das mit Magic-Karten handelt, beobachten. Die spezielle Ausbildung der Mitarbeiter ist eine entscheidende interne Transaktion: Durch sie werden die Opportunitätskosten des Faktors Zeit gegen die Entwicklung spezieller Fähigkeiten ausgetauscht. Das Trainingsprogramm des Führungsteams für die Mitarbeiter, bei dem es darum geht, gebrauchte Kartensammlungen zu kaufen, unterscheidet sich bei PowerNine erheblich von den Trainings anderer Händler der Magic-Karten. Die meisten kleineren Händler der Branche haben eine „Kaufliste“ aller Karten, die sie gegen Bargeld kaufen möchten. Das vereinfacht ihre Transaktionen und hält auch die Kosten für jede einzelne Transaktion gering. Dan Bock, der Gründer von PowerNine, bemerkte allerdings schnell, dass viele Verkäufer gern ihre gesamte Sammlung in einer Transaktion loswerden wollten. Jeder weiß zwar, dass die allermeisten dieser Karten nahezu wertlos sind, jedoch könnte es sein, dass ein Verkäufer Tausende dieser nahezu wertlosen Karten anzubieten hat, die ansonsten einfach weggeworfen werden würden.

Dan bringt seinen Mitarbeitern also bei, ein gutes Angebot für alle Karten zu machen. So vergibt PowerNine keine einzige Chance, an eine wertvolle Karte heranzukommen, nur weil vielleicht die beste Karte eines Verkäufers nicht auf der „Kaufliste“ steht. Dieser Ansatz führt auch dazu, dass bei einer Show oder einem Event fast jeder Verkäufer irgendwann das Gespräch mit einem Mitarbeiter von PowerNine sucht. Und das wiederum erhöht die Chancen massiv, dass dieser Verkäufer auch in Zukunft mit PowerNine in Kontakt bleiben wird. Dan weiß, dass ein ehemaliger Kunde in den meisten Fällen auch ein zukünftiger Kunde sein wird. Die interne Transaktion der besonderen Ausbildung hebt also die Mitarbeiter genau in dem Moment von der Masse der anderen ab, wo es am allerwichtigsten ist – dann nämlich, wenn ein Spieler seine Sammlung zu Geld machen möchte.

Und schließlich ist da noch die Spezifität einer Transaktion. Einige interne Transaktionen können auf unterschiedliche Weise durchgeführt werden. Im Fall unserer gemeinnützigen Stiftung konnten die Finanzdaten in jedem beliebigen Buchhaltungssystem generiert und auch auf verschiedenen Wegen an den Vorstand weitergegeben werden (z.B. elektronisch, mittels Handouts, als PowerPoint-Präsentation oder in einer mündlichen Zusammenfassung). Der gesamte Buchhaltungsprozess könnte an einen externen Serviceanbieter fremdvergeben werden. Das bedeutet, dass diese Transaktionen für die Stiftung und ihr Geschäftsmodell zwar wichtig, aber eben nicht besonders oder differenzierend sind.

AUFGABEN **Arbeitsblatt 6.2: Wichtige interne Transaktionen**

Arbeitsblatt 6.2 führt die Analyse aus *Arbeitsblatt 6.1* fort. Legen Sie 20 interne Transaktionen in Ihrer Organisation fest und überprüfen Sie diese anhand der „Zwei von drei"-Regel. Wie viele dieser Transaktionen sollten in Ihrer Geschäftsmodellanalyse berücksichtigt werden? Wenn Sie ein kleines oder mittelständisches Unternehmen führen, wird Ihnen mit großer Wahrscheinlichkeit schnell klar werden, dass Sie sich dabei auf weniger als zehn interne Transaktionen beschränken können. Es ist in Ordnung, wenn Sie immer noch mehr als zehn (oder im anderen Extremfall weniger als fünf) Transaktionen auf Ihrer Liste haben. Überlegen Sie einen Augenblick, was das für Ihr Geschäftsmodell bedeutet. Vielleicht brauchen Sie für Ihre Organisation eine komplexere Geschäftsmodellanalyse oder aber mehrere Geschäftsmodelle sind die bessere Lösung oder Ihre Organisation befindet sich gerade in einem Prozess des Wandels.

Grenzüberschreitende Transaktionen

In einem Geschäftsmodell sind die grenzüberschreitenden Transaktionen (GÜTs) meist die spannendsten. Diese Transaktionen verbinden die Organisation mit ihren Kunden, Partnern, Konkurrenten und allen anderen Organisationen oder Einzelpersonen außerhalb des Unternehmens. Eine Organisation setzt ihre internen Transaktionen gezielt ein, um Mehrwert zu schaffen; sie entwickelt diese GÜTs und baut sie aus, um diesen Wert zu nutzen.

Elementare GÜTs sind zum Beispiel der Verkauf eines Produkts an einen Kunden oder der Einkauf von Material bei einem Lieferanten. Wenn wir einem Geschäftsmodell aber wirklich auf den Grund gehen möchten, müssen wir die grenzüberschreitenden Transaktionen sehr viel genauer unter die Lupe nehmen.

Wenn Sie versuchen, ein Geschäftsmodell zu bewerten, Fehler zu beheben oder es zu erneuern und nicht wissen, wo Sie beginnen sollen, nehmen Sie sich zuerst die grenzüberschreitenden Transaktionen vor. Denn es ist sehr wahrscheinlich, dass Sie genau hier auf die entscheidenden Themen, Probleme, aber auch Chancen stoßen werden.

GÜTs werden am häufigsten mit Lieferanten und Kunden in Verbindung gebracht. Das ist ein Relikt der Wertschöpfungskettenanalyse, die sich ja auf die Inputs und Outputs der Produktion konzentriert. Realistisch betrachtet finden in den meisten Unternehmen wesentlich mehr GÜTs statt, obwohl viele davon relativ undifferenziert sind.

Dies kann für viele ältere Unternehmen und/oder Familienbetriebe eine ernste Herausforderung sein. In einem traditionellen Umfeld hatte ein kleines Unternehmen eine enge Beziehung zu seiner Hausbank. Diese Beziehung basierte häufig auf der persönlichen Interaktion mit einem speziellen Bankmitarbeiter. Solche Beziehungen stellten eine wichtige GÜT für das Unternehmen dar, besonders in Situationen, in denen das Unternehmen schnell auf Bargeld zugreifen wollte.

Heute sind die Dienstleistungen einer Bank sehr viel stärker kommerzialisiert. Prozesse wie die Gewährung kleiner Geschäftskredite sind in Kreditinstituten heute hochgradig standardisierten Prüfungsverfahren unterworfen. Anders ausgedrückt hat für viele kleine Unternehmen die Finanz-GÜT erheblich an Bedeutung verloren, da diese Standarddienstleistungen heute von jeder beliebigen Bank kommen können.

Die Bereiche Marketing, Vertrieb und Dienstleistung andererseits werden für Unternehmen immer wichtiger. Die Unmittelbarkeit der Kommunikation, besonders über das Internet, stellt Kleinunternehmen vor neue Herausforderungen und bietet gleichzeitig neue Chancen. Der Verkauf von Konsumprodukten über große Einzelhandelsketten (Aldi, Lidl etc.) schafft immense Größenvorteile, verlangt aber gleichzeitig von den Unternehmen, die operativen und technologischen Anforderungen der Ketten zu erfüllen. Der Vertrieb über Onlineanbieter wie Alibaba, Amazon oder eBay bringt ähnliche Größenvorteile, erfordert aber auch eine Anpassung des Unternehmens an die informationsintensive und serviceorientierte Interaktion mit den Kunden. Ähnliche Effekte können wir bei B2B-Wertschöpfungsketten beobachten, bei denen intensive Kommunikation und eine Software zur Ressourcenplanung eine intensive und vielschichtige Verbindung zwischen dem betreffenden Unternehmen und seinen verschiedenen externen Partnern schaffen. Auf unserer Website liefert Ihnen der *Exkurs 12* über GÜTs im IT-Sektor weitere interessante Informationen zu diesem Thema.

AUFGABEN **Arbeitsblatt 6.3: Grenzüberschreitende Transaktionen**

Nehmen Sie sich nun *Arbeitsblatt 6.3* auf unserer Website vor. Damit können Sie die wichtigsten GÜTs Ihres Unternehmens identifizieren und aufzeichnen, wie diese zusammenhängen. Das Arbeitsblatt hilft Ihnen zudem dabei, zu ergründen, mit welchen Einzelpersonen und Organisationen Ihr Unternehmen interagiert. Das können Kunden, Nutzer oder Partner sein ebenso wie Lieferanten, Einkäufer, Experten, Hersteller von Komplementärprodukten oder auch Konkurrenten.

Erstaunliche Einblicke in die Transaktionsstruktur eines Unternehmens liefert eine Darstellung der Kundenreise (auch Customer Journey Map genannt). Die Beleuchtung jeder einzelnen Interaktion Ihres Kunden mit Ihrer Organisation kann für Sie zu einer Schlüsselerfahrung werden und Ihnen ganz neue Perspektiven auf Ihr Geschäftsmodell eröffnen. Die *Customer Journey Map* kann für so gut wie jede Transaktion angewandt werden, wenn Sie die Definition des Begriffs „Kunde“ entsprechend anpassen. Bei den Transaktionen mit Ihren Lieferanten etwa wird ja Ihre eigene Organisation zum Kunden. Und wenn Sie mit Partnerunternehmen zusammenarbeiten, sind beide Unternehmen die Kunden. Schauen wir uns dazu ein Beispiel an.

BEISPIEL **Eine Customer Journey**

Die DBS Bank mit Hauptsitz in Singapur ist ein Beispiel für eine traditionelle Bank, die sich zur weltweit führenden Digitalbank gewandelt hat, indem sie voll und ganz in die schnelllebige Geschäftswelt Asiens eintauchte. DBS erfand sich als 22.000 Mitarbeiter zählendes Start-up-Unternehmen völlig neu und konzentrierte sich vor allem auf das Thema Customer Journey. Jedes Mitglied des führenden Managementteams war verpflichtet, eine Kundenreise zu durchlaufen, um die Erfahrungen der Kunden verstehen zu können und gleichzeitig Möglichkeiten zu finden, die angebotenen Dienstleistungen innovativer zu gestalten, um so früher und nahtloser mit dem Kunden in Kontakt zu treten, noch bevor dieser eine Dienstleistung in Anspruch nimmt.

So führte die Bank beispielsweise die App DBS Home Connect™ ein, die interessierten Kunden Informationen über bisherige Verkaufsdaten angebotener Immobilien sowie andere standortspezifische Informationen liefert, wie etwa den öffentlichen Nahverkehr oder örtliche Einkaufsmöglichkeiten. Die App schafft es, DBS auf der Kundenreise zu etablieren, schon lange bevor die Entscheidung für eine Finanzierungsanfrage gefallen ist. Mithilfe weiterer finanztechnologischer Ansätze konnte DBS die „Reise" seiner Kunden im Privatkundengeschäft und bei der Vermögensverwaltung nachhaltig verändern – so entdeckten die Kunden statt des traditionellen, unpersönlichen Bankwesens immer mehr die „Freude am Bankgeschäft". Im Jahr 2016 wurde die DBS daraufhin als Asia's Best Bank und von Aon Hewitt als Best Employer in Asia ausgezeichnet.

Externe Transaktionen

Externe Transaktionen finden ausschließlich außerhalb der Organisation statt. Sie verbinden Menschen, Gruppen und juristische Personen miteinander, die auf unterschiedlichste Weise mit Ihrer Organisation zu tun haben. Gleichzeitig finden sie manchmal so im Verborgenen oder unterschwellig statt, dass vielleicht nicht einmal Sie als Manager sich bewusst sind, welch wichtige Rolle sie für das Funktionieren Ihrer Organisation spielen.

Betrachten wir das folgende Beispiel. Wenn Sie legal einen Song oder ein Album über einen digitalen Anbieter kaufen, leisten Sie danach an diesen eine Zahlung (z.B. an Apple). Wenn Sie sich über einen Streamingdienst (z.B. Spotify) ein Album oder einen Song anhören, leisten Sie an diesen indirekt eine Zahlung, entweder anteilig über Ihre Abo-Gebühr oder indem Sie sich für die freie Nutzung des Dienstes Werbeanzeigen ansehen. Unternehmen wie Apple und Spotify haben mit den großen Musikverlagen (z.B. Sony und BMG) umfassende Lizenzvereinbarungen getroffen, die vorsehen, dass beide Seiten sich die Einnahmen aus diesen Musikkäufen teilen. Und die Musikverlage wiederum schließen mit den Musikern und Bands Verträge ab. Im Geschäftsmodell der Firma Spotify spielen diese Verträge eine große Rolle, obwohl Spotify selbst keinerlei Geschäftsbeziehung zu den Künstlern hat. Aus Sicht des Musikers oder auch des Verlags ist Ihr Musikkauf technisch gesehen eine externe Transaktion, denn sie findet außerhalb seiner eigenen Organisation statt und unterliegt nicht seiner Kontrolle.

Welches sind die entscheidenden externen Transaktionen im Geschäftsmodell Ihrer eigenen Organisation? Es ist gut möglich, dass Sie rasch mehrere Hundert Transaktionen nennen können, besonders wenn Sie jede Transaktion bis ins Detail aufschlüsseln. Die meisten davon sind allerdings für das Überleben Ihrer Organisation nicht von Bedeutung.

Wenn wir beispielsweise einen Kurs an der Universität leiten, kommunizieren wir mit unseren Studenten via E-Mail. Die Anzahl an Transaktionen, Menschen, Systemen und Organisationen, die mit jeder einzelnen E-Mail in Verbindung steht, übersteigt schnell alle sinnvollen Berechnungsmöglichkeiten. All diese Transaktionen sind aber weder von besonderer Bedeutung für das Geschäftsmodell der Universität noch sind sie unersetzbar. Weitere Beispiele für externe Transaktionen finden Sie im *Exkurs 13* auf der Website zum Buch.

Leider gibt es keine einfache, einheitliche Methode, um diejenigen externen Transaktionen zu identifizieren, die für Ihre Organisation entscheidend sind. Je länger Sie sich aber mit dem Thema Geschäftsmodell befassen, desto leichter wird Ihnen dieser Prozess fallen.

AUFGABEN **Arbeitsblatt 6.4: Externe Transaktionen**

Das *Arbeitsblatt 6.4*, das Sie auf unserer Website zum Download finden, bietet Ihnen wertvolle Tipps und eine Anleitung, die Ihnen helfen werden, für Sie wichtige externe Transaktionen zu identifizieren.

Transaktionen gestalten die Wertschöpfung

Ihre Ressourcen bestimmen, welchen Wert Ihre Organisation schafft. Ihre Transaktionen gestalten den Wert, den Ihre Organisation nutzen kann.

Mehrwert zu nutzen, ist häufig schwieriger als ihn zu schaffen. Viele Unternehmer haben eine sehr genaue Vorstellung davon, was sie auf den Markt bringen möchten, sei dies ein materielles Produkt oder eine Dienstleistung. Einen solchen Mehrwert zu schaffen, bedeutet aber nicht automatisch, dass die Organisation diesen Mehrwert auch für sich nutzen kann.

Einige Unternehmer schaffen zwar Mehrwert, lassen dann aber zu, dass dieser von anderen Personen oder Unternehmen genutzt wird. Die US-amerikanische Anzeigenwebsite Craiglist schafft erheblichen Mehrwert mit ihrer Onlineplattform für private Verkaufsanzeigen. Allerdings nutzt sie diesen Mehrwert nur bei Anzeigen aus ganz bestimmten Rubriken (z.B. Apartments in San Francisco und New York). In den meisten Fällen wird der von Craiglist geschaffene Mehrwert von den Nutzern selbst realisiert, also bei allen, die Anzeigen einstellen oder auf diese reagieren. Das Gleiche gilt weitgehend für die britische Community-Website Gumtree, die 2005 von eBay aufgekauft wurde.

Viele Start-up-Unternehmen haben zunächst Probleme damit, den Mehrwert, den sie schaffen können, auch für sich zu nutzen, besonders wenn sie in einer traditionellen Branche eine innovative Technologie einführen. In seinem Buch „Crossing the Chasm“ beschreibt Geoffrey Moore die Herausforderung, innovative Produkte auf dem Mainstream-Markt verkaufen zu wollen. Das gilt natürlich für die meisten Unternehmen, allerdings wird man mit einem innovativen Produkt in einer traditionellen Branche vor noch größere Herausforderungen gestellt. Denn hier sind die Märkte ausgereift und innovative Kunden oder frühzeitige Anwender gibt es kaum. Zudem haben Start-ups und junge, unerfahrene Unternehmen häufig Probleme mit dem Transaktionsmanagement. Dem neuen Unternehmen fehlt noch die Legitimierung und die Zielkunden nehmen ein hohes Risiko in Kauf, denn sie vertrauen darauf, die ihnen versprochene Leistung unter Einhaltung aller existierenden Regeln zu erhalten. Gibt es ein Problem mit dem gekauften Produkt oder der Dienstleistung des neuen Unternehmens, kann der Kunde nur schwer einen Ausgleich einfordern, denn das Start-up-Unternehmen hat noch sehr begrenzte Möglichkeiten. Den meisten neuen

Unternehmen fehlen schlicht die Ressourcen, um einen umfassenden Kundendienst anzubieten. Und wenn das Produkt komplett versagt, ist es sehr wahrscheinlich, dass der Kunde auf seinen Kosten sitzen bleibt.

Aufschlussreiche Beispiele für die Bewältigung dieser Herausforderungen finden sich in den parallel verlaufenden Geschichten von Plumis (*www.plumis.com*) und Arctica. Diese beiden Schwesterunternehmen entstanden im Rahmen des Projekts Design London aus einer Partnerschaft zwischen dem Imperial College London und dem Royal College of Art. Beide vereinten sie neuartige Technik und innovatives Design und wurden jeweils von Studenten aus dem Bereich Management geleitet. Und vor allem brachten beide völlig neuartige Technologien in ausgereifte, traditionelle Branchen ein.

Plumis entwickelte ein innovatives Feuerlöschsystem basierend auf Sprühnebel. Arcticas neuartiges Produkt war eine energiesparende Klimaanlage. Beide Branchen sind in Großbritannien stark reguliert und werden von großen, etablierten Unternehmen dominiert. Sowohl Plumis als auch Arctica starteten Demoprojekte, um zu zeigen, wo ihre jeweiligen Innovationen ansetzten, um bisher vernachlässigte Kundenbedürfnisse zu erfüllen. Keines der beiden Unternehmen konnte jedoch Umsatzsteigerungen verbuchen.

Das Arctica-Team entschied daraufhin, dass Markteintritt und Wachstum zu lange dauern würden, und handelte einen Übernahmevertrag mit dem Technologieunternehmen Monodraught aus, das sich auf umweltbewusste Produkte spezialisiert hatte. Damit hatten die Unternehmensgründer die Möglichkeit, sich anderen Innovationen und neuen Marktchancen zu widmen. Das Plumis-Team dagegen beschloss, am Ball zu bleiben. Inzwischen hat das Unternehmen erfolgreich alle notwendigen Hürden bezüglich Marktregulierung und Konformität genommen und sein Produkt Automist auf den Markt gebracht. Die Wertschöpfung aus der Innovation ist in etwa gleich geblieben, allerdings hat es fünf Jahre gedauert, das nötige Transaktionssystem aufzubauen, um diesen für die Kunden geschaffenen Mehrwert auch gewinnbringend nutzen zu können. Man kann nicht eindeutig sagen, welcher der beiden Wege nun der bessere war. Plumis und Arctica haben unterschiedliche Entscheidungen getroffen – und auch unterschiedliche Ergebnisse erzielt.

Abschließend bleibt festzuhalten, dass Transaktionen die Wertschöpfung sowohl vorantreiben als auch einschränken können. Denken Sie aber immer daran, dass die Nutzung des geschaffenen Mehrwerts nicht einfach mit den erzielten Einnahmen gleichzusetzen ist. Dieser Mehrwert umfasst auch Informationen, positive Emotionen, Markenidentität, Vertrauen etc. Schafft Ihre Organisation viel Mehrwert, nutzt ihn aber nicht? In diesem Fall sollten Sie unbedingt zuerst einmal Ihre grenzüberschreitenden Transaktionen unter die Lupe nehmen. Wer sollte von dem Mehrwert, den Ihre Organisation schafft, am meisten profitieren? Welche Verbindungen bestehen zwischen Ihrer Organisation und diesen Nutznießern?

Die Gestaltung von Transaktionen in Geschäftsmodellen

Der oben beschriebene transaktionsbasierte Ansatz ist im Allgemeinen am schwierigsten zu verstehen. Und dennoch sind die bekanntesten Beispiele für innovative und auch disruptive Geschäftsmodellinnovationen auf Veränderungen in der Transaktionsstruktur zurückzuführen. Die Innovation eines Geschäftsmodells kann aus der Veränderung jeder beliebigen Modellkomponente und natürlich auch aus der Veränderung mehrerer Komponenten entstehen. Für disruptive Brüche in einem Geschäftsmodell sind dagegen meist Veränderungen in der Transaktionsstruktur verantwortlich. Apple ging aus dem „Krieg" um MP3-Downloads als Sieger hervor, weil das Unternehmen zu den großen Musikverlagen Beziehungen geknüpft und einen rechtlich zulässigen Vertriebskanal geschaffen hatte. Zu keiner Zeit hatte Apple die Absicht, eigene Musikinhalte zu kreieren oder selbst ein Musikverlag zu werden. Und auch die Booking Holdings Inc. baute keine eigenen Hotels, sondern bot lediglich ein neues Transaktionsmodell für die Buchung von Hotelzimmern an.

Die Bewertung der Transaktionen in einem Geschäftsmodell ist ein wichtiger erster Schritt. Die Gestaltung oder Neugestaltung von Transaktionen kann jedoch sehr viel schwieriger und anspruchsvoller sein. Die gute Nachricht dabei ist aber, dass Ihnen diese Aufgabe, wenn Sie sie einmal bewältigt haben, beim nächsten Mal schon viel leichter fallen wird.

Leider gibt es auch hier wieder kein erprobtes Patentrezept für die erfolgreiche Neugestaltung der Transaktionen eines Geschäftsmodells. Die Grundprinzipien verschiedener Systeme und Methoden wie etwa Business Process Reengineering, Total Quality Management (Six Sigma), die Aktivitätsanalyse und Just-in-time-Systeme können Hilfestellung geben. Gleichzeitig setzen sie aber den Fokus eher auf interne Prozesse und Effizienz und weniger auf Innovation.

Ein allzu brachialer Ansatz ist in den meisten Fällen wenig hilfreich. Und auch endlose Listen aller Unternehmenstransaktionen ermöglichen keinen klaren, aufschlussreichen Ausblick auf ein neues, verbessertes Transaktionssystem.

Wenn Sie die Transaktionsstrukturen in Ihrem eigenen Geschäftsmodell neu gestalten möchten, ist ein erster hilfreicher Schritt, eine oder mehrere der in *Kapitel 9 bis 12* beschriebenen Aktivitäten des Canvas Mapping durchzuführen. Sollten Sie allerdings feststellen, dass Ihr Modell zwar im Bereich Ressourcen und Wertschöpfung sehr innovativ ist, es aber bei den Transaktionen eher alltäglich und unspektakulär zugeht, ist wahrscheinlich eine weitere Intervention ratsam. Wir empfehlen den folgenden Drei-Stufen-Plan, um diese wichtige Herausforderung zu meistern.

Stufe 1: Zeichnen Sie Ihr Transaktionsmodell auf

Zeichnen Sie die entscheidenden Transaktionen Ihres Geschäftsmodells auf und wählen Sie dafür die Darstellungsform, mit der Sie am besten arbeiten können – das ist ein sehr guter Ausgangspunkt für Ihre Analyse. Vielleicht bevorzugen Sie ein Ablauf- oder Pfeildiagramm oder aber eine freihändige Skizze. Beginnen Sie in der Mitte mit Ihrem Unternehmen und zeichnen Sie dann nach und nach alle wichtigen Transaktionen ein, die bestimmen, wie Mehrwert genutzt wird. Manche davon sind einfach darzustellen. Wer bezahlt Sie? Wen bezahlen Sie? Welche anderen wichtigen Beziehungen treiben das Tagesgeschäft Ihres Unternehmens voran? Woher kommen die entscheidenden Informationen über Ihre Märkte? Fügen Sie alles ein, auch wenn Sie sich zunächst nicht sicher sind, ob es eine Rolle spielt. Später können Sie immer noch etwas verändern oder herausnehmen.

Auch eine Mindmap könnte Ihnen helfen, Ihre Transaktionsstruktur aufzuzeichnen. Dazu gibt es viele kostenlose Tools im Internet. Eine Onlinesuche mit dem Stichwort „online mindmap“ liefert Ihnen sicher zahlreiche Treffer, wie z.B. MindMup, MindMeister oder Coggle. Auch unseren Studenten empfehlen wir, diese Hilfsmittel zu nutzen, und sie sind mit den Ergebnissen sehr zufrieden.

Stufe 2: Identifizieren Sie Reibungspunkte

Nachdem Sie ein Diagramm erstellt haben (Sie haben doch ein Mindmap-Tool benutzt, oder?), müssen Sie sich über die Reibungspunkte Gedanken machen. Ihr Ziel ist es dabei, die drei bis fünf spezifischen Transaktionen herauszufiltern, die Ihr Geschäftsmodell in irgendeiner Form ausbremsen. Vielleicht haben Sie ja schon eine Vermutung, woran es liegen könnte – jetzt ist es Zeit, diese Transaktionen als Hypothesen oder Ahnungen zu dokumentieren.

Wenn Sie an diesem Punkt angelangt sind, könnten Sie für sich die folgenden Fragen beantworten:

- Welche Transaktionen verbrauchen die meisten Ressourcen Ihrer Organisation?
- Gibt es Transaktionen, die bestimmten verborgenen oder auch uneindeutigen Steuerungsmechanismen unterworfen sind?
- Gibt es wesentliche Überlappungen bei wichtigen Transaktionen? Finden manche Transaktionen nur dann statt, wenn andere fehlerhaft waren oder unabsichtlich vernachlässigt wurden?
- Welche Transaktionen müssen umfassend überwacht und/oder überarbeitet werden?
- Gibt es Transaktionen, die eliminiert werden könnten, ohne dass sich dies auf die Schaffung oder Nutzung von Mehrwert auswirkt?

Stufe 3: Entdecken Sie andere Transaktionen

Wie wir oben bereits angemerkt haben, ist die Gestaltung neuer Transaktionsstrukturen, -inhalte und -managementsysteme in der Regel der anspruchsvollste Teil der (Neu-)Gestaltung eines Geschäftsmodells. Lassen Sie sich also nicht entmutigen, wenn Ihnen diese Aufgabe zunächst schwerfällt.

Es kann aber auch sein, dass Ihnen die richtige (Neu-)Gestaltung und damit die Lösung Ihres Problems geradezu ins Auge springt. Manchmal führen schon das sorgfältige Aufzeichnen und Aufschlüsseln der Transaktionen ganz selbstverständlich dazu, dass Sie bestimmte Transaktionen umgestalten. In diesem Fall liegen die notwendigen Modifikationen schnell ganz klar auf der Hand.

Ein gutes Beispiel für die erfolgreiche (Neu-)Gestaltung von Transaktionen liefert die Zufriedenheitsumfrage, die Hampton Inn and Suites einsetzte.

BEISPIEL Eine Zufriedenheitsumfrage

Das Unternehmen ist eine Tochtergesellschaft der Hilton Hotels and Resorts Company, die mit ihren über 2.000 Hotelanlagen in Nordamerika und Europa vor allem Geschäftsreisende und Familien als Zielgruppe hat. Nach ihrem Aufenthalt in einem Hampton Inn werden alle Gäste gebeten, ihre Erfahrungen in einer Onlineumfrage weiterzugeben. Eine der Fragen lautet: „Wussten Sie, dass das Hampton Inn and Suites seinen Kunden während Ihres Aufenthalts eine 100%ige Zufriedenheitsgarantie gewährt?" Dies ist ein sehr effektiver Mechanismus, um den Kunden Transaktionsmanagement auf positive Weise zu zeigen. Kunden, die auf diese Frage hin Probleme reklamieren, könnten dies tun, weil sie vielleicht eine Chance sehen, einen Teil des Hotelpreises erstattet zu bekommen. Vielleicht ist diese Garantie aber auch ein Grund für sie, trotz Problemen noch einmal ein Hampton Inn and Suites zu testen. In jedem Fall ist diese Umfrage ein Instrument, um eine negative Kundenerfahrung auszugleichen. Und zufriedene Kunden nehmen das Gefühl mit, eine gute Entscheidung getroffen zu haben.

(Neu-)Gestaltung von Transaktionen

In manchen Fällen reicht allerdings unser oben beschriebener Drei-Stufen-Plan für eine effektive Neugestaltung nicht aus. Besonders dann, wenn unternehmensinterne Abläufe schon sehr lange bestehen und uns sehr vertraut sind, ist es sehr schwierig, sich vorzustellen, einzelne Transaktionen oder sogar den gesamten Transaktionsprozess zu verändern.

Es gibt viele Ansätze für die (Neu-)Gestaltung Ihrer Transaktionen, die auf den obersten Ebenen Ihres Unternehmens ansetzen und Sie dazu bringen möchten, die Transaktionen in Ihrer Organisation in einem ganz neuen Licht zu sehen. *Tabelle 6.1* zeigt einige davon.

Disintermediation	Ausweiten
Vereinfachen	Virtualisieren
Kombinieren	Aufschlüsseln
Outsourcen	Eliminieren
Aufdecken	Verbergen
Updaten	Integrieren

Tabelle 6.1: Ansätze für die (Neu-)Gestaltung auf höchster Ebene

Fazit

- Die Transaktionsperspektive des Geschäftsmodells ist sehr wirkungsvoll und herausfordernd zugleich.
- Die spannendsten Veränderungen und Innovationen eines Geschäftsmodells rührend meist von neuen Transaktionssystemen her.
- Erfolgreiche Geschäftsmodelle beinhalten interne, externe und grenzüberschreitende Transaktionen.
- Die Gestaltung von Transaktionen führt zum Erfolg, wenn Transaktionen aufgezeichnet, Reibungspunkte identifiziert und Alternativen durchdacht werden.

7

Gestaltung erfolgreicher Geschäftsmodelle

„Viele Start-up-Unternehmen konzentrieren sich viel zu früh auf ihr Geschäftsmodell, besonders darauf, welche verschiedenen Einnahmequellen sie haben werden, welche Vertriebskanäle sie nutzen werden und welche Kosten auf sie zukommen werden. Das lästige Thema ‚Lösung' können sie tatsächlich das Problem ihres Zielkunden lösen, indem sie eine wertvolle, nutzbare und machbare Lösung finden verschieben sie auf später."

Marty Cagan, Silicon Valley Product Group

Zentrales Thema der Unternehmensstrategie ist die Wertschöpfung im Vergleich mit der Konkurrenz. Bei einem Geschäftsmodell geht es um die Wertschöpfung im absoluten Sinn. Ein erfolgreiches Geschäftsmodell schafft Mehrwert, Punkt.

Wenn wir über die Wertschöpfungsdimension eines Geschäftsmodells sprechen, tauchen wir in die tiefgehenden Mechanismen und Systeme ein, die die Grundlage für fast jede Aktivität einer Organisation bilden. Organisationen existieren, um Ziele zu erreichen, die eine Einzelperson allein nie erreichen könnte. Also müssen wir die Wertschöpfung eines Geschäftsmodells als Ergebnis der organisationalen Gestaltung sehen.

Die Rolle des Designs in einem erfolgreichen Geschäftsmodell

Alle Elemente einer Organisation sind über ein Design miteinander verbunden. Die vorangegangenen Kapitel haben hierfür die Grundlagen gelegt: Die Elemente sind die Ressourcen, die Verbindungsglieder sind die Transaktionen. Das Design der Organisation ist das logische System, das wertvolle Ergebnisse ermöglicht.

Das Design eines Geschäftsmodells besteht im Grunde aus zwei Komponenten. Die erste ist die Wertdimension – sie beschreibt, wie das Modell Mehrwert schafft und nutzt. Wenn Ressourcen und Transaktionen den Bedürfnissen der Kunden optimal angepasst und sinnvoll eingesetzt werden, schafft das Design einen Mehrwert. Die zweite Komponente, die wir in *Kapitel 8* näher betrachten werden, ist das Narrativ des Geschäftsmodells.

Aber warum halten wir uns mit so viel Theorie auf? Die meisten Unternehmer und Manager gestalten das Geschäftsmodell ihrer Organisation gar nicht aktiv oder bewusst. Sie stürzen sich einfach in die Arbeit.

Die meisten Geschäftsmodelle entstehen aus einer Notwendigkeit heraus, ohne dass ihr Design vorher formell geplant wurde. Allerdings sind sich sowohl Wissenschaftler als auch Praktiker einig, dass ein gezielter Gestaltungsprozess dazu beiträgt, dass ein Geschäftsmodell auch seinen beabsichtigten Zweck erfüllt. Dieser Prozess erhöht also anders ausgedrückt die Wahrscheinlichkeit, dass die Organisation realen Mehrwert schaffen kann.

Der Gestaltungsprozess gewährt zudem wichtige Einblicke in eine ganze Reihe Details zum Thema Geschäftsmodell, die sonst vielleicht unbemerkt bleiben würden. Gibt es Synergien oder Konflikte zwischen den Ressourcen eines Modells? Sind die Transaktionen so organisiert, dass sie den maximalen Wert aus den Ressourcen herausholen und nutzen können?

„Der Prozess, den Unternehmen durchlaufen, um ihr Geschäftsmodell zu gestalten, kann an sich schon immensen Mehrwert schaffen.“

Professor Raphael Amit, Wharton School of Business

Vielleicht gibt es für eine bestimmte Kombination aus Ressourcen und Transaktionen nur ein tragfähiges Geschäftsmodell – vielleicht passen aber auch Dutzende, Hunderte oder sogar noch mehr Modelle dazu. Wenn Sie nur ein Element dieser Gleichung verändern, verändern sich gleichzeitig auch alle Gestaltungsmöglichkeiten.

Besonders relevant ist dieser Punkt in unterentwickelten Märkten und Branchen – wie dies etwa in den 1990er-Jahren und Anfang der 2000er-Jahre für viele IT-Dienstleistungen der Fall war. Heute gilt es für Felder wie etwa künstliche Intelligenz und regenerative Medizin. Denn in diesen Bereichen kann das optimale Design nicht entdeckt werden, da es ja einfach noch nicht existiert. Effektive Designs für Geschäftsmodelle müssen stattdessen noch geschaffen werden, häufig basierend auf Intuition. Auch Tests mittels eines experimentellen Ansatzes stehen noch aus.

Im Bereich des Designs von Geschäftsmodellen ist nichts in Stein gemeißelt. Wenn sich herausstellt, dass ein spezielles Element oder eine Transaktion eines Modells zum Problem wird, gleichzeitig aber unentbehrlich ist, sollten Sie dennoch versuchen, es zu eliminieren und nach alternativen Modelldesigns suchen.

Stakeholder erkennen

Der erste Schritt des Designprozesses Ihres Geschäftsmodells ist die Identifizierung Ihrer Stakeholder.

Stakeholder sind Einzelpersonen oder Organisationen, die ein wirtschaftliches Interesse an den Produktionsaktivitäten eines Unternehmens haben. Die am häufigsten genannten Stakeholder sind Kunden und Investoren, die Mitarbeiter folgen mit großem Abstand an dritter Stelle. In Wahrheit gibt es aber fast immer mehr Stakeholder – das sollte auch Ihr Transaktionsschema aus *Kapitel 6* ergeben haben. Zudem kann sich auch die Reihenfolge ihrer Bedeutung immer wieder verändern.

Der weltweite Marktführer im Bereich E-Mail-Marketing und der Zustellbarkeit von E-Mails, Return Path, wurde gegründet, nachdem die Interessen wichtiger Stakeholder dieser Branche neu geordnet worden waren. Return Path weist ganz klar seine Mitarbeiter als wichtigste Stakeholder aus. In einem Video, in dem sich das Unternehmen selbst vorstellt, heißt es: „Wir setzen unsere Kunden an die zweite Stelle ..., denn unsere Mitarbeiter sind uns am wichtigsten." Das war seit der Unternehmensgründung ein Kernprinzip des Geschäftsmodells von Return Path. Gründer und CEO Matt Blumberg kommentierte: „Ich möchte kein Unternehmen leiten, in dem ich nicht selbst arbeiten wollen würde." Diese komplette Umgestaltung der Stakeholder-Rangfolge stellte sich mittlerweile als treibende Kraft für nahezu jeden Aspekt des Unternehmenswachstums und -erfolgs heraus. In einem Blog beschreibt und erklärt Blumberg, wie diese Umgestaltung die Unternehmenskultur von Return Path vorangebracht hat. Indem er auf die große Bedeutung der Unternehmenskultur hinweist, zeigt er gleichzeitig, welche anderen Werte für die Organisation entscheidend sind.

Wer sich mit seinen Stakeholdern beschäftigt, deckt gleichzeitig wichtige Annahmen und Erwartungen bezüglich des eigenen Geschäftsmodells auf. Auf der Website zum Buch finden Sie weitere Informationen zu diesem Thema im *Exkurs 14* über Informationsaustausch und Wertdesign.

Im Folgenden wollen wir an einem Beispiel beleuchten, wie ein Geschäftsmodell aufgrund neuer Stakeholder-Prioritäten radikal verändert werden kann.

BEISPIEL **Stakeholder-Prioritäten**

Professor Miron Livny ist ein weltweit anerkannter Experte im Bereich verteiltes Rechnen. Im Jahr 1988 entwickelte er ein System für Hochdurchsatz-Rechentechniken auf verteilten Ressourcen. Das System, heute bekannt als HTCondor™, umfasst mittlerweile über 450.000 Hosts und mehr als 3.000 Pools weltweit.

Als Livny Condor ins Leben rief, hätte er ganz unterschiedliche Stakeholder-Prioritäten setzen können. Hätte er beispielsweise sich selbst als wichtigsten Stakeholder gesehen, hätte er entweder seine Software als Basis für ein Consultingsystem verwenden oder ein Start-up-Unternehmen gründen können, um sein System zu kommerzialisieren.

Stattdessen sah Livny die Welt als seinen wichtigsten Stakeholder. In seinen Augen brauchte die Welt dringend mehr kostengünstige Rechenleistung. Um dies zu ermöglichen, hielt er seine Software als dauerhaftes Forschungsprojekt an seiner Universität zurück und baute auf eine Open-Source-Architektur. Seine „Organisation" erzeugt keinen Gewinn, denn die Rendite wird für Stipendien und andere Forschungsprojekte der Universität verwendet. Im Prozess der Wertnutzung stellt Geld also nur einen Zwischenschritt dar und ist nicht die entscheidende Messgröße. Mehr zu Livny und seiner Condor-Geschichte finden Sie im *Exkurs 15* auf unserer Website zum Buch.

AUFGABEN **Arbeitsblatt 7.1: Stakeholder identifizieren**

Auf unserer Website stellen wir Ihnen das *Arbeitsblatt 7.1* zum Download bereit. Damit können Sie Ihre wichtigen Stakeholder identifizieren und diesen jeweils einen Wert zuordnen. Dies kann dazu beitragen, Ihre Annahmen und Erwartungen bezüglich Ihres aktuell verwendeten Geschäftsmodells offenzulegen.

Immaterielle Werte

Immaterielle Werte zu schaffen und zu nutzen, ist ein entscheidendes, jedoch häufig unerkanntes Element eines erfolgreichen Geschäftsmodells. Denn es fällt der Konkurrenz in der Regel viel schwerer, immaterielle Ressourcen, Fähigkeiten und Werte zu kopieren, zu erwerben oder zu übernehmen.

Tabelle 7.1 zeigt eine einfache Typologie immaterieller Ressourcen und Werte basierend auf der Forschungsarbeit von Fernandez, Montez und Vasquez. Wir haben die Typologie adaptiert, um die Verbindung zwischen immateriellen Ressourcen und der Nutzung von geschaffenem Mehrwert besonders hervorzuheben.

Einer der wirkungsvollsten Handlungsschritte im Designprozess eines Geschäftsmodells ist es, materielle und immaterielle Quellen für die Wertschöpfung zu identifizieren. Inzwischen nimmt die große Mehrheit aller Unternehmen, gleichgültig ob groß oder klein, ihre immateriellen Werte in ihr Geschäftsmodell auf. So versuchen z.B. viele Familienbetriebe, gut bezahlte Arbeitsplätze für Familienmitglieder zu schaffen und zu erhalten – für manche Unternehmen ist dies sogar das wichtigste Ziel.

Ressourceneinheit	Kategorie	Beispiele	Wertschöpfung	Wertnutzung
Einzelperson	Humankapital	Generisches Wissen Spezifisches Wissen	Einzigartige Aktivitäten und Prozesse	Dienstleistungsprämien, Produktprämien
Organisation	Organisationskapital	Normen und Regeln Routinen Kultur Gedächtnis der Organisation	Effiziente Aktivitäten und Prozesse	Geringe Mitarbeiterfluktuation Geringe operative Kosten
Organisation	Technologisches Kapital	Geistiges Eigentum Datenbanken	Vorteile durch Information	Produktprämien, Kundenbindung
Organisation	Beziehungskapital	Reputation Markenname Loyalität Beziehungen	Geringe Koordinationskosten	Langfristige Beziehungen

Tabelle 7.1: Immaterielle Ressourcen und Werte

AUFGABEN **Arbeitsblatt 7.2: Verschiedene Arten von Mehrwert**

Arbeitsblatt 7.2 auf der Website zum Buch hilft Ihnen dabei, die verschiedenen Arten des Mehrwerts, den Ihre Organisation für all ihre Stakeholder schafft, zu bewerten. Welche dieser Werte sind immateriell? Welche sind materiell? Vielleicht entdecken Sie mithilfe des Arbeitsblatts auch Werte, die Ihnen bisher gar nicht wirklich bewusst waren.

Die Schaffung und Nutzung von Mehrwert im Geschäftsmodell

Ein Geschäftsmodell kann letztendlich nur dann erfolgreich sein, wenn es für die Schaffung und Nutzung von Mehrwert sorgt. Werte, die in Ressourcen und Transaktionen gebunden sind, müssen realisiert und gesichert werden, damit die Organisation davon profitieren, überleben und wachsen kann. Dies ist ein sehr guter Zeitpunkt für Sie, um einen Augenblick innezuhalten, einmal tief Luft zu holen und über Ihre Organisation oder Ihr Vorhaben als Ganzes nachzudenken. Folgende Fragen sind dabei hilfreich:

- Welchen Mehrwert schafft meine Organisation?
- Wie wird dieser Mehrwert genutzt?
- Wenn diese Wertschöpfung und -nutzung nicht so verläuft, wie ich mir das eigentlich gewünscht habe, was könnte verbessert oder müsste verändert werden?
- Ist dies ein Problem des Geschäftsmodells oder liegt es eher an den operativen Abläufen oder der praktischen Umsetzung?

Wir wollen damit nicht sagen, dass eine Organisation immer 100 Prozent ihres potenziell erreichbaren Mehrwerts schaffen oder 100 Prozent ihres potenziell nutzbaren Mehrwerts nutzen muss. Tatsächlich planen viele Organisationen bewusst eine ineffiziente Schaffung und/oder Nutzung ihres Mehrwerts ein. Denn diese scheinbare Ineffizienz sorgt vielleicht auf der anderen Seite für geringere Koordinationskosten oder erleichtert es, den Mehrwert in anderen Bereichen zu nutzen. Davon profitiert die ganze Organisation dann langfristig.

Wenn Sie die von uns bisher in diesem Buch angebotenen Arbeitsblätter und Aufgaben bearbeitet haben, sind Ihnen möglicherweise schon einige mögliche Veränderungen Ihres Geschäftsmodells eingefallen. Jetzt sollten Sie darüber nachdenken, ob diese Veränderungen auch dazu beitragen können, die Schaffung und Nutzung von Mehrwert zu verbessern. Wie wir später im Buch noch erläutern werden, ist die beste Möglichkeit, um dies sicher beurteilen zu können, damit zu experimentieren.

Design für Mehrwert

Raphael Amit ist auf dem Fachgebiet Geschäftsmodelle einer der führenden Wissenschaftler. Er arbeitete für IDEO, ein weltberühmtes Unternehmen, das Design- und Innovationsberatung anbietet. Dort schuf er einen Gestaltungsprozess für Geschäftsmodelle. Dieser von Amit und IDEO entwickelte Prozess ist in *Abbildung 7.1* dargestellt.

Abbildung 7.1: Der Gestaltungsprozess für Geschäftsmodelle von Amit und IDEO

Im Folgenden werden wir die fünf Schritte in diesem Gestaltungsprozess genauer unter die Lupe nehmen.

Die Umsetzung eines Geschäftsmodells sollte immer dazu führen, den gewünschten Mehrwert zu schaffen und zu nutzen. Wenn es Ihnen nicht gelingt, den Gestaltungsprozess Ihres Geschäftsmodells mit der von Ihnen gewünschten Wertschöpfung und Wertnutzung zu verbinden, ist Ihr Geschäftsmodell von Grund auf fehlerhaft.

Beobachtung

Am Anfang des Gestaltungsprozesses Ihres erfolgreichen Geschäftsmodells muss immer die Beobachtung der Wertschöpfung stehen. Welcher Mehrwert wird gegenwärtig geschaffen? Welcher zusätzliche Mehrwert könnte noch geschaffen werden? Wie wird der Mehrwert genutzt, wie macht ihn sich Ihre Organisation zu eigen?

Ein wirkungsvolles Hilfsmittel, um verstehen zu können, wie Ihr Unternehmen wirklich Mehrwert für seine Kunden schafft, ist empathisches Design. Dabei kommt es darauf an, zu beobachten, wie die Menschen und Organisationen Ihr Produkt tatsächlich nutzen oder wie sie andererseits ohne Ihr Produkt auskommen. Denken Sie daran – nur weil Ihr Produkt neu und innovativ ist oder vielleicht sogar besser als alles, was bisher auf dem Markt ist, bedeutet das nicht, dass die Kunden es automatisch kaufen. Es kann viele Gründe geben, warum sich die Kunden gegen einen Kauf Ihres Produkts entscheiden – selbst wenn es besser ist als alle anderen.

Wenn Ihre potenziellen Kunden gegenwärtig ohne Ihr Produkt oder Ihre Dienstleistung leben, müssen Sie verstehen, wie und warum sie ohne es leben. Wenn Sie einmal beobachtet und auch verstanden haben, wie die Menschen ohne Ihre Innovation leben, sind sie damit der Erkenntnis einen großen Schritt nähergekommen, was Sie genau anbieten müssen, damit diese eben nicht mehr ohne Ihr Produkt oder Ihre Dienstleistung leben können.

„Für jede Stunde, die Sie in Ihrem Unternehmen mit Forschung und Entwicklung zubringen, sollten Sie auch eine Stunde aufwenden, um sich mit Ihren aktuellen oder potenziellen Kunden zu unterhalten."

Mark Daugherty, Serienunternehmer (persönliches Interview, 2015)

Synthese

Es kann eine einfache Sache sein, alle Beobachtungen und gesammelten Daten zusammenzuführen. In manchen Fällen passt das aktuelle Kundenverhalten recht gut zu dem Produkt, das Sie anbieten möchten, und somit auch zu Ihrem Geschäftsmodell.

Ein gutes Beispiel hierfür ist das kleine Restaurant Short Stack Eatery in Madison im US-Bundesstaat Wisconsin.

BEISPIEL Die Neuausrichtung

Die beiden Gründer und Eigentümer Alex Lindenmeyer und Sinead McHugh beobachteten, dass typische Frühstücksgerichte in Restaurants in der Innenstadt von Madison besonders beliebt waren. Madison ist eine junge Universitätsstadt und die Nachfrage nach unkonventionellen Angeboten in Restaurants wuchs stark. Viele Studenten und auch andere Besucher möchten auch zur Mittagszeit, nachmittags oder sogar nachts noch Frühstücksgerichte bestellen. Die Lösung: ein Restaurant, das nur Frühstück anbietet und 88 Stunden lang ohne Pause geöffnet ist, von donnerstags 7 Uhr morgens bis sonntags 23 Uhr. Lindenmeyer und McHugh verlagerten damit die Herausforderung an ihr Geschäftsmodell vom Lebensmittelbereich hin zur Personalführung: 88 Stunden einen durchgehend guten Service zu gewährleisten.

In diesem Fall war die Lösung für das Problem zwar unkonventionell, aber doch einfach zu finden. Auf der Website der Short Stack Eatery heißt es: „Warum gibt es so etwas in Madison noch nicht? Das war eine einfache Frage, auf die wir keine Antwort hatten ... Im Laufe der nächsten dreieinhalb Jahre arbeiteten wir jedes Detail wieder und wieder durch: einfache, frische und regionale Frühstücksgerichte. Rund um die Uhr."

Nicht jedes Geschäftsmodell kann so einfach entworfen werden, um aufgrund direkter Kunden- und Nutzerbeobachtungen Mehrwert zu schaffen. Die Innovation, die das britische Unternehmen Orbel Health auf den Markt brachte, basierte auf einer Kombination aus direkten Beobachtungen der Praktiken der Handdesinfektion in Krankenhäusern und einem neuen Design, das sich vor allem an menschlichem Verhalten orientiert. Unternehmensgründer Adam Sutcliffe installierte die neu entwickelten

Prototypen dann in Krankenhäusern, um beobachten zu können, ob und wie Schwestern und Ärzte diese tatsächlich nutzten. Alle, die die Orbel-Produkte nutzten, waren so begeistert davon, dass sie am liebsten gleich die Prototypen behalten wollten. Hier ergab also die Zusammenführung von Beobachtungen, Prototypentests und gesammelten Daten, dass diese Bedürfnisse real vorhanden waren.

Entwicklung

Ein Geschäftsmodell zu entwickeln, ist vor allem ein kreativer Prozess. In manchen Fällen muss dazu ein detaillierter und umfangreicher Plan entworfen werden. In seinem Buch „Business Model Generation" schlägt Alexander Osterwalder zu diesem Zweck die Business Model Canvas vor. *Kapitel 11* dieses Buchs widmen wir ausschließlich dem Einsatz einer solchen Business Model Canvas für Unternehmen in der Wachstumsphase.

Viele Organisationen wären allerdings gut beraten, wenn sie einfachere Hilfsmittel und Prozesse nutzen würden, um ein Geschäftsmodell zu entwickeln, besonders in den Anfangsphasen des Gestaltungsprozesses. In *Kapitel 9 und 10* stellen wir einige einfachere Instrumente für Unternehmen in der Pre-Launch- und Start-up-Phase vor. Peter Weill und Michael Vitale bieten in ihrem Buch „Place to Space" ebenfalls ein sehr gutes Werkzeug an, um ein Geschäftsmodell zu erstellen Dieses eignet sich besonders für den Bereich Informationstechnologie und das Onlinegeschäft.

Wenn Sie bei null anfangen, ist ein sinnvoller erster Schritt immer die Erstellung einer einfachen Liste aller Ihnen bekannten Geschäftsmodellarten. Es kursieren eine ganze Reihe solcher Listen im Internet – eine der umfassendsten Versionen wurde von der Unternehmensberatung Accenture erstellt, als der Begriff Geschäftsmodell sich gerade im allgemeinen Sprachgebrauch etablierte. Allgemein gesagt lassen sich Geschäftsmodelle anhand verschiedener Kategorien ordnen: Preis, bequeme Verfügbarkeit, Rohstoff-Plus, Erfahrung/Erlebnis, Kanal, Vermittlung, Vertrauen/Vertrauensverhältnis und Innovation. In jeder Kategorie gibt es verschiedene Modellbeispiele.

Wir glauben nicht, dass diese Typologie jedes existierende Geschäftsmodell enthält, zudem sind wir nicht davon überzeugt, dass alle dort beschriebenen Geschäftsmodelle unbedingt einzigartig sind. Aber wenn Sie sich zum ersten Mal mit dem Thema Geschäftsmodell befassen, kann die Accenture-Liste ein guter Ausgangspunkt sein. Denn damit können Sie Modelle entdecken, die möglicherweise für Sie geeignet sind, und andere ausschließen, die nicht passen.

Wir möchten hier einige Beobachtungen bezüglich der Typologie und der entscheidenden Modelldimensionen festhalten.

Zunächst baut die Mehrzahl der Geschäftsmodelle in der Accenture-Liste hauptsächlich auf einer starken Ressourcenstruktur auf. Dies sollte nicht überraschen – schließlich ist sie die bekannteste Struktur und wurde inzwischen im Fachbereich Unternehmensstrategie ausführlich weiterentwickelt. Des Weiteren dominieren in vielen disruptiven Geschäftsmodellen, die Sie vielleicht von der Internetrevolution kennen, in der Regel die Transaktionen. Diese Tatsache haben wir bereits erwähnt. Neuere Internetmodelle, wie etwa „Freemium" und sogar „Tip Jar" könnten als Vermittlungs-

oder sogar Vertrauensmodelle eingestuft werden, konzentrieren sich aber auch hauptsächlich auf Transaktionsstrukturen.

Wertorientierte Geschäftsmodelle schließlich sind am seltensten zu finden. Warum ist das so? In einem Geschäftsmodell ist die Wertschöpfung ohnehin immer ein Faktor, der für das Überleben des Unternehmens notwendig ist. Die Wertschöpfungsmechanismen sind also in den meisten Modellen ausgiebig getestet worden. Viele neuere Geschäftsmodelle setzen dagegen für ihren Erfolg auf spezialisierte Ressourcen oder Transaktionseffizienz. Nur wenige Modelle vernachlässigen die Differenzierung aufgrund von Ressourcen und Transaktionen und setzen ganz auf außergewöhnliche Wertestrukturen. Unserer Meinung nach ist Google das beste Beispiel für diese Art des Geschäftsmodells. Im *Exkurs 16* zum Thema Google auf der Website zum Buch finden Sie mehr darüber.

AUFGABEN **Arbeitsblatt 7.3: Verschiedene Arten von Geschäftsmodellen**

Auf unserer Website finden Sie *Arbeitsblatt 7.3* zum Download. Anders als die meisten Arbeitsblätter zu diesem Buch, soll Ihnen dieses hauptsächlich als Informationsquelle zum Nachlesen dienen, denn es fasst alle Arten von Geschäftsmodellen gemäß der Accenture-Liste zusammen, gibt Beispiele und weist aus, welche Modelldimension (Ressourcen, Transaktionen, Werte) jeweils entscheidend ist. Welches der Modelle entspricht am ehesten dem Unternehmen, das Sie betreiben, oder dem Projekt, das Sie auf die Beine stellen möchten? Gibt es ähnliche Modelle auf der Liste, die vielleicht besser passen könnten?

Feinarbeit

In dieser Schaffensphase bedeutet Feinarbeit vor allem, ungeeignete Alternativen und Optionen auszuschließen und sich nicht so sehr auf die Optimierung kleiner Details zu konzentrieren.

Beginnen Sie mit einer vorläufigen Festlegung Ihres geplanten Geschäftsmodells. Wenn Sie noch keines der Modelle aus *Arbeitsblatt 7.3* ausgewählt haben, tun Sie das jetzt oder gestalten Sie Ihre eigene Variante und beschreiben Sie sie in ein paar Sätzen.

Nun sollten Sie versuchen, einige wenige Fragen bezüglich Ihrer Auswahl zu beantworten. Die gesamte Liste aller detaillierten Fragen finden Sie auf *Arbeitsblatt 7.4*.

Einige einfache Fragen, um Ihr Geschäftsmodell optimal auszuwählen, lauten:

1. Wie beschreiben Ihre Kunden den Mehrwert, den sie durch Ihre Organisation erhalten?
2. Welche Annahmen bezüglich Ihrer Wertschöpfung halten Sie davon ab, andere Geschäftsmodelle in Betracht zu ziehen oder anzuwenden? Halten Sie mindestens drei dieser Annahmen schriftlich fest. Wie könnten Sie diese verändern oder aufgeben, um die Wertschöpfung für Ihre Kunden zu steigern?
3. Rufen Sie sich die letzten drei Kapitel über Ressourcen, Transaktionen und Werte nochmals ins Gedächtnis. Sehen Sie sich die Analyse Ihrer entscheidenden Ressourcen, Ihre Aufzeichnungen über Ihr Transaktionsmodell und Ihre Liste der materiellen und immateriellen Werte Ihrer Organisation noch einmal an. Wie passen all diese einzelnen Elemente zusammen?

AUFGABEN **Arbeitsblatt 7.4: Feinarbeit am Geschäftsmodellentwurf**

Lesen Sie die detaillierten Fragen auf *Arbeitsblatt 7.4* und beantworten Sie sie genau, um Ihr vorläufig festgelegtes Geschäftsmodell genau zu prüfen. Denken Sie dabei auch immer daran, dass nichts an diesem Schaffensprozess in Stein gemeißelt ist – versuchen Sie also bei Ihren Überlegungen so offen und kreativ wie möglich zu sein.

Implementierung

Der letzte Schritt im Gestaltungsprozess Ihres Geschäftsmodells für die Wertschöpfung ist natürlich die Implementierung des Designs. Genaue, schrittweise Anweisungen zur praktischen Umsetzung Ihres Geschäftsmodelldesigns gehen weit über das hinaus, was dieses Buch leisten könnte. Dafür gibt es drei Gründe. Erstens wird jedes Geschäftsmodell ein wenig anders umgesetzt. Zweitens hängt die Implementierung des Modelldesigns auch sehr stark davon ab, in welcher Entwicklungsphase sich die Organisation befindet und wie viel Veränderung (im Gegensatz zur Neuschaffung) im Spiel ist. Und drittens muss jede Implementierung ein fließender Prozess sein, in dem auch Platz für Experimente und Adaption sein muss.

Für den Moment sollten Sie folgende zentralen Punkte zur Umsetzung Ihres Geschäftsmodells beachten:

- Eine klare Beschreibung der Modellelemente erleichtert die Kommunikation mit den Mitarbeitern der Organisation sowie mit den Change Agents.
- Wenn Sie ein (neues) Geschäftsmodell praktisch umsetzen möchten, müssen Ressourcen-, Transaktions- und Wertestrukturen sich gegenseitig ergänzen.
- Unsere Forschungen haben ergeben, dass der Prozess der Geschäftsmodellinnovation oder -veränderung am besten von einer Einzelperson und nicht von einem ganzen Komitee oder Team geleitet werden sollte.
- Die Umsetzung eines (neuen) Geschäftsmodells erfordert es, sich auf einige Bereiche der Organisation mehr zu konzentrieren als auf andere – einige Funktionen müssen also an andere Einheiten oder Partner delegiert werden, die das Vertrauen der Organisation genießen.

Der Designprozess eines Geschäftsmodells beginnt mit der Beobachtung und endet mit der Implementierung. Im allgemeinen Geschäftsmodellzyklus ist dieser Prozess allerdings nur ein einziger Schritt von vielen. Wenn Sie ein neues Projekt auf die Beine stellen oder Ihr bestehendes Geschäftsmodell nachhaltig verändern möchten, werden Sie diesen Prozess mit Sicherheit mehr als einmal durchspielen, bevor es an die endgültige Implementierung geht. Denn der Entwurf eines Geschäftsmodells ist in der Regel kein linearer Prozess. Wer ein Geschäftsmodell entwerfen will, das Mehrwert schafft, braucht Kreativität und Flexibilität. Und die Implementierung eines solchen Modells erfordert Anpassungsfähigkeit, denn der Entwurf soll ja auf neue Aktivitäten innerhalb der Organisation übertragen werden.

Mittlerweile haben Sie sich über Ihre entscheidenden Ressourcen Gedanken gemacht, haben Ihre Transaktionen bildlich festgehalten und auch die Wertschöpfung aus verschiedenen Blickwinkeln unter die Lupe genommen. Und auch Ihre allgemeinen Managementfähigkeiten im Hinblick auf Strategie, Abläufe und Wertschöpfungskette konnten Sie verfeinern.

Einer der Gründe, warum das Thema Geschäftsmodelle eine so große Anziehungskraft besitzt, ist jedoch, dass wirklich brillante Modelle weit über die operativen Aktivitäten und das strategische Management in einem Unternehmen hinausgehen. Im nächsten Kapitel werden wir uns daher die anspruchsvollste Perspektive auf das Geschäftsmodell vornehmen: das Narrativ.

Fazit

- Erfolgreiche Geschäftsmodelle befassen sich sowohl mit materiellen als auch mit immateriellen Werten.
- Es muss ein Mehrwert geschaffen und genutzt werden.
- Die wertorientierte Perspektive zeigt, wie Ressourcen und Transaktionen im Design der Organisation miteinander verbunden werden.

8

Welche Geschichte erzählt Ihr Geschäftsmodell?

„Die Gestaltung eines Geschäftsmodells und die Identifikation seiner entscheidenden Bestandteile ist nur der erste Schritt; die schwierigste Aufgabe besteht darin, das Modell vom ‚Reißbrett' in die Realität zu übertragen, es zu etwas Greifbarem zu machen, das das Potenzial hat, wirtschaftlich tragfähig zu sein, und auf das sich die Menschen aus Ihrem Umfeld einlassen möchten."

Paul Hobcraft

Geschäftsmodelle sind einzigartig, weil sie ein Narrativ brauchen. Ein erfolgreiches Geschäftsmodell erzählt eine stimmige, überzeugende und auch umsetzbare Geschichte.

Unternehmer und Manager nahmen das Konzept des Geschäftsmodells gerne an, denn es entsprach ihrem Sinn für Intuition. Ein erfolgreiches Geschäftsmodell lässt sich jedem schnell und klar erklären – gleichgültig ob er sich außerhalb oder innerhalb der betreffenden Organisation befindet. Tragfähige Modelle müssen einfach Sinn ergeben: für Sie, Ihre Organisation und Ihre Kunden und Nutzer.

„Das Problem ist, dass die Menschen oft ihren gesunden Menschenverstand ausschalten, weil sie mit Geschäftsmodellen und Lehren der Harvard Business School überschwemmt werden."

Mo Ibrahim, Gründer von CelTel

In diesem Kapitel widmen wir uns den Vor- und Nachteilen der Geschichten, die ein Geschäftsmodell ausmachen. Und wir untersuchen die spezifischen Herausforderungen, die sich ergeben, wenn man die Elemente und Prozesse einer Organisation mit der Geschichte ihres Geschäftsmodells in Einklang bringen möchte.

Das Narrativ eines Geschäftsmodells

Es gibt viele Gründe, warum eine narrative Herangehensweise an ein Geschäftsmodell sehr wertvoll ist.

- Erstens sollen Geschäftsmodelle ja kommuniziert werden. Und ein Narrativ sorgt dafür, dass der eigentliche Zweck einer Organisation auch zu den anderen Elementen des Geschäftsmodells passt und mit ihnen kompatibel ist.
- Zweitens ist ein solches Narrativ ein entscheidendes Hilfsmittel, um die Legitimität der Organisation zu festigen.
- Drittens kann das Geschäftsmodell-Narrativ auch genutzt werden, um das Umfeld einer Organisation zu verändern.

Jetzt fragen Sie sich vielleicht: „Warum beginnt man die Analyse des Geschäftsmodells dann nicht gleich mit dem Narrativ? Warum baut man die Ressourcen-, Transaktions- und Wertestrukturen nicht rund um das Narrativ auf?“

Viele Unternehmer beginnen tatsächlich mit dem Narrativ ihres Geschäftsmodells. In diesem Buch wenden wir uns diesem Thema aus zwei Gründen als Letztes zu. Zum einen gehen wir davon aus, dass viele unserer Leser bereits ein Unternehmen betreiben, sodass es für sie schwierig und sinnlos wäre, eine neue Geschichte zu erfinden. Zum anderen ist eine gute Geschichte noch lange keine Garantie für ein gutes Geschäftsmodell. Wenn Sie sich näher mit diesem Thema befassen möchten, empfehlen wir Ihnen die Lektüre des *Exkurses 17* „Am Anfang war das Narrativ“ auf unserer Website zum Buch.

Im Folgenden haben wir einige Beispiele zusammengestellt, bei denen ein starkes Narrativ zu einem interessanten Geschäftsmodell führte:

- „Die Desinfizierung der Hände ist im Gesundheitssektor ein großes Problem. Was wäre, wenn wir tief verwurzeltes menschliches Verhalten nutzen könnten, um die Reinigung der Hände zu fördern, anstatt sie zu verhindern?“ (Orbel)
- „Daten zur Vorhersage von Problemen und Mängeln an Schienenstrecken müssen regelmäßig auf den neuesten Stand gebracht werden – wenn möglich jedes Mal, wenn schwere Güterzüge ein Gleis befahren haben.“ (MRail)
- „Spam-Mails schaden allen – den Empfängern ebenso wie den legitimen Versendern von Werbe-Mails. Es kostet die Spammer fast nichts, immer neue Spam-Mails an aktuelle E-Mail-Adressen zu versenden. Aber anstatt eine Blacklist mit einer immer wieder wechselnden Auswahl an E-Mail-Schlagworten und böswilligen Versendern zu erstellen, sollten wir lieber auf einer Whitelist alle verifizierten, legitimen Versender erfassen.“ (Return Path)

Ein Narrativ hat eine Handlung

Geschäftsmodelle sollen kommuniziert werden. Die effektivste Form der menschlichen Kommunikation sind Geschichten. Denken Sie einmal an die Gespräche, die Sie in letzter Zeit mit Kollegen, Freunden und der Familie geführt haben. In wie vielen davon wurden Geschichten erzählt?

Eine Geschichte ist ein so effektives Kommunikationsmittel, weil sie immer auf eine allgemeingültige Auswahl an Komponenten und Strukturen zurückgreift. Wir werden an dieser Stelle nicht in die Tiefen der Literaturkritik oder der kulturellen Anthropologie abtauchen, möchten aber dennoch einige zentrale Elemente des narrativen Paradigmas erwähnen.

Eine Komponente dieses Paradigmas ist der Gedanke, dass alle Geschichten gemäß einer begrenzten Anzahl von Handlungsverläufen eingeteilt werden können. Christopher Booker stellte eine dieser nützlichen, allerdings auch umstrittenen, Handlungstypologien vor. Sie enthält Kategorien wie etwa „Vom Tellerwäscher zum Millionär", „Reise und Rückkehr", „Die Suche" etc.

Auch eine Unternehmensstrategie erzählt eine Geschichte, doch diese Geschichte handelt meist von einem Kampf – dem Kampf des Unternehmens gegen seine Konkurrenten. In einer Strategiegeschichte geht es also darum, seine Rivalen zu besiegen. Hier wäre die passende Kategorie nach Booker „Überwindung des Monsters".

Ein Geschäftsmodell dagegen erzählt eine Geschichte, in der ein Problem gelöst wird (Wertschöpfung). Dies geschieht durch Interaktionen mit verschiedenen anderen Einheiten (Transaktionen) mithilfe des umsichtigen Einsatzes von Vermögenswerten und Fähigkeiten (Ressourcen). Ein Geschäftsmodell kann zu jeder beliebigen Kategorie der grundlegenden Narrative passen.

Welche Geschichte erzählt Ihr Geschäftsmodell? Warum gibt es Ihre Organisation eigentlich? Wie ist sie im Laufe der Zeit gewachsen? Welche Entwicklungen und Fortschritte erhoffen Sie sich in den nächsten drei Jahren?

AUFGABEN **Arbeitsblatt 8.1: Die Geschichte Ihrer Organisation**

Laden Sie *Arbeitsblatt 8.1* von unserer Website herunter und nehmen Sie die Geschichte Ihrer eigenen Organisation genau unter die Lupe. Könnten Ihre Mitarbeiter diese Geschichte erzählen?

Narrative schaffen Legitimität

Das Narrativ eines Geschäftsmodells leistet mehr, als nur eine Verbindung zu den anderen Elementen des Modells zu schaffen. Es liefert eine stimmige Geschichte, die die Aktivitäten und Ziele des Unternehmens gegenüber externen Stakeholdern wie etwa Kunden, Konkurrenten und Partnern legitimiert. Legitimität bedeutet für eine Organisation, dass interne und externe Stakeholder die Überzeugung teilen, dass die Organisation gemäß ihren Absichten und Zielen handelt. Die Organisation muss so ihre Pläne und Absichten in die Tat umsetzen.

Diese Legitimität ist eine starke Basis für eine gemeinsame Kultur, für ein Regelwerk zum Verständnis und zur Bewertung und Einordnung dessen, was in der Organisation tatsächlich geschieht. Ein Geschäftsmodell-Narrativ ist einer der machtvollsten Mechanismen, um Legitimität zu schaffen. Dadurch wird eine gemeinsame Geschichte etabliert, die einfach kommuniziert und von Mitarbeitern und Managern – und letztendlich auch von allen externen Stakeholdern – nachvollzogen werden kann.

Das Narrativ eines Geschäftsmodells sorgt auch dafür, dass eine Organisation intern harmoniert. Denn es sollte auch für alle internen Stakeholder einen Sinn ergeben – nur dann ist ein Narrativ auch effektiv. Geben Sie Ihr Narrativ an einige wichtige Mitarbeiter weiter. Ihre Reaktion sollte z.B. lauten: „Ja, das ist die Geschichte unserer Organisation." Ist das nicht der Fall, haben Sie bereits das erste Problem.

Das folgende Beispiel des Unternehmens Return Path zeigt deutlich, wie wichtig ein Narrativ für das interne Funktionieren einer Organisation ist.

BEISPIEL Ein Narrativ

Return Path ist das weltweit führende Unternehmen für E-Mail-Marketinginstrumente und Whitelisting. Das Geschäftsmodell-Narrativ, das Return Path für sich schuf, handelt davon, auf dem Gebiet des E-Mail-Marketings der „Gute" zu sein. E-Mail-Marketing ist eine rechtlich zulässige Dienstleistung, die schwer missbraucht wird. Sowohl Verbraucher als auch Unternehmen leiden darunter, dass die große Mehrzahl aller versendeten E-Mails Spam-Mails sind.

Die Gründer und Führungskräfte von Return Path haben viele Jahre darauf verwendet, ihr Narrativ zu entwickeln. Die Mitarbeiter glaubten daran. Doch eine Komponente des E-Mail-Marketingsystems des Unternehmens ließ zu, dass bestimmte Arten von Spam-Mails unbeabsichtigt und fälschlicherweise als „sicher" eingestuft wurden. Eigentlich setzte Return Path mit seiner Arbeit einfach nur die kleingedruckten Regeln des Internetmarketings um, die wir Verbraucher meist gar nicht erst lesen. Tatsächlich aber generierte das Unternehmen Einnahmen von einigen seiner Kunden gerade durch sein eigenes System.

Die Unternehmensleitung entschied, diese Situation den Mitarbeitern offenzulegen. Sollte Return Path weiterhin die geltenden Regeln umsetzen, über die man sich einig war, auch wenn dadurch Spam-Mails an die Endnutzer verschickt wurden? Oder sollte man das Schlupfloch schließen und damit riskieren, weniger Einnahmen zu generieren? Wie würden Sie entscheiden?

Die Reaktion der Belegschaft war eindeutig und überzeugend. Return Path war einer von den „Guten". Grundlage des Geschäftsmodells des Unternehmens war immer darauf ausgerichtet, „das Richtige zu tun". Die Mitarbeiter identifizierten sich mit dem Narrativ, „E-Mail-Helden" zu sein. Alle waren dafür, das Schlupfloch zu schließen, selbst wenn dies ein Minus an Einnahmen bedeuten und vielleicht sogar den Wachstumsplan des Unternehmens infrage stellen würde. Sich für den ethisch falschen Weg zu entscheiden, passte einfach nicht zum Geschäftsmodell-Narrativ von Return Path – und diesem Narrativ wollte man treu bleiben.

Return Path nahm das betroffene Produkt aus dem Programm.

Mithilfe des Narrativs das Umfeld verändern

Geschäftsmodell-Narrative gehen in ihrer Wirkung weit über die Grenzen eines Unternehmens hinaus. Die Legitimierung eines Geschäftsmodells kann ganze Branchen verändern oder sogar neu erschaffen. Durch die Geschichten, die sich Unternehmer einer im Umbruch befindlichen Branche erzählen, entstehen völlig neue Verfahren und Praktiken. Und diejenigen Unternehmer, die diese neuen Praktiken in ihrem Branchenumfeld legitimieren, erhalten auch die Ressourcen, die sie brauchen, z.B. in Form von Risikokapital.

Craigslist und Google sind zwei der eindrucksvollsten Beispiele für eine solche Entwicklung. Craigslist demonstrierte, dass mehrseitige Märkte mithilfe von Onlineplattformen kostengünstig miteinander verbunden werden konnten. Anders ausgedrückt konnten die Nutzer ihre Produkte und Dienstleistungen direkt online kaufen und verkaufen und benötigten dazu lediglich passiven Support des Unternehmens. Google zeigte, dass die Kosten für zahlreiche Onlinedienstleistungen durch Werbung gedeckt werden konnten, ohne dass Abonnenten nötig waren. Dadurch konnten über die Nutzeraktivitäten Unmengen an Daten gesammelt werden. Die Legitimierung dieser und anderer Experimente führte zu einer explosionsartigen Vermehrung von Onlineprojekten und -systemen, die die Grundlage bilden für nahezu alle internetbasierten Handels- und Kommunikationsaktivitäten.

Craigslist liefert dabei eines der faszinierendsten Beispiele für ein Narrativ, das aus Sicht mancher Nutzer wunderbar funktioniert, aus Sicht anderer aber gar nicht. Craigslist sorgte für eine Revolution auf dem Kleinanzeigenmarkt. Was die tägliche Nutzerzahl angeht, rangiert die Website von Craigslist in den USA unter den Top 20 und ist weltweit unter den Top 100 zu finden. Doch nur ein Teil dieses Onlineverkehrs wird von dem Unternehmen zu Geld gemacht, was einige Beobachter der Branche dazu veranlasst, Craigslists Geschäftsmodell als „verrückt" zu bezeichnen. Im Narrativ des Unternehmens ging es allerdings zu keiner Zeit um Gewinnmaximierung, wie Jim Buckmaster, CEO von Craigslist, betont. Die Hauptintension bestand schon immer darin, für alle täglichen Nutzer der Website Mehrwert zu schaffen. In diesem Narrativ erscheint der Mehrwert, den die Zeitungen verlieren, verschwindend gering im Vergleich zu der großen Masse an kostengünstigen Transaktionen, von der alle privaten Nutzer profitieren, und die es ohne das Angebot von Craigslist nicht geben würde.

Die meisten Organisationen kreieren kein Geschäftsmodell-Narrativ

Es sollte ein Leichtes sein, ein überzeugendes Geschäftsmodell-Narrativ zu kreieren. Dennoch machen sich die meisten Organisationen nicht die Mühe, es zu tun. Stattdessen werden Missionen, Visionen oder Leitbilder formuliert. Diese sind natürlich im Allgemeinen auch sehr nützlich. Doch in einer Mission oder Vision werden vor allem die Ziele und Bestrebungen einer Organisation betont. Und ein Leitbild verdeutlicht die grundlegenden Überzeugungen der Unternehmensgründer oder -eigentümer – oder sollte dies zumindest tun. Das Geschäftsmodell – und damit die Frage, wie das Unternehmen Mehrwert schafft – bleibt bei all diesen Formulierungen außen vor.

Viele Start-up- (und auch andere) Unternehmen erstellen Kurzpräsentationen. Eine solche Präsentation mit einer Länge von 10, 30 oder 60 Sekunden kommt einem Geschäftsmodell-Narrativ schon etwas näher. Denn diese Präsentationen enthalten meist eine Zusammenfassung des Leistungsversprechens des Unternehmens. Der Zweck einer solchen Präsentation liegt allerdings darin, das Interesse von Menschen zu wecken, die noch nie zuvor von der Organisation gehört haben. Im Grunde soll sie also eine Verkaufspräsentation sein, die das Potenzial einer Idee oder eines Projekts präsentiert. Ein stimmiges Geschäftsmodell-Narrativ kann die Basis sein für eine effektive Verkaufspräsentation. Ist ein Geschäftsmodell attraktiv und überzeugend, weckt das meist das Interesse der Zuhörer – auch der Investoren – und diese wollen dann mehr darüber erfahren.

„[Geschäftsmodelle] sind im Grunde Geschichten – Geschichten, die erklären, wie ein Unternehmen funktioniert. Ein erfolgreiches Geschäftsmodell beantwortet Peter Druckers uralte Fragen: Wer ist der Kunde? Und was ist für den Kunden wertvoll? Es liefert auch die Antworten auf die grundlegenden Fragen, die sich jeder Manager stellen sollte: Wie verdienen wir in diesem Unternehmen unser Geld? Wie lautet die zugrunde liegende Logik, die erklärt, wie wir zu angemessenen Kosten für unsere Kunden Mehrwert schaffen?“

Joan Magretta, Mitglied der Harvard Business School

Die Gestaltung eines Geschäftsmodell-Narrativs

Die drei Elemente eines Geschäftsmodells sind schnell genannt: Ressourcen, Transaktionen und Werte. Das Narrativ ist das Bindeglied dieser drei Elemente. Es sollte eine klare und präzise Erklärung dazu liefern, wie eine Organisation Transaktionen durchführt, um durch ihre wesentlichen Ressourcen Mehrwert zu schaffen.

Versuchen Sie, ein Narrativ für Ihre Organisation oder Ihr Projekt zu formulieren. Achten Sie dabei darauf, alle notwendigen Komponenten einzubauen. Vielleicht ist dies anfangs schwieriger, als es jetzt klingt. Doch wie bei den meisten Aspekten des Geschäftsmodells macht auch hier Übung den Meister.

AUFGABEN Arbeitsblatt 8.2: Gestalten Sie ein Geschäftsmodell-Narrativ

Das *Arbeitsblatt 8.2* finden Sie auf der Website zum Buch zum Download. Setzen Sie Ihre Erkenntnisse von *Arbeitsblatt 8.1* ein, um ein Geschäftsmodell-Narrativ zu gestalten.

Nun wollen wir uns noch einmal dem US-amerikanischen Unternehmen MRail zuwenden, um zu sehen, wie ein Geschäftsmodell-Narrativ gestaltet und wieder verändert werden kann.

BEISPIEL Gestaltung eines Geschäftsmodell-Narrativs (Teil I)

Das von MRail vorgestellte Messsystem der vertikalen Schieneneinsenkung klingt zunächst sehr kompliziert, ist aber in Wahrheit ganz einfach und zugleich unglaublich clever. Shane Farritor, Professor für Maschinenbau an der Universität von Nebraska, erkannte, dass Bahnschienen in der Regel keinen Schaden nehmen, wenn sie nicht benutzt werden. Stattdessen entstehen Schäden vor allem dann, wenn die Schienen von schweren Güterzügen befahren werden. Ein voll beladener Kohletrichterwagen wiegt etwa 120 Tonnen. Sie können sich also vorstellen, dass die Belastung der Gleise und des Bodens darunter durch dieses Gewicht enorm ist, besonders dann, wenn die Gleise regelmäßig von Hunderten solcher Wagen mit einer Geschwindigkeit von 100 km/h befahren werden. Gibt der Boden oder das Gleisbett irgendwann nach, senken sich die Schienen immer mehr, wenn sie befahren werden. Bei einer zu starken Einsenkung verformen sich die Gleise oder können sogar brechen. Dadurch kann es zu schwerwiegenden und sehr kostenintensiven Zugunfällen kommen.

Farritor erkannte, wie man dieses Problem lösen konnte: Die Einsenkung der Gleise musste ständig und überall gemessen werden, nicht nur an bestimmten statischen Gleisstellen. Die Messvorrichtung musste also direkt am Zug angebracht werden, um die Gleiseinsenkung konstant messen zu können. Farritor kaufte einen alten Güterwaggon, installierte darauf sein Laser-Messsystem und überzeugte einige Bahnunternehmen, seinen präparierten Waggon ans Ende eines ihrer Güterzüge anzuhängen. Sobald die Güterzüge mit dem angehängten Waggon auf die Strecke gingen, begann Farritor mit der Sammlung von Daten über die Gleiseinsenkung über Tausende von Gleisbett-Kilometern. In den folgenden Jahren zeigte er auf, dass es genau an den Stellen zu Zugentgleisungen kam, an denen sein System erhebliche Gleiseinsenkungen gemessen hatte.

Im Folgenden haben wir ein mögliches Narrativ für ein Geschäftsmodell formuliert, das MRail zunächst in Betracht zog. Die jeweiligen Elemente sind zum besseren Verständnis in Klammern eingefügt.

MRails patentiertes Messsystem der vertikalen Schieneneinsenkung (Ressource 1) identifiziert Gleisabschnitte mit hohem Beschädigungsrisiko, indem es die Schieneneinsenkung mit und ohne Belastung vergleicht. Das Unternehmen kauft Güterwaggons und rüstet sie mit dem patentierten Messsystem aus (Ressource 2). Diese werden dann wieder an Frachtunternehmen verkauft (Transaktion 1). Die Bahnstreckenbetreiber nutzen die gesammelten Daten zur optimalen Wartung ihrer Gleissysteme (Wert 1), um so kostenintensive Bahnunfälle zu vermeiden (Wert 2).

Dieses Narrativ deckt zwar die wichtigsten Bereiche ab, konzentriert sich aber voll und ganz auf die Innovation und den Prozess. Unser Ziel ist es nun, dieses Narrativ wesentlich zu verbessern.

Narrative Kohärenz

Besonders erfolgreiche Geschäftsmodell-Narrative sind kohärent. Ist eine Geschichte kohärent, ergibt sie intuitiv Sinn, denn alle Elemente passen zusammen und ergeben ein stimmiges Ganzes. Kohärenz ist aber nicht gleichbedeutend mit perfekter Angleichung. Wir alle kennen nicht perfekte Systeme, die dennoch effektiv funktionieren: Familien, Schulen, Regierungen und (natürlich) auch Unternehmen. Kohärenz bedeutet lediglich, dass die Konfiguration aller Elemente sinnvoll sein muss und dass kleine Veränderungen der Konfiguration ihre Funktionsweise nicht verbessern würde.

In diesem Zusammenhang sollten wir auch zwei weitere Themen beachten: Relevanz und Glaubwürdigkeit.

- ***Narrative Relevanz.*** Hat das Geschäftsmodell-Narrativ einen direkten Bezug zu den grundlegenden Problemen und Werten der Stakeholder?
- ***Narrative Glaubwürdigkeit.*** Basiert das Geschäftsmodell auf glaubwürdigen Quellen und Informationen? Es gibt viele Betrüger und „Fragwürdige Akteure", die Geschäftsmodelle nur für ihren eigenen Vorteil einsetzen. Doch können kluge, ethisch denkende Investoren und Partner mit einem relativ geringen Aufwand an Nachforschungen recht schnell aufdecken, ob ein Geschäftsmodell glaubwürdig ist oder nicht. Für uns alle, die wir danach streben, neue Projekte zu gestalten, die Gewinne bringen und gleichzeitig die Welt ein Stückchen besser machen, ist die Glaubwürdigkeit ein immer wichtigerer Bestandteil unseres Geschäftsmodell-Narrativs.

In unserem *Exkurs 18* zum Thema narrative Relevanz und Glaubwürdigkeit auf der Website zum Buch finden Sie dazu einige interessante Beispiele.

Narrativ und Unternehmen in Einklang bringen

Ein stimmiges Geschäftsmodell-Narrativ kann ein sehr starkes Instrument sein. Manche Narrative entwickelten so viel Überzeugungskraft, dass das betreffende Unternehmen sogar zu einem allgemeingültigen Begriff wurde. Der Name „Uber" z.B. steht mittlerweile für die Disintermediation einer Dienstleistung. Uber stellt eine direkte Verbindung zwischen Fahrern und Fahrgästen her. Ebenso versuchte Grappl ein „Uber für Tutoren" zu sein, indem man Tutoren mit Collegestudenten zusammenbrachte, die ein wenig zusätzliche Hilfe brauchten. HopSkipDrive versucht ein „Uber für Kids" zu werden, Maidac möchte ein „Uber für Gebäudereinigung" sein und FoodConnect bekämpft den Hunger auf der Welt, indem es sich selbst als „Uber für Lebensmittel" bezeichnet. Und wir könnten noch viele weitere Beispiele nennen.

Bedenken Sie allerdings, dass die Eigenschaften eines Geschäftsmodells, die dafür sorgen, dass es schnell und einfach kommuniziert werden kann, nicht unbedingt bedeuten, dass das Modell auch auf Dauer tragfähig ist.

Auch die überzeugendste Geschichte ist letztendlich nur eine Geschichte – also eine Ansammlung von Worten –, die etwas erzählen möchte. Sie muss nun mit den eigentlichen Elementen des Geschäftsmodells in Einklang gebracht werden. Ebenso wie die Organisationskultur kann diese Geschichte widerspiegeln, was im Unternehmen täglich geschieht. Genauso gut kann dies aber auch nicht der Fall sein. Wie das Beispiel von Grappl gezeigt hat, lassen sich Narrative nicht immer reibungslos von einer Branche auf eine andere übertragen. Zudem werden besonders Narrative und deren Erfolge oder Misserfolge, die uns aus den Medien bestens bekannt sind, häufig erst im Nachhinein verfasst. Apple und auch Unternehmensgründer Steve Jobs etwa sind zu Synonymen für Produktinnovation geworden. Tatsächlich allerdings ging es Apple bei seinen Geschäftsmodellinnovationen vor allem um Design, Benutzerfreundlichkeit und leichten Zugang zu Software und Inhalten. Hardware-Innovationen spielten dagegen keine große Rolle. So war es eben nicht Apple, das den ersten MP3-Player, den ersten Tablet-PC, das erste Smartphone oder die erste Smartwatch auf den Markt brachte.

In der Regel kommunizieren Unternehmer ihre Innovationen, Ideen und Geschäftsmodelle mithilfe von Analogien und Metaphern. Dies sind sehr wirkungsvolle narrative Instrumente. Allerdings können sie auch irreführend sein und eine real existierende Komplexität oder schlecht aufeinander abgestimmte Modellelemente hinter einer überzeugenden und stimmigen Geschichte verbergen. Das von Grappl angestrebte Narrativ, ein „Uber für Tutoren“ sein zu wollen, war zu einfach zu kommunizieren. Hier setzte der Unternehmer die Analogie ein, um sich selbst und seine Geschäftspartner zu überzeugen, dass dieses System skalierbar sei. Dadurch dauerte es allerdings nur noch länger, bis alle Beteiligten merkten, dass die Analogie nicht funktionierte.

Es gibt drei Wege, ein Narrativ einem Geschäftsmodell anzupassen. Zum einen kann man das Narrativ so verändern, dass es zu den Modellelementen passt, oder anders herum die Elemente des Modells dem Narrativ anpassen oder aber beides verändern.

Kehren wir nun noch einmal zu MRail zurück.

BEISPIEL **Gestaltung eines Geschäftsmodell-Narrativs (Teil II)**

Lesen Sie sich zunächst noch einmal das Narrativ durch, das wir oben für MRail formuliert haben (Beispiel: Teil I). Bahnfrachtunternehmen kennen sich mit dem Einsatz von Güterzügen aus und konnten den zusätzlichen Messwagen ohne großen Aufwand in ihren Betrieb integrieren.

Allerdings wollten die Bahnfrachtunternehmen keine zusätzlichen Güterwaggons bewegen. Sie wollten nur wissen, welche Gleisabschnitte besonders anfällig für Beschädigungen waren. Zudem fehlten ihnen die Ressourcen, um diese Messungen dauerhaft durchzuführen und auszuwerten. Dazu müssten sie Ingenieure mit spezieller Laser-Erfahrung einstellen, die die Systeme warten könnten. Daten- und Softwareingenieure wären nötig, um die Daten auszuwerten, zu verwalten und aufzubereiten. MRail war außerdem nicht bereit, langfristig immer wieder neue Güterwaggons zu kaufen und mit dem Messsystem auszurüsten.

MRail war also ein Fall, in dem sowohl die Elemente als auch das Narrativ verändert werden mussten. Das Narrativ deckte zwei wichtige Bruchstellen im Geschäftsmodell auf. Erstens handelte es sich bei MRail um ein Hightech-Unternehmen, das mithilfe von Lasertechnik sehr genaue Messwerte ermitteln konnte. Der Mehrwert aber, den MRail für seine Kunden (die Bahnfrachtunternehmen) schuf, bestand eigentlich in der Analyse der gesammelten Daten. Eine zentrale Ressource in diesem Narrativ waren die Güterwaggons – 20.000 Kilogramm Stahl, die gekauft, transportiert und umgerüstet werden mussten. Der Kauf und Verkauf gebrauchter Güterwaggons war allerdings keineswegs ein attraktives Geschäft. Zweitens passte auch die Transaktion mit den Kunden ganz und gar nicht zum Geschäftsmodell. Die Bahnfrachtunternehmen wollten nicht noch mehr Güterwaggons kaufen – sie waren nur an den Daten über den Zustand der Gleise interessiert. Es war also in etwa so, als wolle man einem Autobesitzer gleich eine ganze Tankstelle verkaufen anstatt nur eine Tankfüllung Benzin.

In diesem Fall lag die Lösung darin, drei Dinge zu verändern: die entscheidenden Elemente des Geschäftsmodells, die Art und Weise, wie Mehrwert geschaffen wurde, und die Art und Weise, wie alles zusammenhing.

Im ersten Durchlauf der Neuplanung blieb der Güterwaggon erhalten, allerdings mussten die Frachtunternehmen keine zusätzlichen Waggons kaufen. MRail konnte zu einem frühen Zeitpunkt Einnahmen generieren, indem es die Frachtunternehmen davon überzeugte, eigene, bereits vorhandene Güterwaggons mit dem Lasersystem ausstatten zu lassen und diese dann einfach an ihre Gütertransportzüge anzuhängen. Die operative Komponente war in dieser Transaktion zwar immer noch recht dominant, doch zumindest mussten die Kunden nicht mehr für zusätzliche Waggons bezahlen.

Letztendlich bestand die Lösung darin, das Messsystem so weit zu verkleinern, dass für die Messung kein zusätzlicher Waggon nötig war. Dadurch wurden sowohl die Probleme des Ressourcen- als auch des Transaktionselements im Narrativ gelöst. Im Folgenden lesen Sie nun die aktualisierte Version des Narrativs, wie Farritor es entwickelte.

MRail unterstützt Bahnfrachtunternehmen dabei, ihre Gleissysteme optimal zu warten (Wert 1) und kostenintensive Bahnunfälle zu vermeiden (Wert 2). MRails patentiertes Messsystem der vertikalen Schieneneinsenkung (Ressource 1) identifiziert Gleisabschnitte mit hohem Beschädigungsrisiko, indem es die Schieneneinsenkung mit und ohne Belastung vergleicht. Die urheberrechtlich geschützte Datenbank, die longitudinale Messwerte enthält (Ressource 2), stuft die verschiedenen Gleisabschnitte je nach ihrem Beschädigungsrisiko ein. MRail arbeitet bei der Analyse der Strecken mit Bahnstreckenbetreibern zusammen (Transaktion 1). Das Unternehmen bietet einen Aboservice an (Transaktion 2), der Gleisabschnitte aufzeigt, die einer visuellen Kontrolle bedürfen. Diese von MRail angebotene Dienstleistung senkt die Kosten für visuelle Kontrollen (Wert 3) ebenso wie das Entgleisungsrisiko.

Mit diesem Geschäftsmodell wollte Ferritor seine Chance nutzen. Und sobald klar war, dass er über ein zukunftsfähiges System verfügte, das wertvolle Daten lieferte, wurde MRail sofort an Harsco verkauft, ein global agierendes Eisenbahn- und Gleisbauunternehmen.

Ein weitaus dramatischeres und komplexeres Beispiel eines neuen Geschäftsmodell-Narrativs finden Sie im *Exkurs 19* über CDI auf der Website zum Buch. Dort wird die Geschichte von Cellular Dynamics erzählt, einem der weltweit innovativsten Unternehmen, das sein Geschäftsmodell einem äußerst faszinierenden Wandlungsprozess unterzogen hat. Sobald man das Narrativ mit dem Geschäftsmodell in Einklang gebracht hatte, konnte das Unternehmen 100 Millionen Dollar an privaten Finanzmitteln sammeln, ging 2013 an die Börse und wurde 2015 für 270 Millionen Dollar von Fuji aufgekauft. Ein stimmiges, überzeugendes Geschäftsmodell-Narrativ kann wirklich etwas bewegen.

Fazit

- Erfolgreiche Geschäftsmodelle bringen das Narrativ einer Organisation mit ihren Ressourcen-, Transaktions- und Wertstrukturen in Einklang.
- Überzeugende Geschäftsmodell-Narrative sind kohärent, relevant und glaubhaft.
- Ein überzeugendes Geschäftsmodell-Narrativ muss sinnvoll sein, um etwas zu bewegen.

TEIL 3

Das richtige Geschäftsmodell zur richtigen Zeit

„Geschäftsmodelle gibt es in unbegrenzter Zahl. Jedes Unternehmen ist anders. Selbst Unternehmen, die in der gleichen Branche ähnliche Dinge tun, agieren verschieden."

Tom Whitaker, Partner bei Propel Venture Partners (persönliches Interview)

Atmen Sie einmal tief durch. Sie haben die Hälfte des Buchs geschafft und schon ein gutes Stück unseres gemeinsamen Wegs zurückgelegt. Jetzt verfügen Sie über alle theoretischen und grundlegenden Kenntnisse, die Sie zur Gestaltung eines erfolgreichen Geschäftsmodells brauchen.

Vielleicht werden sich die Experten niemals darüber einigen können, wie viele einzigartige Geschäftsmodelle es tatsächlich gibt, aber zumindest gibt es einheitliche, allgemein akzeptierte Prozesse zur Bewertung und zum Aufbau dieser Modelle. In *Teil 3* möchten wir verschiedene Systeme und Instrumente vorstellen, die Ihnen helfen können, erfolgreiche Geschäftsmodelle zu entwickeln.

Die meisten Menschen gehen davon aus, dass jedes dieser Gestaltungssysteme für ein Geschäftsmodell für jede beliebige Organisation eingesetzt werden kann, gleichgültig wie groß sie ist oder welchen Wirkungsbereich sie hat. Sicherlich ist eine Analyse irgendeiner Art meist besser als gar keine Analyse, doch der Einsatz des richtigen Hilfsmittels zur richtigen Zeit macht sehr wohl einen Unterschied. Die Gestaltung eines Geschäftsmodells für ein Unternehmen in einer frühen Entwicklungsphase sollte anders aussehen als die Anpassung des Geschäftsmodells einer etablierten, ausgereiften Organisation. Jede Entwicklungsphase einer Organisation bedarf ihres eigenen Niveaus an Genauigkeit und Analyse.

In jedem der folgenden Kapitel möchten wir Ihnen verschiedene Systeme vorstellen, die sich jeweils für Organisationen in einer bestimmten Entwicklungsphase eignen: in der Vorgründungsphase, als Organisation im Anfangsstadium, als Unternehmen in der Wachstumsphase und als Organisation in der Reifephase. Die grundlegenden Analyseelemente, die wir in *Teil 1* und *2* erarbeitet haben, behalten nach wie vor für alle Unternehmen ihre Gültigkeit. Für ein Projekt, das noch ganz am Anfang seiner Umsetzung steht, ist zu viel Detail- und Analysearbeit wahrscheinlich Zeit- und Geldverschwendung. Geht es aber um ein Unternehmen in der Reife- oder in der Wachstumsphase, so verschenkt man höchstwahrscheinlich neue Chancen und Möglichkeiten, wenn man hier nicht genau genug analysiert.

An dieser Stelle könnten Sie für sich festlegen, in welcher Phase sich die Organisation befindet, die Sie analysieren möchten, und gleich zu dem betreffenden Kapitel vorblättern. Versierte Manager und Unternehmer schätzen es aber mit Sicherheit, die Mechanismen und Aktivitäten für alle Unternehmensphasen kennenzulernen. Schließlich lassen sich diese einzelnen Phasen nicht durch verbindliche Regeln konsequent voneinander trennen. Zudem ist es gut möglich, dass Sie sich erneut diesem Teil des Buchs zuwenden, sobald Ihre Organisation in die nächste Entwicklungsphase eintritt oder wenn Sie ein anderes Unternehmen analysieren möchten.

Wenn Sie alle von uns vorgestellten Analyseinstrumente kennengelernt und ihre Anwendung verstanden haben, sind Sie bereit für *Teil 4*, in dem wir uns weitergehenden Anwendungsgebieten von Geschäftsmodellen zuwenden, z.B. der Geschäftsmodellinnovation und nachhaltigen Geschäftsmodellen.

9

RTWN für neue Geschäftschancen in der Vorgründungsphase

„Ich rate allen Unternehmensgründern, sich anfangs nicht zu viele Gedanken über ihr Geschäftsmodell zu machen. Ihre wichtigste Aufgabe besteht zunächst einmal darin, etwas herzustellen, das die Leute haben wollen. Wer das nicht schafft, dem nützt auch das cleverste Geschäftsmodell nichts."

Paul Graham, Mitbegründer von Viaweb und Y Combinator

Das Instrument der Geschäftsmodellanalyse wird in Organisationen jeder Art, Form und Größe eingesetzt. Eine besonders große Rolle spielt das Konzept des Geschäftsmodells dabei für Unternehmen und Projekte im Anfangsstadium. Zukünftige Unternehmer suchten nach einem effektiven Hilfsmittel, um ihre Vision erklären zu können. Und Kapitalgeber forderten ein System, das besser und umfassender war als ein Geschäftsplan, um die Risiken und Ressourcenanforderungen besser einschätzen zu können.

In einer sehr frühen Phase der Unternehmensgründung allerdings kann es vorkommen, dass sehr viele gut gemeinte Analysen durchgeführt werden, die aber im Grunde nutzlos sind. Das Konzept der Lean Canvas und Osterwalders Business Model Canvas sind zweifellos sehr effektive Instrumente, doch für Projekte, die sich noch ganz am Anfang befinden, ist sicher das einfachste Geschäftsmodellkonzept am sinnvollsten: RTWN.

RTWN steht für Ressource, Transaktion, Wert und Narrativ. Dieses System baut auf der einfachsten Konfiguration der Geschäftsmodellelemente auf. Es ist effizient und effektiv für Unternehmer, die ihre grundsätzlichen Geschäftschancen ausloten möchten.

Alles dreht sich um die Chance

Für einen Unternehmer dreht sich alles um seine Chancen. Und dabei geht es vor allem um Situationen und Informationen. Unternehmer nutzen Informationen, um neue Möglichkeiten zu erdenken, wie Ressourcen und Transaktionen zusammengebracht und kombiniert werden könnten. In der richtigen Situation schafft diese neue Kombination neuen Mehrwert. Ein Unternehmer und seine Chance sind also zwei Seiten derselben Medaille.

In dieser Phase kann die Wahl des falschen Instruments, um ein Geschäftsmodell zu erstellen, sehr schädlich sein. Warum? Die anspruchsvolleren Systeme und Instrumente stellen Fragen, die der Unternehmer jetzt vielleicht noch nicht beantworten kann. Denn für die Beantwortung solcher Fragen braucht er Informationen, die (noch) nicht verfügbar oder sogar (noch) nicht vorhanden sind. Schlimmer noch – das Instrument könnte den Unternehmer dazu verleiten, bisher unbewiesene Hypothesen zu verwenden oder gar zu erfinden, um die Analyse abschließen zu können. Ein komplexeres System könnte den Unternehmer also auf den falschen Weg führen und dazu bringen, Strukturen oder Elemente zu schaffen oder anzunehmen, die zwar insgesamt ins Bild passen, aber am Ende nicht implementiert werden können.

In der Vorgründungsphase sollte ein Unternehmer also immer mit dem RTWN-Modell beginnen.

Das RTWN-Modell zur Gestaltung eines Geschäftsmodells

„Für ein Start-up-Unternehmen ist die erste Phase wie ein Wettrennen – Sie müssen Bodenhaftung gewinnen, bevor Ihnen das Geld ausgeht. Hoffentlich verschwenden Sie Ihre Zeit nicht mit altmodischen Geschäftsplänen, allerdings haben viele Unternehmer ihren Geschäftsplan einfach durch eine Business Model Canvas oder eine Lean Canvas ersetzt. Ich für meinen Teil bevorzuge zwar ganz klar die Lean Canvas gegenüber einem veralteten Geschäftsplan, doch ich beobachte immer wieder, wie viele Start-ups dabei in dieselbe Falle tappen. Sie beginnen viel zu früh damit, sich ganz auf ihr Geschäftsmodell zu fokussieren, besonders darauf, welche verschiedenen Einnahmequellen sie haben werden, welche Vertriebskanäle sie nutzen werden und welche Kosten auf sie zukommen werden. Das lästige Thema ‚Lösung' – tatsächlich das Problem ihres Zielkunden zu lösen, indem sie eine wertvolle, brauchbare und machbare Lösung finden – verschieben sie auf später. Wer es aber nicht schafft, mit seiner Lösung realen Mehrwert zu schaffen, dem nützt das ganze Konzept der Lean Canvas nichts."

Marty Cagan, Silicon Valley Product Group

Die Gestaltung eines Geschäftsmodells nach RTWN ergibt ein einfaches Diagramm, das die wichtigsten Ressourcen, Transaktionen und Werte des angestrebten Geschäftsmodells aufzeigt. Es hilft dem Unternehmer dabei, all diese Elemente miteinander zu verbinden und ihnen ein stimmiges Narrativ zu geben. Außerdem wird die Zahl der Verbindungen, die genau bewertet werden müssen, reduziert und es stehen nur die zentralen Modellelemente und die Geschichte, die sich hinter dem Modell verbirgt, im Fokus.

Das RTWN-Diagramm ist in *Abbildung 9.1* dargestellt.

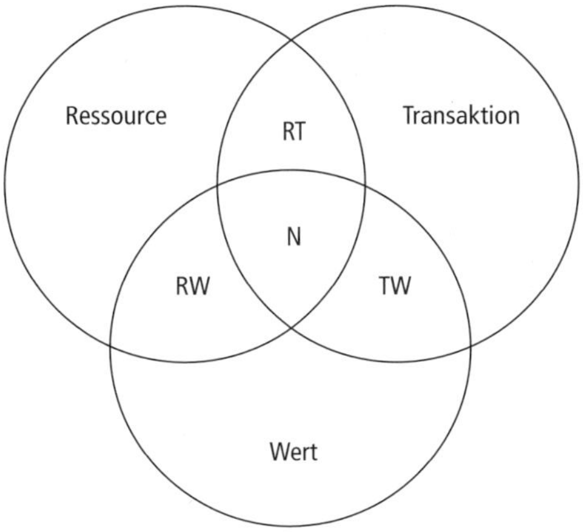

Abbildung 9.1: Das RTWN-Geschäftsmodell für Projekte in der Vorgründungsphase

AUFGABEN **Arbeitsblatt 9.1: Das RTWN-Modell**

Dieses Modell finden Sie auch auf *Arbeitsblatt 9.1*, das zum Download auf der Website zum Buch bereit liegt.

Der Einsatz des RTWN-Modells erfolgt in drei Schritten:

1. Identifizierung der wichtigen Ressourcen, Transaktionen und Werte (RTW)
2. Auslotung der Überschneidungsbereiche (RW, RT, TW)
3. Entwicklung und Erprobung des Narrativs (N)

Schritt 1: Ausfüllen des Hauptbereichs in jedem Kreis (Ressource, Transaktion, Wert)

Wenn Sie *Kapitel 4 bis 8* durchgearbeitet haben, sollte dieser Schritt für Sie leicht zu bewältigen sein. Sie können einfach Ihre wichtigsten Ressourcen, die zentralen Transaktionen aus Ihrer grafischen Darstellung und Ihre entscheidenden materiellen und immateriellen Werte einsetzen. Diese werden jeweils in den größten Bereich des betreffenden Kreises eingetragen.

Schritt 2: Ausfüllen der Überschneidungsbereiche (RW, RT, TW)

Es gibt drei Überschneidungsbereiche: RW, RT und TW, die alle auf ihre eigene Weise behandelt werden sollten. Im Folgenden wenden wir uns jedem Bereich separat zu.

Überschneidungsbereich Ressource – Wert (RW)

Dieser Bereich sollte selbst in einer sehr frühen Phase der Modellgestaltung recht klar definierbar sein. Hier sind einige Fragen, die Sie für sich beantworten sollten:

- Welche Ressourcen stehen in direkter Verbindung zu dem Mehrwert, den Ihre Kunden brauchen?
- Wie, wann und warum brauchen Ihre Kunden den Mehrwert, der durch diese Ressourcen geschaffen wird?

Der RW-Überschneidungsbereich betont, dass Ihre Geschäftschance auf Ressourcen basiert, die wirklich neuen Mehrwert für Ihre Kunden schaffen. Wenn Sie in *Kapitel 5* für sich Ihre entscheidenden Ressourcen definiert haben und zudem über klare und überzeugende Daten Ihrer Kunden bezüglich ihrer unerfüllten Bedürfnisse verfügen, sollte dieser Bereich eine Bestätigung liefern, wie diese beiden Elemente miteinander in Verbindung stehen.

Wenn für Sie das Hauptproblem bei der Gestaltung des Geschäftsprozesses darin besteht, Ihre Ressourcen mit dem Wertschöpfungsprozess in Verbindung zu bringen, gibt es weitere Analyseinstrumente, die Sie vielleicht als hilfreich empfinden werden. Das System „Value Proposition Design" des Software-Anbieters Strategyzer etwa liefert eine ausführliche Anleitung des Prozesses, mit dem Sie Ihre einzigartigen Ressourcen Ihres (imaginären) neuen Projekts mit den Bedürfnissen oder Werten verknüpfen können, die Ihre Kunden wertschätzen.

Videomaterial

Sehen Sie sich das kurze Video des Software-Anbieters Strategyzer an, in dem das System „Value Proposition Design" erklärt wird. Es bietet eine sehr effiziente Möglichkeit, den RW-Überschneidungsbereich Ihres Geschäftsmodells zu bearbeiten.

Allerdings ist Vorsicht geboten. Da die RW-Verbindung so „offensichtlich" ist, besteht die Gefahr, dass der Unternehmer seine Annahmen nicht ausreichend überprüft. Es gibt eine Ressource und einen Wert, also müssen diese beiden verbunden werden! Die Logik, die dem Aufspüren neuer Geschäftschancen zugrunde liegt, folgt einem der beiden folgenden Prozesse:

- ***Logik Problemlösung:*** Ich sehe ein Problem. Genauer gesagt, sehe ich potenzielle Kunden, die sich einem ungelösten Problem gegenübersehen oder denen bisher nicht realisierte Gewinne entgehen. Ich habe eine Innovation entwickelt, die das Problem lösen oder den Gewinn realisieren kann. Da sich die Situation für die Kunden in jedem Fall verbessern wird, werden sie meine Innovation garantiert kaufen.

- ***Logik Ressourcenerweiterung:*** Ich habe neue oder bisher nicht voll genutzte Ressourcen (Vermögenswerte, Fertigkeiten, Fähigkeiten, Wissen, Innovation). Ich habe recherchiert und mindestens ein Kundensegment gefunden, das von diesen neuen Ressourcen profitieren würde. Da die Kunden die Ressource bisher nicht nutzen, werden sie diese garantiert kaufen.

Wenn Sie selbst bisher ganz selbstverständlich von der Annahme ausgingen, „der Mehrwert für Ihre Kunden ist offensichtlich“, sollten Sie Ihre Ressourcen-Werte-Verbindungen nochmals genau unter die Lupe nehmen. Oder sprechen Sie zumindest mit potenziellen Kunden, um Ihre grundlegenden Annahmen über Ihre Wertschöpfung zu bestätigen oder zu widerlegen.

Überschneidungsbereich Ressource – Transaktion (RT)

Zwar wird er von Unternehmern nicht immer klar formuliert, doch der RT-Bereich ist meist einfach zu definieren. Beantworten Sie diese Fragen für sich und fassen Sie die erhaltenen Informationen im betreffenden Bereich Ihres Modells zusammen:

- Gibt es einen speziellen Verkaufs- und/oder Marketingkanal, den Sie nutzen werden?
- Welche Ressourcen werden nötig sein, um diese Kanäle aufzubauen?
- Wie werden Sie Ihre wichtigsten Ressourcen mit Ihren entscheidenden Transaktionen verknüpfen?

Der RT-Bereich entspricht häufig einem Faktencheck. Die Antworten auf die oben aufgeführten Fragen haben Sie vielleicht schon in einer sehr frühen Phase Ihrer Geschäftsmodellentwicklung parat. Wenn Sie die Fragen allerdings nicht beantworten können oder wenn sich erhebliche Lücken zwischen Ihren entscheidenden Ressourcen und Transaktionen zeigen, ist dies eine sehr gute Gelegenheit, kurz innezuhalten und über Ihr Geschäftsmodell-Narrativ nachzudenken. Ergibt Ihr Geschäftsmodell wirklich einen Sinn? Denn wenn die Kongruenz zwischen Ressourcen und Transaktionen fehlt, fehlt auch dem Geschäftsmodell ein tragfähiger Ausgangspunkt.

Überschneidungsbereich Transaktion – Wert (TW)

Dieser Überschneidungsbereich wird im RTW-Modell am häufigsten übersehen. Warum ist das so? Es könnte daran liegen, dass bei diesem Überschneidungsbereich verglichen mit den anderen am wenigsten Intuition mit im Spiel ist.

Wer Erfolg bei seinen Kunden haben möchte, muss weitaus mehr tun als einfach ein besseres Produkt zu kreieren und es zum Verkauf anzubieten. Viele Unternehmer unterschätzen, wie schwierig es sein kann, die jeweiligen Transaktionen mit dem Wertschöpfungsprozess in Einklang zu bringen.

Folgende Fragen erleichtern Ihnen den Umgang mit dem RW-Bereich:

- Haben Ihre Kunden ungewöhnliche oder komplexe Anforderungen bezüglich Ihrer Transaktionen? Wenn ja, welche sind das?
- Sind Ihre Kunden auf andere Einheiten oder Organisationen angewiesen, um die Zielprodukte oder -dienstleistungen nutzen zu können?

- Neigen Ihre Kunden eher dazu, neue Produkte oder Dienstleistungen von Start-up-Unternehmen zu meiden?

Lautet Ihre Antwort auf eine oder mehrere dieser Fragen „ja“, so ist eine sorgfältigere Analyse des Überschneidungsbereichs TW angebracht. Allerdings geht es vielen Unternehmern so, dass sie dann eine „immer bessere Mausefalle“ kreieren wollen.

Denken wir noch einmal an Orbel und sein System der Handdesinfizierung. Es gab ganz klar ein unerfülltes Bedürfnis – bessere Möglichkeiten der Handdesinfektion für Mitarbeiter im Gesundheitsbereich, um so Infektionen in den Einrichtungen zu vermeiden. Adam Sutcliffe, der Erfinder des neuen Produkts, kreierte daraufhin eine bessere Mausefalle – ein Produkt, das das Problem eindeutig löste, indem man die „Unart“ der Menschen ausnutzte, sich die Hände an der eigenen Kleidung abzuwischen.

Das von Sutcliffe gegründete Unternehmen war zunächst sehr erfolgreich. Er stellte einen CEO ein, der internationale Partnerschaften mit Vertriebsunternehmen aufbaute. Das Produkt gewann einige Preise im Bereich Design und wurde durch positive Medienberichte schnell bekannt.

Leider konnte das Produkt auch sechs Jahre nach seiner Entwicklung keine nennenswerten Einnahmen oder Gewinne für das Erfinderteam generieren. Das Problem scheint im TW-Bereich zu liegen. In den Bereichen Werbung und Vertrieb war das Team zwar sehr stark und erfahren, die Betriebsabläufe im Gesundheitssektor und auch das Management der Versorgungskette waren den Teammitgliedern dagegen wenig vertraut. Der Einkauf ist in vielen Einrichtungen des Gesundheitswesens in westlichen Ländern ein sehr komplexer Prozess, der oft streng reguliert wird und zudem auf tief verwurzelten Beziehungen basiert. Weder die Ärzte oder das Pflegepersonal, die sich täglich die Hände effektiv desinfizieren müssen, noch die Patienten, die von diesen Desinfizierungspraktiken profitieren, sind für die Einkaufsentscheidungen in Krankenhäusern und Kliniken direkt verantwortlich. Im Gesundheitswesen ist der Überschneidungsbereich von Transaktionen und Werten also extrem wichtig. Da die Organisationen eine ungewöhnlich hohe Verantwortung gegenüber ihren Kunden (den Patienten) tragen und zudem ein komplexes Berichtswesen führen müssen (an Versicherungen und Regierungsorganisationen), arbeiten Einkäufer hier meist mit bekannten, etablierten Unternehmen zusammen und greifen zu erwiesenermaßen wirksamen Produkten. Und Orbel ist es anscheinend nicht gelungen, die nötigen Transaktionsstrukturen und -prozesse zu schaffen, um diesen speziellen Aspekt der Wertschöpfung für die Kunden zu berücksichtigen.

Schritt 3: Ausfüllen des Narrativs (N)

Wenn Sie die in *Kapitel 8* vorgestellte Entwicklung eines Narrativs durchgearbeitet haben, fällt es Ihnen jetzt bestimmt nicht schwer, einige einfache Sätze zu formulieren, um das RTWN-Modell mit einem Narrativ zu versehen.

Nehmen Sie sich nun einen Moment Zeit und betrachten Sie das entstandene Geschäftsmodell als Ganzes. Greifen alle Teile ineinander? Verbindet das Narrativ alle Elemente miteinander?

Das RTWN-Modell ist deshalb so effektiv, weil es so einfach ist. Dadurch entsteht allerdings auch die Gefahr, dass die Analyse auf ein oder zwei falschen Annahmen aufgebaut wird. Einer RTWN-Analyse, die nur auf Innovation und Intuition aufbaut, fehlt noch die Überprüfung. Dies ist eine der besten Gelegenheiten, die Kompetenzen Ihres Geschäftsmodellteams zu nutzen. Legen Sie dem Team Ihre Analyse vor und bitten Sie die Mitglieder, ungeprüfte Annahmen und potenzielle Schwächen oder Lücken aufzudecken.

Geheimhaltung und Verschwiegenheit sind jetzt nicht angebracht! Lassen Sie Ihr erstes Geschäftsmodell von intelligenten, erfahrenen und fähigen Menschen auf Herz und Nieren prüfen!

Die Trennung von Geschäftsmodell und Innovation

Manchmal verwechseln Unternehmer ihre Innovation mit ihrem Geschäftsmodell. Es kann schwierig sein, beides voneinander zu trennen – besonders wenn man in die Zukunft schaut und eine Organisation gestalten und aufbauen möchte.

Gibt es noch kein Unternehmen oder wurde noch kein neues Produkt oder keine neue Dienstleistung auf den Markt gebracht, neigen die meisten Unternehmer und Manager dazu, beide Begriffe synonym zu verwenden. Da oft noch der Kontext fehlt, um das Unternehmen selbst bewerten zu können, ist es trügerisch einfach, die Geschäftsmodellanalyse heranzuziehen, um die Innovation, das Produkt oder die Dienstleistung zu beurteilen – anstatt das Unternehmen.

Die Innovation ist aber nicht das Geschäftsmodell! Sind Produkt oder Dienstleistung noch nicht auf dem Markt, ist es allzu leicht, beide Begriffe gleichbedeutend zu verwenden. Denken Sie daran, Sie können eine Innovation nicht anhand einer Geschäftsmodellanalyse bewerten! Konzentrieren Sie sich auf die Geschäftschance und das Unternehmen.

Jede Innovation kann in viele mögliche Geschäftsmodelle eingegliedert werden. Manchmal kommt nur eine kleine Anzahl an Geschäftsmodellen infrage – in anderen Fällen gibt es Dutzende oder sogar Hunderte geeignete Modelle! Wenn Sie sich in Ihrer Analyse nur auf Ihre Innovation konzentrieren, verlieren Sie automatisch andere wichtige Elemente Ihres Geschäftsmodells aus den Augen. In diesem Fall analysieren Sie kein Geschäftsmodell, sondern bewerten eine Innovationschance.

Wenn Sie also anders ausgedrückt das Instrument der Geschäftsmodellanalyse auf eine Innovation, ein Produkt oder eine Dienstleistung anwenden, untersuchen Sie damit, ob diese Innovation auf dem Markt überlebensfähig wäre – die Tragfähigkeit des Geschäftsmodells ist aber nicht Thema dieser Analyse. Beide Themen klingen vielleicht ähnlich und das eine Thema könnte Sie zu dem anderen hinführen, sie sind jedoch nicht gleichbedeutend.

Kehren wir noch einmal zu MRail zurück. Hat ein automatisches System, das Gleisschäden mittels hochpräziser Lasermessungen vorhersagen kann, eine Chance auf dem Markt? Gibt es ein Geschäftsmodell, auf dessen Basis ein überlebensfähiges Unternehmen gegründet werden kann, das diese Geschäftschance nutzen kann? Diese beiden Fragen sind nicht gleich – und die Antworten darauf genauso wenig. Gemeinsam mit einigen Kollegen überprüfte ich diese Geschäftschance mit dem Erfinder des Systems, Professor Shane Farritor. Sie war mäßig attraktiv: Der Markt war klein, aber es gab wenig andere Innovationen, mit denen man konkurrieren musste. Die eigentliche Frage war das Geschäftsmodell: Konnten wir die entscheidenden Ressourcen mit Transaktionen verknüpfen, die dem Kunden wirklich nutzen würden? Es ist für Sie vielleicht interessant zu erfahren, dass wir für die Bewertung der Geschäftschance etwa drei Monate brauchten, während die Ausgestaltung eines tragfähigen Geschäftsmodells nur ein paar Wochen dauerte. Mehr Informationen über den Unterschied zwischen der Geschäftschance und dem Geschäftsmodell von MRail finden Sie im *Exkurs 20* auf der Website zum Buch.

Je einfacher desto besser

In diesem Kapitel haben wir uns auf RTWN konzentriert, das einfachste System zur Erstellung eines Geschäftsmodells. Dabei könnte es sein, dass ein komplexeres Geschäftsmodell das Leistungsvermögen dieses Systems übersteigt.

Wenn eine der folgenden Aussagen zutrifft, ist für Sie vielleicht eines der folgenden Systeme besser geeignet:

- Sie haben Ihre Geschäftschance ebenso wie die operative Planung bereits etwas ausführlicher analysiert.
- Sie haben bereits einige organisatorische Maßnahmen gestartet.
- Ihre Analyse muss umfassender und ausführlicher sein, da die Technologie, die Ressourcen oder die Transaktionen, die Sie nutzen, besonders komplex sind.

Bevor Sie sich in eine noch größere Herausforderung stürzen, überlegen Sie, ob das auch wirklich notwendig ist. Sie sollten auf keinen Fall zu umfangreiche Analysen durchführen! Das macht Ihr Geschäftsmodell tendenziell nur komplizierter – aber keinesfalls besser.

Es gibt zwei Hauptgründe, warum die Analyse des Geschäftsmodells so einfach wie möglich gehalten werden sollte.

- Wenn eine einfache Analyse, wie etwa RTWN, schon klar zeigt, dass das Modell nicht funktioniert, wird eine komplexere Analyse in den allermeisten Fällen dasselbe Ergebnis liefern. Zudem erfordern nur sehr ungewöhnliche Geschäftsmodelle auch eine besonders komplexe Analyse, um ihre Tragfähigkeit ausloten zu können. Komplexere Analyseinstrumente zeigen in der Regel auch mehr potenzielle Probleme des Geschäftsmodells auf.
- Des Weiteren ergeben sich aus einer Geschäftsmodellanalyse anhand von komplexeren Instrumenten auch detailliertere Fragen über Prozesse und Aktivitäten. Häufig müssen diese Fragen mithilfe kurzer Experimente oder direkter Befra-

gungen von Marktteilnehmern beantwortet werden. Solche Aktivitäten sind für bereits tätige Unternehmer sicher sehr wertvoll, können aber auch sehr zeitaufwendig und ressourcenintensiv sein. Daher sollten solche Maßnahmen erst durchgeführt werden, nachdem schon erste konkrete Schlüsse über die Tragfähigkeit des Geschäftsmodells gezogen wurden. Andernfalls besteht die Gefahr, dass die Geschäftsmodellanalyse sich zu einer endlosen Serie an Fragen über die grundlegende Geschäftsidee entwickelt. Natürlich müssen diese Fragen alle beantwortet werden, doch zunächst müssen Sie sich sicher sein, dass Ihr ausgewähltes Geschäftsmodell grundsätzlich überlebensfähig ist.

Das RTWN-System ist ein sehr einfacher aber auch effektiver Mechanismus, um ein Geschäftsmodell zu gestalten und zu bewerten: für eine Start-up-Idee, eine Innovation oder ein neues Produkt / eine neue Dienstleistung.

Wenn Sie ein Unternehmer sind, der ein neues Unternehmen gründen möchte, oder ein Manager, der ein neues Produkt auf den Markt bringen möchte, ist diese Analyse für Sie der richtige Ansatzpunkt. Nutzen Sie das Arbeitsblatt, analysieren Sie die Elemente und Verbindungen Ihres Modells und besprechen Sie Ihre Ergebnisse dann mit einem Kollegen, dem Sie vertrauen. Gemeinsam sollten Sie überlegen, wie sich das Geschäftsmodell durch alternative Elemente oder anders geartete Verbindungen zwischen den Elementen noch verbessern ließe. Auch sollten Sie überprüfen, ob Elemente fehlen, ob einzelne Verbindungen im Modell nicht zum grundlegenden Narrativ passen oder ob es andere Probleme und Widersprüche gibt.

Fazit

- Das RTWN-System für Geschäftsmodelle ist ein guter Ausgangspunkt für neue Projekte, die sich in einer sehr frühen Entwicklungsphase befinden und noch wenig Infrastruktur oder konkrete Aktivitäten aufzuweisen haben.
- Beginnen Sie einfach: Die Gestaltung komplexerer Geschäftsmodelle zu einem zu frühen Zeitpunkt kann erhebliche Zeitverschwendung sein.
- Die meisten Unternehmer und Manager sind mit der Verbindung ihrer Ressourcen und Werte (RW-Bereich) vertraut; bei der Verbindung zwischen Transaktionen und Werten (TW-Bereich) werden die meisten Fehler gemacht.

10

Die Lean Canvas für Start-ups

„Es ist extrem schwierig für ein Unternehmen, das ein sehr beliebtes und kostenloses Produkt bereitstellt und kein Geschäftsmodell hat, im Nachhinein ein Geschäftsmodell als Innovation einzuführen. Ich habe das für Kazaa gemacht, hatte eine halbe Milliarde Downloads, aber das Geschäft war nicht nachhaltig."

Niklas Zennström
(zitiert in „Skype Founder Wants Startups to Show Him the Money", Bloomberg Online, 30. September 2012)

Viele Unternehmer und Existenzgründer denken überhaupt nicht über ein Geschäftsmodell nach. Sie erkennen einfach ein Problem, häufig aufgrund eigener Erfahrungen. Dann finden oder kreieren sie eine Lösung, die sie an Menschen oder Organisationen verkaufen, die das gleiche Problem haben. Ein unterhaltsames Beispiel dafür liefert Squatty Potty, ein Hersteller von Toilettenhockern für Kinder, über den Sie im *Exkurs 21* auf der Website zum Buch lesen können.

So manches neu gegründete Unternehmen würde allerdings von einer Geschäftsmodellanalyse durchaus profitieren. Kazaa war ein gutes Beispiel für ein Unternehmen, das zwar ein Problem löste, aber kein tragfähiges Geschäftsmodell besaß. Kazaas Peer-to-Peer-Netzwerk konnte nie ein klares System entwickeln, um den Internetverkehr auf seiner Website zu Geld zu machen – selbst dann nicht, als man bereits zahlreiche Urheberrechtsklagen abgewendet und Spyware-Probleme gelöst hatte.

Inzwischen ist die Geschäftsmodellanalyse dabei, in vielen Universitäten den klassischen Geschäftsplan als Standardverfahren für die Beurteilung der Tragfähigkeit eines neuen Unternehmensprojekts abzulösen. Der *Exkurs 22* zu diesem Thema auf der Website zum Buch liefert genauere Informationen dazu.

Während das RTWN-System in der frühen Unternehmensphase, wenn noch an der Geschäftsidee gefeilt wird, als Analyseinstrument voll und ganz ausreicht, bietet es für die Analyse komplexerer Geschäftschancen, die nicht sofort klar auf der Hand liegen, meist nicht genug Genauigkeit und operationale Details. Die Lean Canvas ist ein ideales Konzept zur Bewertung aller Geschäftsmodelle, die die Phase der praktischen Umsetzung einer neuen Geschäftsidee erreicht haben.

Ein schlankes Konzept für Unternehmertum und Geschäftsmodelldesign

Die Lean Canvas umfasst auch den von Eric Ries entworfenen Ansatz des Lean Start-up. Mehr zu diesem Thema, z.B. eine Zusammenfassung der Prinzipien des Lean Start-up, finden Sie im *Exkurs 23* auf unserer Website.

Das Lean Start-up betont die experimentelle Herangehensweise an das Thema Unternehmertum. Anstatt alle Eventualitäten zu berücksichtigen und nach dem perfekten Produkt zu streben, soll man nach diesem Ansatz den Kunden neue Ideen und Lösungen so schnell wie möglich präsentieren. Mit anderen Worten, entscheidend für die Überlebensfähigkeit eines Produkts ist hier der Markt und nicht der Unternehmer.

In diesem Zusammenhang ist auch das Geschäftsmodell Teil eines Experiments und sollte dementsprechend immer zunächst als Hypothese und nicht als endgültige Entscheidung gewertet werden.

Die Lean Canvas

Das Instrument der Lean Canvas wurde von Ash Maurya als Adaption der Business Model Canvas von Alexander Osterwalder entwickelt. Maurya selbst merkt dazu an, der Hauptzweck ihres Konzepts sei es, „alle Hypothesen des Geschäftsmodellkonzepts auf einer einzigen Seite unterzubringen". *Abbildung 10.1* zeigt die Lean Canvas.

Die Priorität der Lean Canvas liegt eindeutig beim Experimentieren im Vergleich zum detaillierten Planen. Versuchen Sie, anhand der Lean Canvas einige entscheidende Markteintrittsexperimente zu definieren, mit denen Sie Ihr Geschäftsmodell testen können. Der Kunde, die Innovation / die Geschäftschance und die Organisation, welche diese Chance nutzt, spielen dabei jeweils eine gleich große und gleich wichtige Rolle.

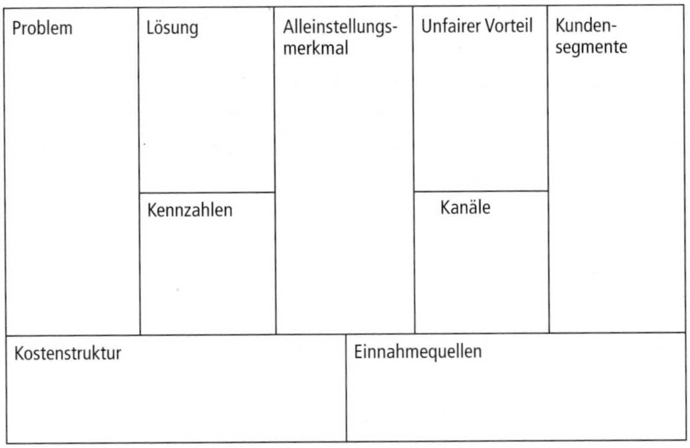

Abbildung 10.1: Die Lean Canvas nach Ash Maurya

Quelle: Adaptiert von *https://blog.leanstack.com/why-lean-canvas-vs-business-model-canvas-af62c0f250f0*; die Lean Canvas ist adaptiert von der Business Model Canvas (*http://www.businessmodelgeneration.com*) und ist lizensiert unter der Creative Commons Attribution-Share Alike 3.0 Un-ported License

Sie werden rasch merken, dass vier Elemente auf der Lean Canvas ebenso auf Osterwalders Business Model Canvas erscheinen: Kanäle, Kundensegmente, Einnahmequellen und Kostenstruktur. Diese werden im vorliegenden Kapitel näher betrachtet. In *Kapitel 11* werden wir diese vier Elemente daher nur kurz erwähnen, um Wiederholungen zu vermeiden.

Aufbau einer Lean Canvas – Die E-Parking-Chance

Anhand eines Beispiels möchten wir veranschaulichen, wie diese Canvas eingesetzt werden kann.

An vielen Universitäten in den USA und Großbritannien gibt es auf dem Campusgelände zu wenige Parkplätze für Lehrende, Studenten und Besucher. Lässt sich hier vielleicht eine neue Geschäftschance entdecken? Adam hat in seiner Freizeit viele Stunden damit verbracht, sich hierzu Gedanken zu machen, und sich schließlich für eine Online-Market-Making-Plattform entschieden. Anhand dieser neuen Geschäftsidee möchten wir das Lean-Canvas-Geschäftsmodell untersuchen. Die Lean Canvas von „Adam's E-Parking Business (AEB)" ist online unter „Canvas-Beispiele" verfügbar.

Unzählige Webseiten bieten Hilfsmittel an, um Geschäftsmodelle und Business Model Canvasses zu erstellen. Adam entschied sich für die Seite *www.canvanizer.com*, zu der Sie im *Exkurs 24* auf der Website zum Buch Näheres erfahren.

Wir werden uns jeden einzelnen Bereich der Lean Canvas genau ansehen. Zunächst stehen die Elemente im Mittelpunkt, die eng verwandt sind mit den Ressourcen des RTW-Systems: Probleme, Lösungen und wichtige Kennzahlen. Auf der Onlineplattform von AEB sind die Geschäftsmodellelemente, die mit den Ressourcen in Verbindung stehen, als rote Haftnotizen dargestellt.

Element 1 der Lean Canvas: Probleme

Mit dem Begriff „Probleme" sind bei der Lean Canvas immer die Probleme der Kunden gemeint. Geschäftsmodelle nutzen eine Geschäftschance, die sich aus einem unbefriedigten Bedarf ergibt. Wenn Sie also kein Kundenproblem aufgedeckt haben, sei es ein Zustand, der Unzufriedenheit bereitet, oder ein nicht realisierter möglicher Gewinn, dann haben Sie auch kein Geschäftsmodell.

Die Lean Canvas ist besonders hilfreich für Jungunternehmer sowie für Unternehmen in einer sehr frühen Entwicklungsphase. Denn sie formuliert das Kundenproblem klar und deutlich.

Betrachten wir nun die Lean Canvas von AEB. Es gibt nicht genügend Parkplätze. Dies ist eigentlich die aktuelle Situation und nicht das Problem. Schließlich wird weder ein unbefriedigtes Bedürfnis noch ein nicht realisierter Gewinn beschrieben. Wir müssen also tiefer graben.

Die geringe Zahl an Parkplätzen führt bei zwei Kundengruppen zu Problemen. Menschen, die auf dem Campus parken möchten und nicht zahlreiche Unannehmlichkeiten auf sich nehmen können. Vielleicht müssen sie zu Fuß gehen oder alternative Transportmöglichkeiten finden – beide Möglichkeiten würden wahrscheinlich sehr viel mehr Zeit kosten. Wenn sie woanders parken, könnte es sein, dass sie hohe Parkgebühren zahlen müssen, und auch der öffentliche Nahverkehr ist nicht kostenlos – das bedeutet also eine zusätzliche finanzielle Belastung. Die Universität andererseits muss vielleicht komplizierte bürokratische Entscheidungen darüber treffen, wer ein Anrecht auf einen Campus-Parkplatz hat. Auch das verursacht eine finanzielle Belastung in Form von Alternativkosten. Denn ein Mitarbeiter wird für diese bürokratische Arbeit bezahlt und kann in dieser Zeit keine anderen – vielleicht wertvolleren – Arbeiten erledigen. Zudem muss sich die Universität möglicherweise immer wieder um Beschwerden bezüglich der Parksituation kümmern, besonders da die Studentenschaft ja regelmäßig wechselt. Das kann Personalkosten verursachen und sich auf lange Sicht negativ auswirken, denn dadurch wird das Image der Universität abgewertet.

Die offensichtlichste Lösung – der Bau neuer Parkplätze – ist extrem teuer. Außerdem wären dafür große Flächen notwendig. Eine oder sogar beide Ressourcen könnten der Universität nicht zur Verfügung stehen.

Fällt Ihnen vielleicht noch ein weiteres Problem ein? Denken Sie daran, Ihre Überlegungen klar, präzise und quantifizierbar zu formulieren.

Element 2 der Lean Canvas: Lösungen

Direkt neben den Problemen sind die vorgeschlagenen Lösungen dargestellt. Auch hier kommt es wieder vor allem auf die klare Formulierung an. Eine Lösung ist kein Produkt und auch keine Dienstleistung. Sie geht genau darauf ein, mit welchen Mitteln oder Handlungen ein spezifischer Aspekt des Problems behoben werden könnte.

Im Fall von AEB ergab sich der „Aha-Effekt" für dieses Problem auf oberster Ebene aus der einfachen Tatsache, dass sich die Mehrheit aller Lehrinstitute und Universitäten in großen Städten befindet. Und in direkter Umgebung dieser Institute gibt es viele Einfahrten (und vielleicht sogar Garagen) von Privathäusern, die an Werktagen tagsüber leer stehen und nicht genutzt werden. Vor diesem Hintergrund ist es also durchaus sinnvoll, das vorliegende Problem neu zu definieren. Es gibt durchaus genügend Parkmöglichkeiten in direkter Nachbarschaft zur Universität, doch diese gehören nicht der Institution.

Eine mögliche Lösung aufzudecken, löst natürlich noch nicht das Problem. Dazu muss nun noch das restliche Geschäftsmodell konstruiert werden, dafür startet man bei den spezifischen Lösungselementen. Der erste Schritt besteht darin, zu erkennen, dass der Eigentümer der Parkfläche das Recht haben muss, die Höhe der Parkgebühr sowie die genauen Nutzungszeiten festzulegen. Im zweiten Schritt muss dann geklärt werden, dass die Pendler (Studenten, Lehrende, Besucher etc.) aus allen verfügbaren Optionen auswählen dürfen.

Sobald die Prüfung dieser Zwischenschritte abgeschlossen ist, sollte auch das Thema Crowdsourcing bei dieser Idee in Betracht gezogen werden. Noch vor einigen Jahren wären zur Einrichtung eines Informationssystems, um einen solchen Markt zu betreiben, nicht nur eine öffentliche Pinnwand, viele Dokumente, Ordner und Akten und natürlich eine Reihe von Mitarbeitern auf dem Campus zur Verwaltung nötig gewesen, sondern vielleicht sogar eine komplizierte Tabellenkalkulation, die von einem gewissenhaften Administrator gepflegt werden müsste. Heute dagegen haben wir viel bessere und einfachere Möglichkeiten, denn Internet und Smartphone sind allgegenwärtig. Eine Website, auf der Grundbesitzer ihre Parkflächen, deren Preis und Verfügbarkeit auflisten, kann von allen interessierten Nutzern problemlos durchsucht werden. Diese können dann direkt online einen Parkplatz für einen Tag, eine Woche, einen Monat, ein Semester oder sogar einen noch längeren Zeitraum reservieren.

Mittlerweile sollte klar sein, dass diese Lösung das Potenzial hat, sämtliche Aspekte des Problems auf der Canvas zu lösen. Im Bereich „Kostenstruktur" werden wir sehen, dass einer der attraktivsten Aspekte dieser Lösung darin besteht, dass die Kosten eines traditionellen neu gebauten Parkplatzes durch die Kosten eines virtuellen Informationsaustausches ersetzt werden. Dies stellt eine perfekte Verbindung zu der Tatsache her, dass das eigentliche Problem eben nicht der fehlende Platz zum Parken, sondern die fehlenden Informationen über freie Parkmöglichkeiten waren.

Sollten Sie von dieser neuen Idee jetzt schon begeistert sein, bedenken Sie Folgendes: Lösungen, die zu schön klingen, um wahr zu sein, sind immer mit Vorsicht zu genießen. Wir sind überzeugt davon, dass jeder Unternehmer zuerst die Grenzen seiner Ideen austesten sollte und sowohl rechtliche als auch ethische reale Beschränkungen erkennen muss.

„Napster gründete sein Geschäftsmodell auf einer Verletzung des Urheberrechts."

Dan Farmer

Überlegen Sie, ob es weitere wichtige Elemente gibt, die bei dieser Lösung eine Rolle spielen. Vielleicht eine neue Form der Bezahlung? Oder eine Art Feedback- oder Bewertungssystem, das den Nutzern noch mehr und umfassende Informationen über ihre Möglichkeiten liefert? Was passiert, wenn Grundstücksbesitzer falsche Angaben über die Größe oder die Verfügbarkeit ihrer Parkplätze machen? Was, wenn ein Nutzer sein Fahrzeug nicht zum vereinbarten Zeitpunkt wegfährt? Wie kann darauf reagiert werden, wenn ein Nutzer seinen gemieteten Parkplatz an einen Freund weitergibt, der dann ein anderes Fahrzeug dort abstellt – unabhängig davon, ob dies im gebuchten Zeitraum oder darüber hinaus geschieht?

Element 3 der Lean Canvas: Kennzahlen

Wichtige Kennzahlen sind die erfassten Daten und gemessenen Werte, die darüber Auskunft geben, ob eine Geschäftschance tragfähig ist und ob die Organisation diese Chance effektiv nutzt. Diese Kennzahlen sind also die Quantifizierung der kritischen Erfolgsfaktoren (KEFs). Liegt ein Unternehmer oder Manager hier falsch oder kann er seine Zahlen nicht effektiv umsetzen, hat sein Projekt wenig Chancen auf Erfolg.

Mehr Informationen über die speziellen Herausforderungen der wichtigen Kennzahlen finden Sie im *Exkurs 25* auf der Website zum Buch.

Jetzt wollen wir uns wieder dem Beispiel AEB zuwenden. Welche wichtigen Kennzahlen entscheiden in diesem Fall, ob sich ein solches Geschäft an einer Universität lohnt? Automatisch würde man annehmen, dass die hohen Parkgebühren auf dem Campus oder in der Nähe des Geländes hier eine wichtige Rolle spielen. Unsere Befragungen ergaben allerdings, dass sich die meisten Studenten nicht darüber beschwerten, dass die Gebühren übermäßig hoch waren. Sie würden dieses Geld einfach lieber für andere Dinge ausgeben. Manche waren auch deshalb entrüstet, weil sie überzeugt waren, dass die Parkgebühren mit den Studiengebühren abgegolten sein sollten. Eine weitere wichtige Kennzahl ist die Quantifizierung des Bedarfs an Parkplätzen von Lehrenden und Mitarbeitern der Universität. Dies ist ohne Zweifel die stabilere, langfristige Kundengruppe (die Studenten bleiben meist nur einige wenige Jahre an der Universität). Daher würden viele Grundstücksbesitzer vielleicht Mitarbeiter oder Lehrende der Universität den Studenten als Parkplatzmieter vorziehen. Zweifellos sind aber mit die wichtigsten Kennzahlen die Erwerbs- und Erhaltungskosten, die im Zusammenhang mit dem Zugang zu privaten Parkmöglichkeiten entstehen. Sind diese Kosten (in Bezug auf Zeit sowie auf Geld) zu hoch, muss das Preismodell so gestaltet werden, dass die Zahl der Kunden, die bereit und in der Lage sind, solche privaten Parkplätze zu bezahlen, begrenzt wird. Und auch die Kosten für die Verwaltung und Aktualisierung des Onlinesystems mit allen relevanten Daten müssen sich in Grenzen halten, damit das Geschäft auf dem Markt genug Gewinn erzielen kann. Sobald das Geschäft einmal läuft, kommt eine weitere wichtige Kennzahl ins Spiel: die Fluktuationsrate der Kunden (besonders der Studenten).

Welches sind die entscheidenden Kennzahlen Ihrer Geschäftsidee? Wie können Sie diese messen und erfassen?

Versuchen Sie nun, die vier bis fünf kritischen Erfolgsfaktoren (KEFs) Ihrer eigenen Geschäftschance zu identifizieren, ebenso wie die wichtigen Kennzahlen im Zusammenhang mit diesen KEFs. Legen Sie dann fest, wie Sie die erforderlichen Daten sammeln würden, um diese Kennzahlen zu ermitteln. Dies ist jetzt auch der passende Zeitpunkt, um darüber nachzudenken, welche Branchen- oder Marktexperten Sie zurate ziehen könnten, um über Ihre KEFs und die entsprechenden Kennzahlen zu sprechen.

AUFGABEN **Arbeitsblatt 10.1: Kritische Erfolgsfaktoren**

Laden Sie das *Arbeitsblatt 10.1* von unserer Website herunter. Nutzen Sie es, um die KEFs und wichtige Annahmen über Ihr Unternehmen zu hinterfragen. Mit diesem Arbeitsblatt möchten wir Sie auch dazu ermutigen, die richtigen Experten zu kontaktieren und sie zu bitten, Ihre Annahmen bezüglich Ihres Unternehmens zu bestätigen oder abzulehnen.

Nun ist es an der Zeit, sich der Transaktionsdimension der Lean Canvas zuzuwenden. Darunter fallen die Bereiche Kunden, Kanäle und Einkommensquellen. Das sollte Ihnen nach der RTW-Analyse aus *Kapitel 9* vertraut vorkommen. Auf der AEB-Canvas sind die Elemente, die mit Transaktionen zu tun haben, blau dargestellt.

Element 4 der Lean Canvas: Kundensegmente

Kundensegmente sind Kundengruppen, die die gleichen Bedürfnisse oder Kaufvorlieben haben. Und auch hier kommen wir auf das Beispiel AEB zurück. Viele Menschen möchten gerne direkt auf dem Campus parken: Studenten, Lehrende, Mitarbeiter, Besucher. Doch sie haben nicht die gleichen Kaufkriterien. Ein Besucher etwa, der sich auf dem Unigelände nicht auskennt, wird sicher bereit sein, für einen Parkplatz, den er einige Stunden nutzt, einen höheren Preis zu bezahlen, einfach weil das für ihn praktisch ist. Ein Student dagegen, der jeden Tag auf den Campus kommt, wird sich sehr wahrscheinlich um alternative Transportmöglichkeiten kümmern, um die täglich anfallenden Parkgebühren einzusparen. Ein Dozent ist vermutlich bereit, mehr fürs Parken zu bezahlen als ein Student, denkt aber eventuell neben der Wahl anderer Transportmöglichkeiten auch über andere langfristige Optionen nach, wie etwa ein Haus in der Nähe zu kaufen oder zu mieten.

Es sollte Ihnen klar sein, dass Besucher für AEB keine geeignete Zielgruppe sind, es sei denn, die Parkplatznot ist tatsächlich extrem. Die Nutzung des AEB-Systems ist mit einem gewissen Zeitaufwand verbunden und es müssen persönliche Daten eingegeben werden. Ein Besucher würde mit Sicherheit lieber etwas mehr für einen Campus-Parkplatz bezahlen, anstatt sich im System anzumelden.

Die AEB-Elemente geben deutliche Hinweise darauf, wo die Kaufvorlieben der drei Kundensegmente liegen. Diese basieren vor allem auf meinen eigenen Beobachtungen sowie auf den Kommentaren meiner Studenten. Auch in dieser frühen Phase sollte eine fundierte Analyse einer Business Model Canvas eine Datensammlung beinhalten. Jetzt – am Ausgangspunkt des AEB-Projekts – könnten mit diesen Daten folgende Fragen beantwortet werden:

- Welcher Prozentsatz aller Studenten nimmt einen Fußweg von einem Kilometer in Kauf, um sich zehn Prozent an Parkgebühren zu sparen?
- Welcher Prozentsatz aller Studenten benötigt einen Parkplatz bis spät abends? Bis Mitternacht? Die ganze Nacht?
- Welcher Prozentsatz aller Lehrenden und Angestellten der Uni erhält einen Campus-Parkplatz? Wie hoch ist die Parkgebühr?

Zahlreiche weitere Ressourcen zum Thema Kundensegmente werden im *Exkurs 26* zu diesem Thema auf unserer Website vorgestellt.

AUFGABEN **Arbeitsblatt 10.2: Kundensegmente**

Mithilfe dieses Arbeitsblatts können Sie Ihre Kundensegmente und die Präferenzen Ihrer Kunden bestimmen. Vielleicht haben Sie noch nicht die nötigen Daten gesammelt, um Ihre Kundensegmente definitiv festzulegen, aber es lohnt sich in jedem Fall, Ihre Überlegungen und Annahmen hierzu schriftlich festzuhalten. In unseren Seminaren über Unternehmertum ist diese Aufgabe häufig mit die eindrücklichste und wirkungsvollste für die Studenten. Denn sie haben anfangs oft recht naive Vorstellungen darüber, wie Kunden Produkte und Dienstleistungen kaufen und warum sich potenzielle Kunden unterschiedlich verhalten. Wenn Sie jetzt Ihre eigenen Hypothesen über die Eigenschaften Ihrer Kunden und deren Kaufvorlieben festhalten, hilft Ihnen das sehr dabei zu klären, welche Daten Sie wirklich über Ihre Kunden zusammentragen müssen. Die Lean Canvas wurde schließlich ausdrücklich zu dem Zweck konzipiert, dass Sie als Unternehmer Ihre Hypothesen und Annahmen genau formulieren und dann überprüfen können.

Element 5 der Lean Canvas: Kanäle

Kanäle sind die Wege, über die Sie Ihre Kunden erreichen können. Um diesen Bereich der Canvas ausfüllen zu können, sollten Sie zunächst die folgenden Fragen beantworten:

- Wie möchten Sie und Ihre Organisation potenzielle Kunden über Ihr Produkt / Ihre Dienstleistung informieren?
- Wie werden Ihre Kunden einkaufen und bezahlen?
- Wie werden Sie Ihr Produkt / Ihre Dienstleistung liefern?
- Welche Art von Kundendienst leisten Sie nach dem Kauf?

Eine Customer Journey Map kann ein sehr effektives Werkzeug sein, um sich über Kanäle und andere Aspekte des Kundenkontakts klar zu werden. Der *Exkurs 27* zu Customer Journey Maps auf der Website zum Buch bietet interessante Informationen zu diesem Thema.

Wenn Sie bereits Daten gesammelt und daraufhin fundierte Kundensegmente festgelegt haben, haben Sie sicher auch festgestellt, dass für verschiedene Kundensegmente auch unterschiedliche Kanäle nötig sind. Im Fall von AEB etwa würden wir für Studenten und Lehrende/Mitarbeiter aufgrund ihrer unterschiedlichen Vorlieben und Gewohnheiten jeweils unterschiedliche Kanäle wählen. Da AEB zudem ein Market-Maker ist, können auch die Grundstückseigentümer als Kunden definiert werden (oder alternativ als Lieferanten). Eine campusweite E-Mail erreicht sicherlich Studenten, Lehrende und andere Mitarbeiter, doch die Grundstücksbesitzer müssten direkt kontaktiert werden, um sie zum Mitmachen zu bewegen. Eine Möglichkeit hierfür wären Telefonanrufe, Briefe oder auch persönliche Gespräche an der Haustür. Letztendlich werden alle Kunden das Internet und die mobile App als Transaktionskanäle nutzen, doch um den Prozess in Gang zu setzen, bedarf es zunächst einer informativen Kontaktaufnahme.

Viele Studenten und Jungunternehmer tappen in die Falle der sozialen Medien. Das Thema Marketing wird ohne weitere Analyse oder Detailinformation mit dem Satz abgetan: „Wir nutzen die sozialen Medien." Jeder, der im Bereich soziale Medien arbeitet oder schon einmal eine Social-Media-Kampagne durchgeführt hat, wird darauf erwidern, dass dies leider so einfach nicht ist. Der *Exkurs 28* zur Herausforderung Social Media liefert Ihnen mehr Informationen zu diesem Thema.

Element 6 der Lean Canvas: Unfairer Vorteil

Das Element des unfairen Vorteils auf der Lean Canvas macht vielen Jungunternehmern Angst. Die Beispiele, die meine Studenten für dieses Phänomen nennen, sind aber häufig unhaltbar oder einfach falsch, wie etwa „tolles App-Design", oder „erstklassiges Marketing". Nach einigen weiteren Fragen und Diskussionen müssen viele Studenten (und auch Unternehmer) zu ihrem eigenen Entsetzen feststellen, dass sie gar keinen unfairen Vorteil klar definieren können.

Das ist völlig normal.

Nachfolgend Mauryas Kommentar zu diesem Element:

„Mir war durchaus bewusst, dass nur sehr wenige Start-ups zu Beginn einen echten unfairen Vorteil haben, was bedeuten würde, dass dieser Bereich einfach leer bliebe ... Dieser Bereich sollte Sie aber nicht entmutigen und davon abbringen, Ihre Vision weiterzuverfolgen. Im Gegenteil – er soll Sie dazu ermutigen, dranzubleiben und immer weiter daran zu arbeiten, Ihren eigenen unfairen Vorteil zu entdecken/auszubauen. Hat ein Start-up einmal ein gewisses Erfolgslevel erreicht, ist es unvermeidbar, dass Konkurrenten und Nachahmer auf denselben Markt drängen. Wenn Sie sich dagegen nicht zur Wehr setzen können, besteht tatsächlich die große Gefahr für Sie, von diesen Fast Followern ausgelöscht zu werden."

Ein „unfairer Vorteil" ist etwas, das Konkurrenten nur schwer kopieren, erreichen oder auf andere Weise übernehmen können. Strukturelle unfaire Vorteile entstehen durch

- einzigartiges und schutzfähiges geistiges Eigentum (wie etwa ein Patent);
- Mitarbeiter, die aufgrund langjähriger Ausbildung und Erfahrung einfach mehr über ein bestimmtes Thema wissen als andere;
- Größenvorteile bei der Produktion oder anderen Prozessen, die dadurch wiederum weitere Vorteile einbringen (z.B. geringere Kosten);
- einzigartige und schutzfähige Beziehungen mit anderen Organisationen, z.B. langfristige Verträge mit wichtigen Zulieferern, Partnern oder Kunden;
- einzigartige und geschützte Informationen (z.B. Betriebsgeheimnisse) wie etwa vertrauliche Informationen über Kundenbedürfnisse.

Interessant ist in diesem Zusammenhang, dass AEB anfangs vielleicht noch keinen strukturellen (und möglicherweise nachhaltigen) unfairen Vorteil hat, diesen aber durchaus aufbauen kann. AEB nutzt eine seltene Ressource: ungenutzte Parkplätze in Einfahrten. Wenn ein Unternehmer, der diese Idee kommerziell nutzt, die Grundstückseigentümer dazu bringen kann, mit ihm langfristige Verträge abzuschließen (z.B. über einen Zeitraum von drei oder fünf Jahren), wäre es damit für jedes andere Unternehmen praktisch unmöglich, auf demselben Markt zu konkurrieren. Diese Art des Vorteils basiert auf einem Lock-in-Effekt der Lieferanten/Kunden. Er ist etwas ungewöhnlich, kann aber durchaus vorkommen.

Eine weitere mögliche Form eines strukturellen Vorteils könnte entstehen, wenn der von AEB initiierte Onlinemarkt zu einem allgemein akzeptierten Standard für jeden beliebigen anderen Campus wird. Das könnte geschehen, wenn es AEB gelänge, mit der Universität ein formelles (oder informelles) Abkommen zu schließen, die Onlineplattform offiziell zu bewerben oder anderweitig zu legitimieren. Diese Form der Standardisierung vollzieht sich auf den unterschiedlichsten Märkten. Da eBay beispielsweise in den USA, Großbritannien und auch in anderen Ländern ohnehin über eine dominante Marktposition verfügt, ergibt sich daraus automatisch ein struktureller Vorteil, der diese Position wiederum verstärkt. Jeder Käufer möchte die Plattform mit den meisten Verkäufern und Angeboten nutzen und jeder Verkäufer möchte seine Produkte auf der Plattform mit den meisten Käufern anbieten. Es ist sehr schwer, gegen Organisationen anzukommen, die einen tatsächlichen Marktstandard geschaffen haben, denn es ist für jeden Kunden explizit mit Kosten verbunden, sich gegen diesen Standard zu entscheiden.

Sie haben nun die Lean Canvas genutzt, um die Ressourcen- und Transaktionsdimension Ihrer Geschäftschance genau unter die Lupe zu nehmen und zu prüfen. Jetzt ist es Zeit, sich der Wertedimension zu widmen. Diese besteht aus drei Elementen: dem Alleinstellungsmerkmal oder einzigartigen Leistungsversprechen, der Kostenstruktur und den Einnahmequellen. Auf der online verfügbaren AEB-Leinwand sind diese Bereiche mit gelben Notizen versehen. Sobald Sie diese drei Bereiche ausgefüllt haben, können wir uns der Überprüfung Ihrer Annahmen zuwenden. Schließlich sind Sie bereit, um erfolgreiche Geschäftsmodelle für Start-up-Unternehmen kreieren zu können.

Element 7 der Lean Canvas: Alleinstellungsmerkmal

Das Herzstück der Lean Canvas ist das Alleinstellungsmerkmal bzw. die Unique Value Proposition (UVP). Ash Maurya beschreibt dieses Element so: „Eine einzige, klare und überzeugende Botschaft, die deutlich macht, warum Sie anders sind als alle anderen und die Aufmerksamkeit potenzieller Kunden verdienen."

Jetzt fragen Sie sich vielleicht, warum die dafür vorgesehene Fläche auf der Canvas so groß ist, wo Maurya doch ganz klar formuliert hat, dass die Botschaft einfach und knapp sein soll. Und warum hat Adam auf seiner Leinwand hier ganze fünf Botschaften untergebracht? Das sind ausgezeichnete Fragen!

Letztendlich besteht das Ziel jeder Lean Canvas darin, ein einziges, überzeugendes Werteversprechen zu formulieren, für das die Kunden bezahlen werden. Ein Hauptzweck der Lean Canvas und der Denkweise des Lean Start-up ist generell, Hypothesen aufzustellen, und Annahmen aufzudecken. Wenn Ihr Start-up noch ganz am Anfang steht, sodass es sinnvoll ist, eine Lean-Canvas-Analyse durchzuführen, sind Sie sich wahrscheinlich noch nicht ganz sicher, wie genau Ihr Alleinstellungsmerkmal aussehen wird. Ihr nächstes, kurzfristiges Ziel ist es jetzt, Experimente durchzuführen, die Ihnen helfen können, ein überlebensfähiges Minimalprodukt zu entwickeln und zu testen.

Soweit wir wissen, wurde die Geschäftsidee von AEB bisher noch nicht praktisch umgesetzt. Adam hat es bereits den zuständigen Mitarbeitern an verschiedenen Universitäten vorgelegt. Wir können aber mit Sicherheit sagen, dass bisher nicht klar ist, ob die Idee tatsächlich funktionieren würde oder welche Größenordnung nötig wäre, damit das Geschäft kostendeckend läuft. Adam hat sein System zwar an einer kleinen Gruppe Studenten, Fakultätsmitgliedern und sogar Grundstückseigentümern getestet, doch die Ergebnisse waren nicht eindeutig. Das Konzept als solches ist für die Betroffenen (besonders für Studenten) durchaus sinnvoll, doch viele Grundstücksbesitzer tun sich schwer mit dem Gedanken, Studenten oder andere ihnen fremde Personen in ihrer Einfahrt parken zu lassen. Zwei weitere bisher unbekannte Faktoren sind die gesetzliche Haftungssituation und die Versicherungskosten.

Wir haben fünf mögliche „Unique Value Propositions" in der AEB-Canvas stehen gelassen, denn das Projekt befindet sich noch ganz am Anfang. Sie alle erscheinen uns möglich, zudem sind einige miteinander verbunden. Das Geschäftsmodell wurde noch nicht über diese Startphase hinaus weiterentwickelt – entscheidende Daten fehlen noch und wichtige Annahmen wurden bisher noch nicht überprüft. Wir vermuten, dass einige dieser möglichen UVPs sich letztendlich zu entscheidenden Bestandteilen des langfristig tragfähigen Minimalprodukts entwickeln werden.

Die Customer Journey Map, die Sie bereits gestaltet haben, ist einer der besten Ausgangspunkte, um über Ihr Alleinstellungsmerkmal nachzudenken. Welche Bedürfnisse und/oder Probleme bringen Ihre Kunden mit in die Transaktion? Unter welchen Bedingungen werden sie sich für einen Kauf Ihres Produkts entscheiden, anstatt darauf zu verzichten, bei einem ihnen vertrauten Produkt zu bleiben oder sich für einen Konkurrenten oder ein Substitut zu entscheiden?

Manchmal erscheinen UVPs so offensichtlich, dass Unternehmer sich nicht die Mühe machen, diese zu überprüfen. Das ist schade, denn eine solche Prüfung kann ganz einfach sein und auch schnell gehen. Lesen Sie mehr zum Thema „Unfairer Vorteil" im *Exkurs 29*.

Element 8 der Lean Canvas: Kostenstruktur

Keine Werteanalyse ist vollständig, wenn man sich nicht mit den Kosten auseinandergesetzt hat. Je nachdem, wie weit Ihre Geschäftsmodellanalyse fortgeschritten ist, kann es sein, dass Sie erst wenige oder sogar noch gar keine konkreten Informationen über die anfallenden Kosten haben. Das heißt aber nur, dass jetzt der richtige Zeitpunkt ist, um mit dem Datensammeln anzufangen.

Um die Diskussion zu vereinfachen, werden bei AEB lediglich die Markteinführungskosten aufgeführt. Eine vollständige Analyse sollte aber auch Schätzungen bezüglich der laufenden operativen Kosten enthalten. Es ist immer wichtig, bei Ihren geschäftlichen Aktivitäten und Bestrebungen Prioritäten zu setzen. Mehr Informationen über die Priorität Kostenrecherche finden Sie im *Exkurs 30* auf unserer Website.

Zu Beginn des AEB-Projekts fallen sicher einige Kosten für die Recherche an: Geeignete Grundstücke und freie Flächen in einem bestimmten Gebiet müssen identifiziert und geprüft werden. Dazu muss sich tatsächlich jemand die Mühe machen, all diese Grundstücke persönlich in Augenschein zu nehmen, um diejenigen zu identifizieren, die die Möglichkeit einer zu vermietenden Fläche bieten, damit die Eigentümer kontaktiert werden können. All diese Kontakte (vielleicht 50 oder mehr) müssen dann hergestellt werden, wobei die Eigentümer von der neuen Idee überzeugt werden müssen.

Der nächste entscheidende Kostenfaktor ist die Entwicklung der Onlineplattform zur Vermarktung der Parkplätze. Im Internet gibt es Programme, die dabei unterstützen können, eine grobe Schätzung bezüglich der Kosten für die Einrichtung von Internetplattformen und Smartphone-Apps vorzunehmen. Sie als Unternehmer sollten diese Programme jedoch immer mit großer Vorsicht einsetzen, denn unserer Erfahrung nach fallen die dort ermittelten Schätzwerte immer um ein Vielfaches zu niedrig – oder manchmal auch zu hoch – aus. Einem Kostenschätzungsprogramm zufolge liegen die Startkosten für Projekt Alpha z.B. bei 50.000 Euro – in der Realität aber könnten sie lediglich 10.000 Euro betragen oder aber bis auf 250.000 Euro ansteigen. Stichhaltigere Daten kämen von einer Schätzung eines tatsächlichen App-Entwicklers. Alternativ lohnt es sich zu überlegen, einen solchen App-Entwickler einfach unter Vertrag zu nehmen.

Es ist unmöglich, alle Kostenarten bis ins Detail zu planen und einzuschätzen. Manche Kosten liegen auf der Hand, andere wiederum müssen gründlich recherchiert, mit Bedacht geschätzt oder aber einfach intuitiv festgelegt werden. Nehmen Sie einfach Ihre Kostenschätzung mithilfe der aussagekräftigsten Informationen vor, die sie haben. Und wenn Sie noch keine Informationen haben, machen Sie sich jetzt an die Arbeit! Recherchieren Sie im Internet, rufen Sie Geschäftspartner an und erstellen Sie ein quantitatives Modell, um einige dieser grundlegenden Faktoren berücksichtigen zu können. Tun Sie Ihr Möglichstes, um Ihre Kostenstruktur so genau wie möglich zu umreißen. Schließlich basiert auf dieser Kostenschätzung die Rentabilitätsanalyse Ihres gesamten Modells. Und in den meisten Fällen ist eine vernünftige und fundierte Schätzung alles, was Sie brauchen.

Element 9 der Lean Canvas: Einkommensquellen

Das Lieblingselement jedes Unternehmers sind die Einkommensquellen. Schließlich ist das ja für sie der spannendste Bereich.

Wenn wir uns in *Kapitel 11* Osterwalders Business Model Canvas (OBMC) zuwenden, werden wir sorgfältig zwischen verschiedenen Einkommensarten und Preismechanismen unterscheiden. Zum jetzigen Zeitpunkt möchten wir nur sicherstellen, dass Sie eine ausreichende Anzahl verschiedener Einkommensquellen methodisch durchdacht haben, die alle eine enge Verbindung zu den Bedürfnissen Ihrer Kunden und Ihrem Leistungsversprechen haben sollten.

Um zu verstehen, warum das Thema Einkommensquellen nicht immer so einfach nachzuvollziehen ist, wie wir es gerne hätten, lesen Sie bitte den *Exkurs 31* auf der Website zum Buch.

Kommen wir wieder zurück zu unserem AEB-Beispiel. Niemand möchte ein kleines Stück Land auf dem Campusgelände kaufen, das die Form eines Autos hat. Zutreffend ist, dass die potenziellen Kunden von AEB ihr Auto irgendwo in der Nähe des Campus abstellen können. Sind wir uns über diese Unterscheidung erst einmal im Klaren, können wir eine ganze Reihe alternativer Lösungsmöglichkeiten in Betracht ziehen, die auch neue Einkommensquellen erschließen können. AEB konzentriert sich darauf, einen Onlinemarkt für Parkmöglichkeiten auf Privatgrundstücken in der Nähe des Campus zu kreieren. Die offensichtlichste Einnahmequelle wäre, für jede Transaktion auf diesem Onlinemarkt eine Gebühr zu verlangen. Bringt das aber genügend Geld ein? Könnten wir uns nicht etwas Originelleres einfallen lassen? Im *Exkurs 32* über die Einkommensquellen von AEB können Sie mehr Interessantes dazu lesen.

Wir hoffen, Ihnen damit einige Anregungen bezüglich Ihrer eigenen Möglichkeiten geben zu können. Viele Unternehmer konzentrieren sich nur auf die erste Einnahmequelle, die sie erkennen, und machen sich nicht die Mühe, nach Alternativen zu suchen. Wenn das auch auf Sie zutrifft, empfehlen wir Ihnen dringend, noch einmal über neue Ideen nachzudenken. Höchstwahrscheinlich wird sich an Ihrer alten Einnahmequelle nichts ändern, doch vielleicht gewinnen Sie dadurch neue Erkenntnisse über Ihre Kunden oder auch über neue Möglichkeiten, Einnahmen zu generieren.

Annahmen prüfen

Nun sind Sie fast am Ende dieses Kapitels angelangt und sollten über die entscheidenden Informationen verfügen, um Ihre eigene Lean Canvas zu erstellen. Wenn Sie dazu das Tool Canvanizer zu Hilfe genommen haben, haben Sie diese Aufgabe vielleicht schon abgeschlossen!

Bevor wir uns der OBMC für etablierte und im Wachstum befindliche Unternehmen zuwenden, möchten wir noch einmal ausdrücklich auf einen der größten Vorteile der Lean Canvas und des Lean-Start-up-Konzepts hinweisen. In dieser frühen Phase sollte ein Unternehmer sein Hauptaugenmerk darauf legen, Annahmen aufzudecken und zu prüfen. Die sinnvollste Möglichkeit dazu besteht darin, schnelle, preisgünstige Experimente durchzuführen, die ein überlebensfähiges Minimalprodukt ergeben sollen: ein Produkt also, das an tatsächliche Kunden verkauft werden kann, um so die ursprüngliche Geschäftschance zu nutzen.

Für unser Beispiel AEB könnte dieses überlebensfähige Minimalprodukt lediglich aus folgenden Teilen bestehen: einem Mitarbeiter aus der Studentenschaft, einer Tabellenkalkulation, einer Versicherungsvereinbarung mit der Universität und einem Basisvertrag mit dem Grundstückseigentümer sowie mit der Person, die einen Parkplatz benötigt. Vielleicht geht es aber zunächst auch nur um eine Befragung aller Anwohner in Universitätsnähe, um herauszufinden, ob einige von ihnen mehr zum Thema erfahren möchten.

Die Lean Canvas ist ein praktisches Werkzeug, das Ihnen dabei helfen kann, Ihre Gedanken, Ideen, Annahmen und Informationen über Ihre Geschäftsidee zu ordnen. Sie ist ein ausgezeichnetes Konzept, um zu überprüfen, was Sie über Ihre Geschäftsidee bereits wissen oder glauben zu wissen. Geschickt eingesetzt bietet sie Ihnen eine transparente und effektive Business Model Map, um die kurzfristige und langfristige Überlebensfähigkeit Ihres neuen Unternehmensprojekts auszuloten und zu testen.

Fazit

- Die Lean Canvas ist ein ausgezeichnetes Hilfsmittel, um das Geschäftsmodell eines völlig neuen oder noch sehr jungen Unternehmensprojekts auszuloten.
- Die Lean Canvas bietet eine Basis, um Hypothesen bezüglich des Geschäftsmodells mithilfe von Experimenten und einer Datensammlung zu testen.
- Das Internet-Tool Canvanizer ermöglicht es, die wichtigsten Annahmen bezüglich der Geschäftschance zu visualisieren.

11

Die Business Model Canvas für Wachstum

„Geld kann zweifellos eine Vielzahl von Problemen lösen – oft überdeckt es aber die wahren Mängel eines Geschäftsmodells. Zudem kann sich durch seinen Einfluss das Geschäftsmodell eines Unternehmens genau in dem Moment zu sehr verfestigen und etablieren, wenn es eigentlich noch in der ‚Kundenentdeckungsphase' stecken sollte oder neue Marktchancen ausgelotet werden sollten."

Maelle Gavet

Unser Fokus in *Kapitel 11* liegt auf dem Konzept, welches das Geschäftsmodell in den Vordergrund rückt. Alexander Osterwalder stellte in seinem Buch „Business Model Generation" das Instrument der Business Model Canvas vor. Osterwalders Business Model Canvas (OBMC), dargestellt in *Abbildung 11.1*, basiert auf einem praxisorientierten Ansatz, um ein Geschäftsmodell zu gestalten. Sie zeigt, wie Unternehmer ihr Geschäftsmodell als Entwicklungs- und Planungshilfe für ihre Organisation nutzen. Bei Strategyzer kann die gesamte OBMC online heruntergeladen werden.

Die OBMC wird auch in Universitätskursen zum Thema Unternehmertum regelmäßig verwendet. Sie ist Ausgangsmaterial und Grundlage für viele Jungunternehmerwettbewerbe, Accelerator- und Inkubatorprogramme für Start-ups. Viele Unternehmer und Kapitalgeber bezeichnen sie als wichtigsten Bestandteil des unternehmerischen Entwicklungs- und Planungsprozesses.

Während sich die Lean Canvas vor allem darauf konzentriert, ein Problem und mögliche Lösungen und Geschäftschancen zu identifizieren, liegt der Fokus der OBMC auf dem Geschäftsprojekt selbst.

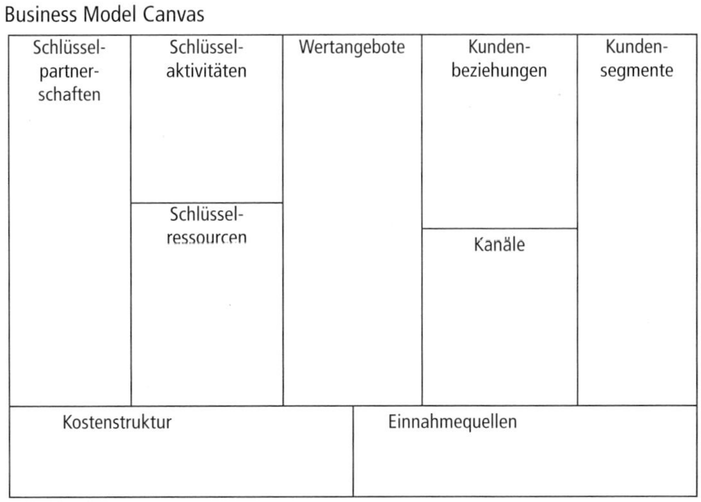

Abbildung 11.1: Osterwalders Business Model Canvas

Quelle: adaptiert von *https://strategyzer.com/canvas/business-model-canvas*. Diese Arbeit ist lizenziert unter Creative Commons Attribution-Share Alike 3.0. Unportierte Lizenz

Die OBMC hilft Ihnen als Unternehmer dabei, operative und wachstumsbezogene Themen in Ihrem Geschäftsmodell anzugehen. Sie bietet ein flexibles System, um über Anpassungen und Innovationen Ihres Modells nachzudenken.

Die OBMC

In *Kapitel 10* haben wir uns sehr detailliert mit der Lean Canvas beschäftigt. Deshalb werden wir uns bei der OBMC etwas kürzer fassen und uns vor allem auf die Elemente konzentrieren, die von der Lean Canvas abweichen. Wenn Ihnen einige Details zur OBMC fehlen, blättern Sie noch einmal zurück zu *Kapitel 10*.

Die OBMC besteht aus neun Elementen. Fünf davon tauchen auch in der Lean Canvas auf: Kostenstruktur, Einnahmequellen, Alleinstellungsmerkmal bzw. UVP (hier bezeichnet als Wertangebot), Kanäle und Kundensegmente. Vier weitere Elemente kommen in der OBMC neu hinzu: Schlüsselpartner, Schlüsselaktivitäten, Schlüsselressourcen und Kundenbeziehungen.

Osterwalders Unternehmensberatung Strategyzer erstellte ein sehr aufschlussreiches, informatives zweiminütiges Einführungsvideo zum Thema Business Model Canvas. Auch der erste Teil von Osterwalders Buch, „Business Model Generation“ (72 Seiten), liegt online zum (legalen) Download bereit.

Wir werden auch diese Canvas mithilfe eines realen Beispiels genauer betrachten. Adam Bock unterstützte die Firma MRail vor und während der Startphase. Er arbeitete mit den Unternehmensgründern daran, ein Geschäftsmodell für ihr Projekt zu entwickeln. Ein entscheidender Schritt war dabei der Übergang von einem Modell, das auf dem Verkauf eines Produkts basierte, hin zu einem Modell, bei dem Informationsdienstleistungen im Mittelpunkt standen. Dieser Entwicklungsprozess dauerte etwa drei Monate und beinhaltete sowohl eine Primär- als auch eine Sekundärrecherche zu Kunden, Märkten, Betriebsabläufen und Finanzierung. In diesem Kapitel wurden sowohl der Prozess als auch die Ergebnisse drastisch vereinfacht. Letztendlich konnte MRail seine Technologie an das Unternehmen Harsco verkaufen, das das System im Rahmen seiner Technologie Protran vermarktet.

Zur Veranschaulichung haben wir sowohl für das ursprüngliche produktbasierte Geschäftsmodell als auch für das Modell mit Fokus auf einer Informationsdienstleistung eine Canvas erstellt. Links zu den Online-Canvases (OBMC) für MRail finden Sie auf der Website zum Buch unter dem Menüpunkt „Canvas-Beispiele" bei den Ressourcen. Wir möchten Ihnen empfehlen, sich diese Informationen jetzt einmal anzusehen, da wir im Folgenden immer wieder darauf Bezug nehmen werden.

Die Elemente der OBMC lassen sich nahtlos in die uns bereits bekannten Dimensionen Ressourcen, Transaktionen und Werte einfügen. Wir werden nun jedes dieser Elemente untersuchen und dabei einige zentrale Fragen stellen und die wichtigsten Themen ansprechen. Die vollständige, originale Version der OBMC birgt in sich bereits sehr nützliche Fragen.

AUFGABEN **Arbeitsblatt 11.1: Nützliche Fragen in der Business Model Canvas**

Laden Sie das *Arbeitsblatt 11.1* von unserer Website herunter und denken Sie über diese wichtigen Fragen mit Blick auf Ihr eigenes Geschäftsmodell nach.

Dimension Ressourcen: Schlüsselpartnerschaften, Schlüsselressourcen und Schlüsselaktivitäten

In der OBMC besteht eine ganz klare Verbindung der Ressourcendimension zu den Partnern, Ressourcen und Kosten der Organisation. Schlüsselpartnerschaften und -ressourcen finden sich in der Lean Canvas nicht: Sie ersetzen die Elemente „Problem" und „Lösung". Denn in der Lean Canvas haben wir uns vor allem darauf konzentriert, zu verstehen, mit welcher Art von grundlegender unternehmerischer Chance wir es zu tun haben. Der Fokus der OBMC liegt dagegen darauf, wie das Geschäftsmodell die Aktivitäten und Fähigkeiten der Organisation optimal miteinander verbinden kann.

Element 1 der OBMC: Schlüsselpartnerschaften

Die OBMC betont die entscheidende Bedeutung von Partnerorganisationen. Wer sind sie und warum sind sie wichtig? Wie sind sie mit den wichtigen Ressourcen und Aktivitäten der Organisation verbunden?

Viele kleine und aufstrebende Unternehmen suchen sich ihre Partner nach rein opportunistischen Kriterien aus. MRail ist dafür das beste Beispiel. Der Erfinder der MRail-Technologie, Professor Shane Farritor von der University of Nebraska-Lincoln, erhielt die Möglichkeit, mit einer der größten Eisenbahngesellschaften der USA zusammenzuarbeiten, Union Pacific (UP), deren Hauptsitz im nahegelegenen Omaha liegt. UP stellte Farritor einen gebrauchten Waggon zur Verfügung, bei dem er sein erstes Schienenmesssystem installieren konnte. Auch unterstützte ihn das große Unternehmen in logistischer Hinsicht, indem es den Waggon an einen Kohlenzug anhängte, damit Farritor auf den Hauptschienenstrecken überall in den USA Daten sammeln konnte. In einem tragfähigen Geschäftsmodell hätte UP allerdings ein zahlender Kunde sein müssen und kein Partnerunternehmen. Denn tatsächlich stellte UP Farritor auf Kulanzbasis kostenlose Ressourcen zur Verfügung.

Dieses Arrangement bot Farritor eine ausgezeichnete Möglichkeit, seine Idee in der Praxis zu testen und Daten von realen Schienennetzen zu sammeln, doch ein Partner unterscheidet sich doch sehr stark von einem Kunden. Wenn die Partnerschaft zu eng ist, kann dies für den Verkauf des neuen Produkts oder der neuen Dienstleistung an andere Kunden hinderlich sein. Die Eisenbahnbranche ist von einer sehr komplexen Dynamik geprägt. Häufig teilen sich Konkurrenten entscheidende Ressourcen wie etwa das Schienennetz und koordinieren ihre Aktivitäten, z.B. Abfahrtszeiten, miteinander, um Katastrophen wie Zusammenstöße und Entgleisungen auszuschließen. Und dennoch sind sie immer noch Konkurrenten. Es ist unklar, ob es MRail mit einem so starken Partner wie UP noch möglich wäre, seine Dienstleistungen an andere Eisenbahngesellschaften zu verkaufen.

Wer aber wären die richtigen Partner für MRail? Der ursprüngliche Plan des Unternehmens, also der Verkauf kompletter Waggons, die mit dem System zur Messung von Gleissenkungen ausgestattet waren, sah keine klar definierten Partner vor. MRail war in allen seinen Aktivitäten auf sich allein gestellt. Ein Geschäftsmodell allerdings, das auf das Management und den Verkauf von Daten setzen würde, böte Raum für zahlreiche mögliche Partner. Einige Beispiele wären ein Produktionsunternehmen, das das Messsystem als kompakten Bausatz für jegliche Art von Waggon herstellen könnte, ein Wartungsunternehmen für Waggons, das Reparaturen durchführt und auch Leasing anbietet, Unternehmen zur Schienenüberwachung und anderer Dienstleistungen sowie möglicherweise auch große Logistik- und Ausstattungsunternehmen, die bereits in der Branche etabliert sind, z.B. ABB oder Siemens.

Solche Partnerschaften sind auch deshalb attraktiv, weil sich durch sie die Möglichkeit bietet, die Branche eventuell wieder zu verlassen. Am ehesten kommt als Käufer für eine solche Technologie ein großes Unternehmen infrage, das sich bereits in der Branche etabliert hat, nicht unbedingt eine Eisenbahngesellschaft.

Element 2 der OBMC: Schlüsselressourcen

Osterwalder erkannte, wie wichtig es ist, den Wettbewerbsvorteil eines Unternehmens aus der ressourcenbasierten Perspektive zu sehen. Er wusste, dass ein Geschäftsmodell nur so gut sein konnte wie die Ressourcen, die es nutzte, um Mehrwert zu schaffen. Manche Ressourcen stehen Unternehmern bereits zur Verfügung, andere können sie relativ leicht erlangen. Einige Ressourcen dagegen sind sehr kostspielig oder aber nur begrenzt vorhanden und stellen dadurch eine Herausforderung dar.

Die Fragen zu diesem Element sind bei der OBMC relativ einfach. Welche Schlüsselressourcen nutzen Sie bereits? Welche Ressourcen würden den Mehrwert, den Sie für Ihre Kunden schaffen, noch steigern? Ebenso wie bei den Partnern besteht der echte Wert dieses Elements darin, zu erkennen, wie es sich mit den anderen Elementen verbindet.

Kommen wir zurück zur OBMC von MRail. Welche Unterschiede gibt es bei den Schlüsselressourcen zwischen dem ursprünglichen und dem überarbeiteten Geschäftsmodell von MRail? Die offensichtlichste Veränderung betrifft die Verschiebung von physischer Ausrüstung hin zu Informationssystemen. Mit dieser Veränderung entsteht auch der Bedarf für spezifisches Datenmanagement und analytische Fähigkeiten. Die Beziehung zu den Eisenbahngesellschaften wird zu einer Kundenbeziehung. Nicht mehr das Eisenbahnmaterial, z.B. die Waggons, sind die entscheidende Ressource, sondern die technische Leistung ist es, um die neue Technologie in ein kleines Produkt zu verwandeln, das an jedem Waggon installiert werden kann. Verfügte MRail über die richtigen Ressourcen? Lesen Sie den *Exkurs 33* zum Thema MRail auf der Website zum Buch, um mehr darüber zu erfahren.

Jetzt ist ein guter Zeitpunkt, um mithilfe von Canvanizer Ihre erste OBMC zu kreieren. Diese Website haben wir auch bereits für die Gestaltung von Lean Canvases herangezogen. Sie ist ganz einfach zu nutzen und kostenlos. Und Sie werden von der Lektüre dieses Kapitels noch stärker profitieren, wenn Sie jetzt mit der Gestaltung Ihrer eigenen OBMC beginnen. Darüber zu lesen, ist zwar sinnvoll – viel wirkungsvoller ist es aber, selbst aktiv zu werden. Denken Sie sich eine mögliche neue Geschäftsidee aus oder nehmen Sie sich Ihr eigenes Unternehmen vor. Wenn Sie nicht wissen, womit Sie beginnen sollen, nehmen Sie sich zunächst Ihre Schlüsselressourcen vor.

Element 3 der OBMC: Schlüsselaktivitäten

Das Modellelement der Schlüsselaktivitäten wird von Unternehmern allzu oft unterschätzt. Manchmal werden „Aktivitäten" in der Organisationsanalyse auch fälschlicherweise mit Fähigkeiten oder sogar Transaktionen verwechselt. Wenn wir im Rahmen der Geschäftsmodellanalyse von Aktivitäten sprechen, konzentrieren wir uns vor allem auf diejenigen Aktivitäten, die Mehrwert generieren und für die Kundenbeziehungen und das Management der Kundenkanäle wichtig sind. Die Herausforderung besteht darin, zu erkennen, welche Aktivitäten dafür entscheidend sind. Auf welche Aktivitäten kommt es an?

Aktivitäten, die dafür sorgen, dass ein Geschäftsmodell dauerhaft überlebensfähig ist, müssen bewertbar, entscheidend und zeitnah sein.

Bewertbare Aktivitäten können beobachtet, beurteilt und verbessert werden. Manche Unternehmer glauben, sie könnten ihre Aktivitäten an Fähigkeiten ausrichten, die zwar Mehrwert schaffen, aber nicht artikuliert werden können. Damit verwechseln sie „implizite" Fähigkeiten mit „mehrdeutigen" Fähigkeiten. Eine implizite Fähigkeit, wie etwa das Fahrradfahren, lernt man eher durch Erfahrung und Übung als durch explizite Anleitungen. Eine mehrdeutige Aktivität dagegen klingt oberflächlich betrachtet gut, geht man aber in die Tiefe, merkt man schnell, dass wenig Substanz dahintersteckt. Ein Beispiel wäre die Aussage: „Wir nutzen erstklassige Verschlüsselungskenntnisse, um Apps zu kreieren, die die Menschen lieben." Mehr Interessantes über den Unterschied zwischen impliziten und mehrdeutigen Aktivitäten im Zusam menhang mit den Schlüsselaktivitäten einer Organisation erfahren Sie im *Exkurs 34* auf unserer Website.

Mithilfe einer Customer Journey Map (siehe *Kapitel 10*) können Sie ermitteln, ob Ihre Schlüsselaktivitäten entscheidend und zeitnah sind. Wenn Sie *Kapitel 10* bisher nicht gelesen haben, lohnt es sich jetzt, sich zumindest mit diesem sehr nützlichen Konzept vertraut zu machen. Gleichgültig wie Ihre Customer Journey Map aussieht – Sie können sie in jedem Fall nutzen, um auch Ihre Aktivitäten Ihres Geschäftsmodells bildlich darzustellen und zu organisieren. Für jeden wichtigen Knotenpunkt oder Meilenstein und für jedes wichtige Ereignis auf Ihrer Customer Journey Map sollte es eine entsprechende entscheidende Geschäftsmodellaktivität geben. Natürlich kann es dabei zu Überschneidungen kommen: Manche Aktivitäten sind vielleicht für mehrere Abschnitte der Kundenreise entscheidend oder ein wichtiges Ereignis auf der Reise ist mit mehreren verschiedenen Aktivitäten des Geschäftsmodells verbunden. Es muss keineswegs immer eine eindeutige Eins-zu-eins-Beziehung sein. Wenn Sie allerdings einem Ereignis auf Ihrer Customer Journey Map gar keine Aktivität zuordnen können, liegt dieses Ereignis offensichtlich außerhalb Ihres Kontrollbereichs. Und das ist in der Regel kein gutes Ergebnis!

AUFGABEN **Arbeitsblatt 11.2: Grafische Darstellung Ihrer Aktivitäten**

Anhand der Customer Journey Map auf diesem Arbeitsblatt können Sie Ihre entscheidenden Aktivitäten grafisch darstellen.

Und schließlich müssen Ihre wichtigen Aktivitäten auch zeitnah stattfinden. Dieser Punkt erscheint Ihnen vielleicht offensichtlich, besonders wenn Sie bereits Erfahrungen im Bereich Logistik und operative Abläufe gesammelt haben. Für Jungunternehmer oder Manager von Unternehmen, die sich in der Wachstumsphase befinden, ist es jedoch eine Herausforderung, zu erkennen, dass das Timing ebenso wichtig ist wie die Zielsetzung. Werden die Aktivitäten dann angestoßen und abgeschlossen, wenn sie gebraucht werden? Laufen sie in der Organisation gleichmäßig und dauerhaft ab oder werden sie von bestimmten Ereignissen ausgelöst? Wenn Ihre Schlüsselaktivitäten so mehrdeutig sind, dass es sehr zeitaufwendig, teuer oder sogar unmöglich ist, sie zu messen und zu bewerten, dann ist das problematisch.

Wenden wir uns nun wieder MRail zu. In der ursprünglichen, produktbasierten OBMC bestand die Schlüsselaktivität darin, Eisenbahnwaggons zu kaufen und sie mit dem Gleismesssystem auszurüsten. Die Arbeit mit 20.000 Kilogramm schweren Waggons, die sich nur auf bereits existierenden Gleisen fortbewegen können, ist ein logistischer Albtraum. Die Bewertbarkeit ist offensichtlich gegeben (Kosten, Verfügbarkeit, Standort), doch der zeitnahe Ablauf stellt das Unternehmen vor jede Menge Probleme. Allein schon die Aufgabe, den Waggon zum richtigen Zeitpunkt an den richtigen Standort zu bringen, erfordert den Zugang zu einer 200.000 Kilogramm schweren Lokomotive, die – einfach ausgedrückt – gerade woanders gebraucht wird.

In der OBMC, die auf Informationsdienstleistungen basiert, dagegen, sind die wichtigsten Vermögenswerte des Unternehmens die Daten und analytischen Auswertungen über den Zustand der Gleise. Beim Aspekt der zeitnahen Bereitstellung der Dienstleistung geht es jetzt nicht mehr um den Zugang zum Waggon selbst. Vielmehr ist es wichtig, die Datenbank effizient zu pflegen und immer auf dem neuesten Stand zu halten, um den Bahnunternehmen Informationen und Empfehlungen fast in Echtzeit bieten zu können. Die Aktivitäten sind nach wie vor bewertbar: Wichtige Kennzahlen sind die Durchschnittszeit zwischen den Messungen an einem bestimmten Gleispunkt, die durchschnittliche Systemverfügbarkeit und die Datensicherheit allgemein.

Wenn Sie bereits eine Lean Canvas erstellt haben, sollten Sie schon über einige (oder sogar alle) wichtige Kennzahlen Ihres Geschäftsmodells verfügen; diese können Sie jetzt in die Rubrik Schlüsselaktivitäten der OBMC integrieren. Weitere Informationen zum Thema zeitnahe Aktivitäten finden Sie im *Exkurs 35*.

Bevor wir uns der Dimension der Transaktionen zuwenden, sollten Sie sich noch einmal die Dimension der Ressourcen durch den Kopf gehen lassen. Die größten Unterschiede zwischen der OBMC und der Lean Canvas finden sich genau in diesem Bereich. Wenn Sie bisher noch keine Lean Canvas erstellt haben, sollten Sie sich zumindest mit den Bereichen „Problem“, „Lösung“ und „Kennzahlen“ befassen. Auch wenn diese nicht explizit Teil der OBMC sind, können sie sehr hilfreich sein, wenn Sie verstehen möchten, wie Ihre Ressourcen innerhalb Ihres Geschäftsmodells funktionieren.

Dimension Transaktion: Kundensegmente, Kanäle und Kundenbeziehungen

Osterwalder empfiehlt, die Gestaltung der OBMC mit den Kundensegmenten und den Kundenbeziehungen zu beginnen. Denn wer die OBMC nutzt, sollte sein Hauptaugenmerk darauf richten, die richtige Innovation den richtigen Kunden zu präsentieren. Wer ausloten möchte, ob eine Innovation für sich genommen überhaupt dauerhaft überlebensfähig ist, für den ist die OBMC nicht das richtige Instrument.

Die Bereiche Kundensegmente und Kanäle der OBMC entsprechen denen der Lean Canvas. Daher werden wir nicht noch einmal auf die theoretische Herangehensweise an diese Themen eingehen, sondern uns gleich der praktischen Umsetzung bei MRail zuwenden.

Element 4 der OBMC: Kundensegmente

Es ist wichtig, sich hier noch mal ins Gedächtnis zu rufen, dass Kundensegmente nichts anderes als Kundengruppen sind, die dieselben Bedürfnisse oder Präferenzen haben. Auf der OBMC können wir diese Analyse in zwei Schritten noch vertiefen. Zunächst möchten wir aufzeigen, wie entscheidend die Herausforderung ist, „die Kluft zu überwinden“. Außerdem möchten wir potenzielle Kundensegmente gemäß ihrer Größe und Art genauer beschreiben.

Die wichtigste Lektion aus dem Problem, die „Kluft zu überwinden“, ist, dass sich Unternehmer häufig vom Verhalten einer kleinen Kundengruppe ihres Zielmarkts in die Irre führen lassen. Diese Kunden sind begeistert von der angebotenen Innovation. Die Gruppe der „Technologie-Enthusiasten“ sucht aktiv nach immer neuen Innovationen und nimmt auch noch nicht ausgereifte Technologien in Kauf, um immer auf dem neuesten Stand zu sein. Verglichen mit dem gesamten Markt ist diese Gruppe allerdings nur sehr klein. Unternehmer deuten diese begeisterte Akzeptanz häufig falsch und sehen darin den Beweis dafür, dass ihre Innovation schon für den Markt bereit ist. Tatsächlich aber wird die große Mehrheit der potenziellen Kunden die Innovation erst dann annehmen und kaufen, wenn sie sich als wirtschaftlich vorteilhaft erwiesen hat und es bereits viele positive Erfahrungsberichte gibt.

Mehr über diese entscheidende Herausforderung lesen Sie im *Exkurs 36* auf der Website zum Buch. Die Geschichte über ein Start-up-Unternehmen, das diese Herausforderung nicht meistern konnte, erfahren Sie im *Exkurs 37*.

Mithilfe der OBMC können Sie aber nicht nur analysieren, wann Ihre potenziellen Kunden Ihre Innovation akzeptieren werden, Sie können auch Prioritäten bei Kunden und Kundensegmenten setzen, die auf der Größe der Segmente basieren: Welche Segmente sind am größten und welche wachsen am schnellsten? Vielleicht entscheiden Sie sich auch dagegen, das größte oder das am schnellsten wachsende Kundensegment zu bedienen – doch diese Entscheidung sollte bewusst und nicht zufällig getroffen werden.

AUFGABEN **Arbeitsblatt 11.3: Innovationsakzeptanz**

Laden Sie sich das *Arbeitsblatt 11.3* herunter. Hier können Sie Ihre Informationen über potenzielle Kunden mit der Adoptionskurve bei Innovationen vergleichen.

Auf der OBMC von MRail sind die Kundensegmente relativ schnell definiert. MRail könnte direkt an Eisenbahngesellschaften verkaufen oder an Schienenwartungsunternehmen. In den USA und Großbritannien kann man Bahngesellschaften anhand dessen segmentieren, was sie transportieren (Passagiere oder Frachtgüter) oder anhand der geografischen Reichweite (national, regional, lokal). Auch Wartungsfirmen können nach ähnlichen Kriterien eingeteilt werden. Allerdings ist nicht sofort eindeutig festzulegen, welche Kundensegmente für MRail am attraktivsten sein werden. Gibt es bei der Kundensegmentierung einen Unterschied zwischen dem Produktmodell und dem Informationsdienstleistungsmodell? Überlegen Sie genau und lesen Sie dann den *Exkurs 38* über MRails Kundensegmente, um die Antwort zu erfahren.

Element 5 der OBMC: Kanäle

Das OBMC weist hier explizit fünf verschiedene Phasen aus: Bewusstsein, Bewertung, Kauf, Lieferung und Kundendienst. Diese sollten unbedingt mit Ihrer Customer Journey Map deckungsgleich sein! Ausgehend von dieser Darstellung sollten Sie genau überlegen, welche Vertriebskanäle Ihre Kunden bevorzugen. Wenn Sie über genügend Zeit und Ressourcen verfügen, können Sie auch zunächst die Effizienz verschiedener Kanäle testen. Und wenn Sie noch mehr Zeit und Ressourcen zur Verfügung haben und mehrere Kanäle für Sie infrage kommen, können Sie überlegen, wie diese Kanäle kombiniert funktionieren (Synergien) oder sich gegenseitig behindern würden (Konflikte).

Die große Mehrheit aller Unternehmen, besonders diejenigen, die sich noch am Anfang befinden oder in einer Wachstumsphase sind, bedient ihre Kunden über den Vertriebskanal, den das Unternehmen selbst oder aber dessen Konkurrenz bevorzugt. Ersteres sollte eine offensichtliche Wahl sein. Zum Zeitpunkt der Unternehmensgründung verließen sich die Gründer und/oder Manager auf Hypothesen bezüglich der Erreichbarkeit ihrer Kunden. Diese Hypothesen basierten vielleicht auf fundierten Informationen – vielleicht aber auch nicht. Sind Kanäle und Verkaufsstrukturen aber einmal vorhanden, etablieren sie sich schnell und lassen sich nur schwer verändern. Die Veränderung Ihres wichtigsten Vertriebskanals ist mit erheblichen Kosten verbunden – die nicht zuletzt dadurch entstehen, dass Sie Ihre Kunden „umerziehen" müssen.

Wie steht es mit MRail? Beide Geschäftsmodelle erfordern höchstwahrscheinlich direkte Verkaufskontakte. Schließlich ist die Zahl der Kunden relativ gering. Die fertig installierten Lösungen sehen mit Sicherheit für die meisten Kunden gleich aus, allerdings ist im Vorfeld wohl eine nicht unerhebliche spezifische Anpassung nötig, um die speziellen Bedürfnisse jeder einzelnen Bahn- und Wartungsgesellschaft und deren Routen und Infrastruktur berücksichtigen zu können.

Für viele Unternehmen in der Startphase übersteigt eine detaillierte Untersuchung aller möglichen Kanäle allerdings die verfügbaren Ressourcen. Eine tiefgehende Analyse der Vertriebskanäle ist eigentlich auch nicht Ziel und Zweck der OBMC oder jedes anderen ersten Entwurfs eines Geschäftsmodells.

Der *Exkurs 39* zum Thema Herausforderungen der Vertriebskanäle bietet Ihnen weitere Details und Analysen zu diesem Thema und stellt auch hilfreiche Quellen zum Thema Vertriebskanalmanagement vor.

Element 6 der OBMC: Kundenbeziehungen

Dieser Bereich unterscheidet sich bei der OBMC erheblich vom gleichnamigen Bereich bei der Lean Canvas. Die Lean Canvas konzentriert sich auf den unfairen Vorteil, den das Unternehmen und/oder dessen Innovation gegenüber der Konkurrenz erlangen möchte. Die OBMC dagegen betont die Kundenbeziehung und nicht so sehr die Innovation des Unternehmens. Die OBMC erkennt, dass verschiedene Segmente möglicherweise auch verschiedene Beziehungen erfordern. Beachten Sie, dass diese Beziehungen nicht mit den Kanälen gleichzusetzen sind.

Je nachdem, welches Kundensegment im Fokus steht und welcher Vertriebskanal gewählt wird, können diese Kundenbeziehungen von persönlichen Eins-zu-eins-Kontakten bis hin zu völlig anonymen, distanzierten Interaktionen reichen.

Bei unserer Arbeit mit Studenten und Unternehmern fanden wir heraus, dass es besonders hilfreich ist, auf zwei spezifische Eigenschaften einer Kundenbeziehung hinzuweisen: Nähe und Engagement.

- Der Begriff ***Nähe*** bezieht sich in diesem Zusammenhang darauf, wie eng oder direkt die Beziehung zum Kunden ist. In unserer technologisch verbundenen Welt heißt Nähe allerdings nicht immer geografische Nähe. In einer von Nähe geprägten Kundenbeziehung muss einfach ein Mitarbeiter Ihrer Organisation für den Kunden jederzeit erreichbar sein.
- Der Begriff ***Engagement*** wiederum bezieht sich darauf, wie viel Interaktion und Aktivität in einer Kundenbeziehung stattfindet. Beziehungen mit geringem Engagement erfordern über den Austausch von Gütern und Geld hinaus wenig zusätzliche Aktion. In einer Beziehung mit hohem Engagement dagegen müssen beide Seiten aufmerksam sein, ihre Meinung äußern und Beiträge zu den Transaktionen leisten.

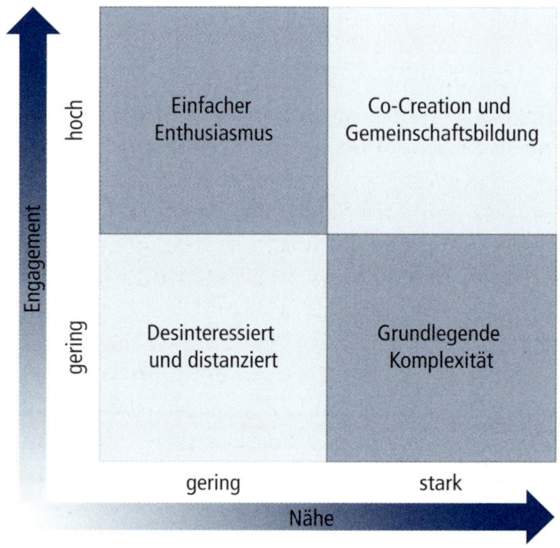

Abbildung 11.2: Engagement und Nähe bei Kundenbeziehungen

Abbildung 11.2 zeigt die verschiedenen Arten von Kundenbeziehungen anhand der Kategorien Nähe und Engagement. Dabei ist kein Quadrant grundsätzlich besser als die anderen. Gleichzeitig ist es nicht sehr gewinnbringend, in der Mitte festzusitzen. Ist das Engagement wertvoll, dann sollte ein noch stärkeres Engagement die Kundenbeziehungen weiter verbessern. Die britische Supermarktkette Waitrose liefert ein sehr gutes Beispiel für starkes Kundenengagement. Jeder Kunde erhält an der Kasse ein Token, das er einsetzen kann, um für eine von mehreren verschiedenen lokalen gemeinnützigen Organisationen zu stimmen. Jeden Monat spendet dann der Supermarkt einen Teil seines Gewinns an die Organisation, die von den Kunden die meisten Stimmen erhalten hat. Dieses sehr kostengünstige System stärkt den Gemeinschaftssinn der Kunden bei jedem Einkauf.

Weitere Informationen zu Kundenbeziehungen finden Sie im *Exkurs 40* über Nähe und Engagement.

Wenn Sie genau festlegen können, welchen Grad an Nähe und Engagement Ihre eigenen Kundenbeziehungen erfordern, ermöglicht Ihnen das aufschlussreiche Einblicke in die Art und Weise, wie Ihr Geschäftsmodell Umsätze generiert. Im Folgenden stellen wir die entscheidenden Fragen, die Sie für sich und Ihr Unternehmen beantworten müssen:

- Welche Beziehungen mit Ihrem Unternehmen bevorzugen die einzelnen Kundensegmente?
- Wie harmonisch funktionieren die bestehenden Beziehungen mit den Ressourcen und Wertangeboten der Organisation zusammen?
- Sind die Beziehungen kosteneffizient?
- Welche Beziehungen bestehen bereits?
- Brauchen Sie verschiedene Beziehungen für unterschiedliche Kundensegmente?
- Wie wichtig sind Nähe und Engagement für diese Beziehungen?

Die beiden Geschäftsmodelle von MRail zeigten wichtige Unterschiede in Bezug auf die Anforderungen an die Kundenbeziehungen. Die produktbasierte OBMC erfordert nur ein relativ geringes Engagement und basiert vor allem auf der grundlegenden Komplexität des Produkts. Die OBMC zur Informationsdienstleistung dagegen birgt das Potenzial, tragfähige Kundenbeziehungen basierend auf gegenseitiger Mitwirkung aufzubauen. Da der Kunde hier effektiv nur Daten und Informationen erwirbt, sollten MRails Fachkenntnisse über die Analyse und Interpretation dieser Daten in den Kaufvertrag integriert werden. Da MRail über diese Daten immer noch verfügen kann, besteht zudem die Möglichkeit, die Daten aller Bahnbetreiber zusammenzufassen, auszuwerten und so das Modell immer weiter zu verbessern. Indem MRail – anders ausgedrückt – Daten über verschiedene Gleisabschnitte und über einen längeren Zeitraum hinweg kontinuierlich sammelt, sollte es in der Lage sein, diese Daten mit den tatsächlichen Informationen über Gleisschäden und Reparaturen zu vergleichen und so die Voraussagekraft seines Modells kontinuierlich zu steigern. Und davon profitieren wiederum alle Kunden.

Dimension Wert: Wertangebote, Kostenstruktur und Einnahmequellen

Die OBMC setzt hier die gleichen Elemente ein wie die Lean Canvas. Allerdings wird in der OBMC der Begriff „Wertangebote" und nicht die Bezeichnung „Alleinstellungsmerkmal" verwendet, was wiederum betonen soll, dass es in der OBMC nicht so sehr um die Innovation, sondern um das Unternehmensprojekt geht.

Da die Elemente also im Wesentlichen die gleichen sind, werden wir uns an dieser Stelle auf einige wenige Fragen und Details konzentrieren, die Ihnen helfen können, die Elemente noch genauer kennenzulernen. Und natürlich blicken wir noch ein letztes Mal auf MRail, um dieses praktische Beispiel einer OBMC abzuschließen.

Element 7 der OBMC: Wertangebote

Die Festlegung des Wertangebots erfolgt in drei Schritten:

- Das Problem oder den Vorteil identifizieren
- Aufzeigen, dass das Produkt / die Dienstleistung den Bedarf der Kunden deckt
- Das Wertangebot mit einem Wettbewerbsvorteil verknüpfen

Schritt 1: Das Problem oder den Vorteil identifizieren

Es ist traurige Realität, dass viele Unternehmer und Manager gar nicht genau wissen und verstehen, warum die Kunden ihre Produkte und Dienstleistungen kaufen.

Wenn Sie mit den Prinzipien des empathischen Designs vertraut sind und diese vielleicht bereits genutzt haben, haben Sie jedoch wahrscheinlich eine recht genaue Vorstellung davon, welche ungelösten Probleme Ihre Kunden haben oder welche Vorteile sie erlangen möchten.

Im Beispiel von MRail haben die Bahnbetreiber zwei Probleme, die aber miteinander zusammenhängen. Zum einen ist es für sie sehr teuer, wenn es zu Entgleisungen aufgrund fehlerhafter Gleise kommt. Eine Entgleisung ist eine Katastrophe, die in keinem Verhältnis steht zu ihrer offensichtlich kleinen Ursache. Das zweite Problem liegt darin, dass die visuelle Überwachung Tausender Gleiskilometer logistisch unmöglich ist. Damit haben die Bahngesellschaften nur zwei gleichermaßen unattraktive Optionen: Entweder akzeptieren sie die hohen wiederkehrenden Kosten der Gleisüberwachung oder aber sie tragen die Kosten, wenn es zu Entgleisungen kommt.

Unter dem Strich ist es für jeden Unternehmer immens wichtig, seine (potenziellen) Kunden genau zu beobachten und mit ihnen zu interagieren, um ihre Bedürfnisse durch und durch zu verstehen.

Der *Exkurs 41* über die Probleme der MRail-Kunden liefert weitere interessante Einblicke in dieses Thema.

Schritt 2: Aufzeigen, dass das Produkt / die Dienstleistung den Bedarf der Kunden deckt

Ein guter Ausgangspunkt für diesen Schritt ist einfach eine Auflistung der wichtigen Eigenschaften Ihres Produkts oder Ihrer Innovation. Welche Funktionen, welche Besonderheiten gibt es? Und welchen Nutzen bringt jede dieser Funktionen und Eigenschaften dem Nutzer?

In den meisten Fällen kann ein Unternehmer diese Fragen nur beantworten, indem er mit seinen Kunden in Kontakt tritt. Manche Manager und Unternehmer ziehen es allerdings vor, ihre Ideen, Produkte oder Dienstleistungen eher im Geheimen zu entwickeln und auf den Markt zu bringen. Es gibt zwar Situationen, in denen eine solche Geheimhaltung wichtig oder notwendig ist – unserer Erfahrung nach ist sie im Allgemeinen aber selten von Vorteil.

Wo immer es möglich ist, sollte das Produkt oder die Dienstleistung – oder ein entsprechendes Faksimile – den potenziellen Kunden vorgestellt und vorgelegt werden. Vielleicht stellt sich ja dabei heraus, dass sich genau das Merkmal Ihres Produkts, das Sie für das entscheidende Alleinstellungsmerkmal hielten, lediglich als Mindestkriterium oder sogar als völlig unnötig erweist. Am Ende entscheidet allein der Kunde, was an Ihrem Produkt unbedingt erforderlich („must-have"), was eine nette Beigabe („nice-to-have") und was völlig wertlos ist („no value").

Es ist unerlässlich, eine Liste zu erstellen, die explizit alle Bedürfnisse und Wünsche Ihrer Kunden aufzählt. Diese sollte sich bereits – formell oder informell – aus der Analyse Ihrer Customer Journey Map sowie aus Ihren Kundenbeobachtungen ergeben haben. Besonders vielversprechende neue Geschäftschancen zeichnen sich in der Regel durch eine Reihe klarer, fast linearer Verbindungen zwischen den Eigenschaften eines Produkts und den Bedürfnissen der potenziellen Kunden aus.

Schritt 3: Das Wertangebot mit einem Wettbewerbsvorteil verknüpfen

Erfolgreiche Geschäftsmodelle sind lediglich der Ausgangspunkt für die Gestaltung erfolgreicher Unternehmen. Ziel eines Geschäftsmodells ist es letztendlich, einem Unternehmen zu einem nachhaltigen Wettbewerbsvorteil zu verhelfen. Langfristig nachhaltige Wettbewerbsvorteile unterscheiden herausragende Unternehmen von einfach nur kompetenten und gut funktionierenden Organisationen.

Der einfachste nachhaltige Wettbewerbsvorteil ergibt sich durch einzigartige Ressourcen, Fähigkeiten oder strukturelle Vorteile, die von Konkurrenten nur schwer zu kopieren oder zu übernehmen sind. Manchmal handelt es sich dabei um physische oder explizite Vermögenswerte wie etwa Bodenrechte oder Patente. Manchmal sind diese Vermögenswerte aber auch implizit oder immateriell, z.B. in Form von einzigartigen Designkenntnissen oder besonderem technischen Verständnis. Und in manchen Fällen sind die Vorteile rein struktureller Natur, wie etwa bei Größenvorteilen oder langfristigen Verträgen. In fast allen Fällen basiert der Wettbewerbsvorteil, durch den sich das Unternehmen von der Konkurrenz abhebt, auf einer besseren Kostenposition oder darauf, die Kundenbedürfnisse effektiver zu befriedigen.

Denken Sie über die folgenden beiden Fragen nach:

- Wenn Ihr Produkt oder Ihre Dienstleistung für Ihre Kunden wertvoll ist, weil sich dadurch deren Kosten verringern, wird es Ihnen dann auch möglich sein, Ihre eigenen Kosten stetig zu senken, um Ihrer Konkurrenz immer einen Schritt voraus zu sein?
- Wenn Ihr Produkt oder Ihre Dienstleistung effektiver auf die Bedürfnisse der Kunden eingeht, können Sie dann einen höheren Preis verlangen, um weitere Produktentwicklung zu finanzieren, damit Sie weiterhin der Konkurrenz einen Schritt voraus sind?

Damit Sie für diese spezielle Herausforderung besser gewappnet sind, hat Osterwalders Strategyzer-Team als Ergänzung zur OBMC die „Value Proposition Canvas" entwickelt. Dazu finden Sie auf der Website ein Video. Die Canvas kann Ihnen bei der Festlegung Ihres Wertangebots ein wertvolles Hilfsmittel sein.

Element 8 der OBMC: Kostenstruktur

Ebenso wie bei der Lean Canvas ist es auch hier sehr wichtig, die Start-up-Kosten eines Unternehmens von den wiederkehrenden operativen Kosten zu unterscheiden. Selbst wenn Sie ein lange bestehendes Unternehmen leiten, sollten Sie die einmaligen Kosten, die bei der Markteinführung eines neuen Produkts oder einer neuen Dienstleistung entstehen, auf jeden Fall separat betrachten und analysieren.

Die OBMC leitet Sie an, sich auf die wichtigsten und teuersten Kostenelemente Ihres Geschäftsmodells zu konzentrieren. Dabei ist es immer sinnvoll, sich auf die 80/20-Regel zu besinnen (z.B. werden 80 Prozent der Kosten von 20 Prozent des Systems erzeugt). Untersuchen Sie aber gleichzeitig ganz genau, ob diese teuren Posten in Ihrem System auch diejenigen sind, die in Ihrem Geschäftsmodell Mehrwert schaffen.

Der *Exkurs 42* beinhaltet einen Vergleich von Kostenanalysen mit Wettervorhersagen und bietet Ihnen weitere Informationen hierzu.

Der Zweck, die Kosten zu identifizieren, liegt bei Lean Canvas und OBMC gleichermaßen darin, Ihre Denk- und Betrachtungsweise darauf zu lenken, wie und warum Ihr Geschäftsmodell funktioniert – oder auch nicht. Sobald Sie sich entschieden haben, mit Ihrem Projekt weiterzumachen, werden Sie höchstwahrscheinlich umfangreichere und ausgefeiltere Kostenanalysen und -prognosen durchführen wollen. Stellen Sie auf jeden Fall mithilfe einer externen Überprüfung sicher, dass Sie nichts Wichtiges übersehen haben. Branchenexperten und andere Manager können Ihnen dabei helfen, auszuloten, ob Sie die entscheidenden Kostenfaktoren richtig definiert haben.

In der produktbasierten OBMC von MRail ist einer der größten Kostenfaktoren – unter Berücksichtigung der Aspekte Geld, Zeit und Logistik – mit Sicherheit der Erwerb von Bahnwaggons. Diese schaffen allerdings keinerlei Mehrwert für das gesamte System. Im ursprünglichen Geschäftsmodell stellten sie lediglich einen Mechanismus dar, der die Beförderung des Messsystems über die Schienen ermöglichte.

Element 9 der OBMC: Einnahmequellen

Die Lean Canvas richtet ihren Fokus auf das, was die Kunden tatsächlich kaufen werden. Die OBMC dagegen ergründet alternative und optimierte Einnahmequellen.

Beginnen Sie mit Ihrem Wertangebot. Was brauchen Ihre Kunden wirklich und was sind sie bereit, dafür zu bezahlen?

AUFGABEN — Arbeitsblatt 11.4: Alternative Einnahmequellen

Dieses Arbeitsblatt bietet Ihnen eine einfache Matrix für Einkommensalternativen. Spielen Sie ausgehend von den in der Tabelle beschriebenen Formen so viele verschiedene Einnahmemechanismen wie möglich durch.

Sobald Sie klar durchschaut und definiert haben, wofür Ihre Kunden bezahlen werden, sollten Sie über alternative Einnahmemechanismen nachdenken. Versuchen Sie die spezifische Form Ihres Produkts/Ihrer Dienstleistung genau abzugrenzen – je nachdem, ob Sie es verkaufen, vermieten, subventionieren oder Lizenzen dafür vergeben. Findet eine solche Transaktion nur einmal oder immer wieder statt? Welche Vor- und Nachteile hat der Einsatz Ihres gewählten Einnahmemechanismus?

Was wollten MRails Kunden wirklich kaufen? Mit Sicherheit keine Eisenbahnwaggons! Und sie wollten auch keine lasergestützten Gleismesssysteme. Im Grunde waren sie auch nicht an einer umfangreichen Datenbank über die Gleisbeschaffenheit aller verfügbaren Strecken interessiert. Sie wollten nur wissen, welche kurzen Gleisabschnitte am stärksten beschädigt waren und daher am dringendsten inspiziert und repariert werden mussten.

Tolle Leistung! Mittlerweile sollten Sie bereits ein, vielleicht sogar zwei oder mehr, Geschäftsmodelle erstellt haben. Wenn Sie alle drei Instrumente genutzt haben (RTW, Lean Canvas und OBMC), sind Sie perfekt ausgerüstet, um für jedes Unternehmen in jeder beliebigen Entwicklungsphase ein brillantes Geschäftsmodell erstellen zu können.

Fazit

- Die OBMC bietet eine gründlichere Analyse des Geschäftsmodells eines Unternehmens in der Start- oder Wachstumsphase.
- Die OBMC bietet die beste Möglichkeit, sicherzustellen, dass Ihr Geschäftsmodell die Ressourcen und Fähigkeiten Ihres Unternehmensprojekts effektiv mit den spezifischen Kundensegmenten mit klar definierten Bedürfnissen verbindet.
- Setzen Sie die OBMC ein, um Alternativen auszuloten: neue Einkommensquellen, neue Vertriebskanäle, neue Kundensegmente, neue Wertangebote.
- Die OBMC ist dann am effektivsten, wenn Sie erkennen, dass manche Informationen relativ leicht zu erlangen oder zu bestätigen sind – nutzen Sie die 80/20-Regel zu Ihrem Vorteil.

12

Mehr als nur einfache Geschäftsmodelle

„Die Umsetzung mehrerer Geschäftsmodelle gleichzeitig ist keineswegs ein Risiko, sondern eher ein neues Werkzeug für Strategen.“

Casadesus-Masanell (Havard Business School) und Tarziján (Catholic University of Chile)

Es waren die Technologieunternehmen, die das Konzept des Geschäftsmodells in der Welt der Manager allgemein bekannt machten. Zumeist konzentrieren wir uns in diesem Buch auf den unternehmerischen Kontext. Allerdings hat jede Organisation ein Geschäftsmodell, das identifiziert, bewertet und angepasst werden kann.

In diesem Kapitel wenden wir uns daher der Geschäftsmodellanalyse bei Großkonzernen zu. Wir können dieselben Werkzeuge und Hilfsmittel verwenden, müssen aber die steigende Komplexität berücksichtigen, die größere Unternehmenseinheiten mit sich bringen. Hier müssen also vielleicht anspruchsvollere oder aber mehrere Geschäftsmodelle gleichzeitig eingesetzt werden.

Über das einfache Geschäftsmodell hinaus

Wenn wir Geschäftsmodelle für große, komplexe Organisationen gestalten wollen, müssen wir genauer überlegen, welchen Zweck unsere Analyse haben soll. Eine OBMC-Analyse beispielsweise, die weit oben in der Organisation ansetzt, kann ausreichend sein, um sich abzeichnende neue Herausforderungen bei der Wettbewerbspositionierung oder neue Probleme bei der Verbindung zwischen Kundensegment und Wertangebot zu untersuchen. Diese Analyse lässt sich oftmals recht schnell durchführen, ohne dass man dabei zu sehr ins Detail gehen muss.

Wenn allerdings hochrangige Manager glauben, das Geschäftsmodell ihres Unternehmens sei ernstlich und dauerhaft bedroht, könnte es sein, dass eine Analyse mit der OBMC einfach nicht genügend Details für die Untersuchung möglicher Alternativen liefert.

Wenn wir die Studenten in unseren Kursen bitten, die Geschäftsmodelle großer Konzerne zu beschreiben, nennen sie meist spontan Logo oder Slogan des betreffenden Konzerns oder auch Inhalte von dessen aktueller Werbekampagne. So wurde Apples Geschäftsmodell beschrieben als „Coole Produkte für kreative Menschen“ und bei Walmart/ASDA hieß es: „Niedrige Preise für Produkte des täglichen Bedarfs.“ Dies sind allerdings keine Geschäftsmodelle, sondern prägnante und eingängige Slogans, die das ausdrücken, woran sich der Kunde beim Gedanken an das Unternehmen erinnern soll.

Die Analyse des Geschäftsmodells hat genau deshalb so viel Kraft, weil sie umfassende Informationen in einem einfachen Narrativ zusammenfasst, das dann leicht analysiert und bewertet werden kann. Diese Stärke kann sich aber rasch in eine erhebliche Schwäche verwandeln, wenn die zugrunde liegenden Informationen zu komplex sind, um sich effektiv vereinfachen zu lassen. Apple beispielsweise generiert umfangreiche Einnahmen und auch Gewinne durch eine Vielzahl zwar miteinander verwandter, aber doch völlig eigenständiger Produkte und Dienstleistungen, darunter der App Store, iPhones, Desktop-Computer, Laptops, Tablets und die Musikverkäufe über iTunes. Versucht man all dies auf nur wenige Sätze zu reduzieren, gehen automatisch viele wichtige Eigenschaften und Fähigkeiten verloren, die Apple zu seinem jetzigen Status als wertvollstes Unternehmen der Welt verholfen haben.

Wer das Geschäftsmodell eines großen, komplexen Konzerns analysieren will, muss dazu einen von drei Prozessen anwenden, wobei jeder dieser Prozesse seine eigenen Vor- und Nachteile hat.

- Kommt es vor allem auf Schnelligkeit und Einfachheit an, kann zur Analyse jedes der Instrumente herangezogen werden, die wir bereits kennengelernt haben. Diese Konzepte sind schnell und effizient und bieten einen umfassenden Überblick über die wichtigsten Stärken und Herausforderungen des Unternehmens. Sie können als Filter eingesetzt werden, um zunächst einmal die Bereiche zu identifizieren, die einer genaueren Untersuchung bedürfen.
- Die zweite Option ist die tiefergehende Untersuchung eines Geschäftsmodells, wobei man die einzelnen Elemente des Modells jeweils einer eigenen Analyse unterzieht. In *Kapitel 9 bis 11* haben wir die Konzepte RTWN, Lean Canvas und OBMC vorgestellt. Setzt man eines dieser Instrumente auf Basis umfassender gesammelter Daten und genauer Überlegungen ein, erhält man eine detaillierte

Analyse eines komplexen Geschäftsmodells. Dadurch lassen sich sowohl Fehler und Schwächen im Geschäftsmodell diagnostizieren als auch mögliche operative Veränderungen und Innovationen aufzeigen. Vielleicht lässt sich diese Analyse nach wie vor auf einer einseitigen Canvas zusammenfassen. Diese Zusammenfassung kann jedoch unmöglich auch alle subtileren, aber dennoch wichtigen Themen aufgreifen, die die Analyse ans Licht gebracht hat. Komplexere Geschäftsmodelle können eben nicht immer auf einer einfachen Canvas dargestellt werden.

- Und schließlich gibt es noch die Möglichkeit, mehrere Geschäftsmodelle zu wählen. Für einige Organisationen ist dies die einzige realistische Option, besonders wenn es um eine Fehlersuche und Umgestaltung geht. Hat ein Manager einmal akzeptiert, dass seine Organisation mehrere Geschäftsmodelle nutzt, vereinfacht das häufig den Analyseprozess für ihn, denn so kann jede Verbindung zwischen Produkt und Kundensegment effektiv einzeln untersucht werden, ohne Störungen durch andere Aktivitäten des Unternehmens. Eine entscheidende Voraussetzung für eine gelungene Analyse ist allerdings, die einzelnen Geschäftsmodelle miteinander zu verbinden.

Die Analyse eines komplexen Geschäftsmodells ist relativ einfach – man muss nur mehr auf Details achten und jedes Modellelement einzeln untersuchen. Die Analyse mehrerer verschiedener Modelle ist dagegen etwas ganz anderes, denn diese können in der betroffenen Organisation entweder parallel, miteinander verbunden oder synergetisch funktionieren.

Komplexe Geschäftsmodelle

Die OBMC ist hervorragend dafür geeignet, das Geschäftsmodell eines großen Konzerns zu untersuchen. Da sie den Fokus eher auf die Elemente und Prozesse der Organisation und weniger auf die Geschäftschance und/oder Innovation legt, kann sie je nach Bedarf auf große, komplexe Organisationen ausgeweitet werden.

So vertieft etwa die von Strategyzer entworfene Value Proposition Design Canvas die Verbindung zwischen den OBMC-Elementen „Wertangebote" und „Kundensegmente". Damit lassen sich auf relativ einfache Art und Weise mehrere verschiedene Kundensegmente sowie mehrere Produkte/Dienstleistungen analysieren.

Wenn Organisationen stark wachsen oder immer komplexer werden, können sie darauf reagieren, indem sie ihr grundlegendes Geschäftsmodell den neuen Gegebenheiten anpassen oder aber andere Modelle einsetzen.

Die Analyse des Geschäftsmodells eines großen Konzerns könnte also so einfach sein wie die Aufschlüsselung jedes der wesentlichen Modellelemente mithilfe der verschiedenen Konzepte und Werkzeuge, die wir in diesem Buch vorgestellt haben. Allgemein raten wir dazu, die OBMC und nicht die Lean Canvas zu nutzen, da Erstere sich auf die Organisation als Ganzes und nicht nur auf eine neue Geschäftschance oder eine Innovation konzentriert. *Tabelle 12.1* zeigt, wie jedes einzelne Element der OBMC mithilfe der verschiedenen Analyseinstrumente und -konzepte untersucht werden kann, die wir bisher besprochen haben.

Die grafische Darstellung eines komplexen Geschäftsmodells unterscheidet sich eben nur in Umfang und Reichweite von der Darstellung jedes anderen Modells. Nutzen Sie die gesamte Palette der Ihnen zur Verfügung stehenden Hilfsmittel, fassen Sie die Ergebnisse nutzbringend zusammen und behalten Sie sowohl das große Ganze als auch die wichtigen Details im Auge.

Zur Veranschaulichung haben wir einen Supermarkt als Beispiel gewählt. Die meisten Supermärkte nutzen ein Geschäftsmodell, um verschiedene Kundensegmente zu bedienen: Familien mit kleinen Kindern, gesundheitsbewusste Sportler, preisbewusste Einkäufer etc. Unser Supermarkt bietet also sowohl Fertiggerichte als auch Biolebensmittel und preisgünstige Großpackungen sowie auch Produkte der eigenen Handelsmarke an.

Die Ressourcen, Aktivitäten, Kanäle und auch die anderen Elemente des allgemein in der Lebensmittelbranche verwendeten Geschäftsmodells stimmen zum größten Teil oder auch voll und ganz mit den jeweiligen Paarungen aus Kundensegment und Wertangeboten überein. Es wäre also möglich, unter Verwendung der in *Tabelle 12.1* aufgeführten Konzepte alle gegebenen Elemente durchzugehen und am Ende eine umfassende und ausgefeilte OBMC zu erhalten.

Geschäftsmodell-dimension	Geschäftsmodellelement	Konzepte zur Recherche und Datensammlung
Ressourcen	Schlüsselressourcen	Analyse entscheidender Ressourcen
	Schlüsselaktivitäten	Customer Journey Map
	Schlüsselpartner	RT- und RW-Analysen
Transaktionen	Kundensegmente	Value Proposition Design, „Überwindung der Kluft"
	Kanäle	Customer Journey Map: Bewusstsein, Bewertung, Kauf, Lieferung, Kundendienst
	Kundenbeziehungen	Analyse von Nähe und Engagement
Wert	Wertangebot	Value Proposition Design
	Kostenstruktur	Analyse von Startkosten und laufenden Kosten: 80/20-Regel
	Einnahmequelle	Berücksichtigung alternativer Einkommensquellen

Tabelle 12.1: Untersuchung komplexer Geschäftsmodelle mit der OBMC

Eine Geschäftsmodellanalyse ist daher für diese Situation zwar geeignet, aber nicht zwingend erforderlich. Es gibt eine ganze Reihe hilfreicher Konzepte und Instrumente, die sich auf die Bereiche Marketing, Verkauf und Vertriebskanäle konzentrieren und somit überprüfen können, ob Produkt, Vertriebskanal und Kunde optimal zusammenpassen.

Die Analyse des Geschäftsmodells insgesamt kann aber auch wertvoll sein, um Alternativen und neue Ansätze für bereits bekannte Vorgehensweisen auszuloten.

Die meisten Supermärkte verkaufen Lebensmittel wie etwa Öl, Essig, Gewürze und Zucker. Doch der Einkauf in den meisten Supermärkten ist von starker Routine geprägt, sodass dieser Prozess, was Effizienz und Durchsatz betrifft, immer weiter optimiert wurde, denn die Gewinnmargen sind in dieser Branche relativ gering.

Neue Trends wie etwa die Slow-Food-Bewegung sowie sich verändernde Präferenzen im Lebensstil eröffnen allerdings immer neue Chancen für alternative Produkt-Kanal-Kunde-Kombinationen. Ein Beispiel ist das schnell wachsende deutsche Unternehmen Hello Fresh, das nicht nur jede Woche neue Rezepte herausbringt, sondern auch die frischen Zutaten dafür direkt nach Hause liefert, sodass die Kunden schnelle, gesunde und schmackhafte Gerichte zubereiten können. Das britische Unternehmen Gaze bietet ebenso wöchentliche Lieferungen von Lebensmitteln und Snacks an, die mithilfe eines ausgeklügelten Datenanalyse-Instruments genau auf die Wünsche und Vorlieben der Kunden zugeschnitten sind. Ein herkömmlicher Supermarkt hätte große Probleme damit, das dort gebotene „Einkaufserlebnis" für seine Kunden so grundlegend zu verändern, dass einige dieser Trends berücksichtigt werden könnten. Dazu müssten andere Teile des Geschäftsmodells verändert werden. Das würde das Modell als Ganzes aber inkohärent und ineffizient machen.

Stattdessen haben sich inzwischen völlig neue Unternehmen etabliert, die dem Kunden eine ganz neue Kauferfahrung im Lebensmittelbereich bieten. Spezialgeschäfte wie etwa Demijohn aus Edinburgh oder auch größere Ketten wie Vom Fass haben diese Trends mit unterschiedlichen Geschäftsmodellen für sich genutzt. Sie verkaufen Spezialitäten und kleine Chargen von Spirituosen, Ölen und anderen Lebensmitteln zu viel höheren Preisen als herkömmliche Supermärkte. Kunden sollen in den Laden kommen, neue Angebote testen, sich umsehen und mit den Mitarbeitern ins Gespräch kommen. Sowohl die Produkte als auch die Kauferfahrung stehen für einen völlig neuen Ansatz des Lebensmittelverkaufs, der mit dem Gang zum traditionellen Supermarkt kaum noch etwas gemeinsam hat. Wenn wir die Geschäftsmodelle dieser neuartigen Unternehmen genauer betrachten würden, würden wir auf wichtige Unterschiede bezüglich der Kosten- und Einnahmenstruktur, der Schlüsselaktivitäten und auch anderer Bereiche stoßen.

In den USA arbeiten die meisten Lebensmitteleinzelhändler weiterhin mit dem traditionellen Modell, sodass viele dieser Unternehmen effektiv im Kontext der „komplexen Geschäftsmodelle" untersucht und bewertet werden können.

Die größten Lebensmittelhändler Großbritanniens wie etwa Tesco und Sainsbury's haben ihr Angebot erheblich ausgeweitet und verkaufen mittlerweile nicht mehr nur Lebensmittel und verwandte Produkte, sondern auch Finanzdienstleistungen, Kleidung und Handyverträge. Auch hier könnten wir gut mit dem Ansatz „komplexer Geschäftsmodelle" arbeiten. Es ist aber vorteilhafter, diese Organisationen anhand mehrerer paralleler oder miteinander verknüpfter Geschäftsmodelle zu analysieren.

Parallele Geschäftsmodelle

„Die Neuerfindung und erstmalige Erprobung neuer Geschäftsmodelle ist aber sowohl spannend als auch finanziell möglicherweise sehr interessant und – vielleicht am wichtigsten – leicht durchführbar für Unternehmer, die ganz am Anfang eines neuen Projekts stehen."

Diane Osgood, Leiterin des Bereichs Business Innovation bei Virgin

Die Nutzung paralleler Geschäftsmodelle ist keineswegs eine neue Idee. Jede Holdinggesellschaft, die unterschiedliche Geschäftseinheiten unter sich vereint, arbeitet im Grunde mit parallelen Geschäftsmodellen. Manche Großkonzerne betreiben sogar völlig verschiedene Unternehmen – das von Richard Branson gegründete Virgin ist dafür ein sehr gutes Beispiel. Manche der Geschäftseinheiten von Virgin sind eng miteinander verknüpft. Das gilt zum Beispiel für eine Reihe verwandter Unternehmen im Transportbereich. Andererseits gibt es keine klaren Verbindungen zwischen Virgin-Unternehmen in den Bereichen Transport, Gesundheit und Medien. Bransons Hauptziel war es von Anfang an, Risiken einzugehen, Niederlagen zu akzeptieren und sich durch erfolgreiche Unternehmensführung auszuzeichnen, anstatt einzigartige oder branchenspezifische Fähigkeiten aufzubauen.

Branson nutzte den Ansatz paralleler Geschäftsmodelle vor allem, um dadurch zu gewährleisten, dass keines seiner Unternehmen zu groß wurde, um in seinem Konzern effektiv geführt zu werden. Denn in einem kleineren Unternehmen lässt sich ein Fehler im Geschäftsmodell einfach schneller finden.

„Wenn unsere Plattenfirma etwas zu schnell wuchs, rief ich den stellvertretenden Geschäftsführer, den stellvertretenden Vertriebsleiter und den stellvertretenden Marketingleiter zu einem Meeting zusammen und sagte ihnen: Ihr seid jetzt Geschäftsführer, Vertriebsleiter und Marketingleiter eines neuen Unternehmens … Wir teilten das ursprüngliche Unternehmen in zwei Teile auf und sobald eines der neuen Unternehmen irgendwann zu groß wurde, tat ich einfach dasselbe noch mal."

Richard Branson

Parallele Geschäftsmodelle innerhalb einer Organisation sind allerdings eher selten geworden. Im Laufe der Jahre war der Einsatz mehrerer verschiedener Modelle in einem großen Konzern mal mehr, mal weniger beliebt. In den 1970er- und 1980er-Jahren nutzten Unternehmensstrategen vor allem die Marktwachstums- und Marktanteils-Matrix der BCG, um aufzuzeigen, wie verschiedene Geschäftsmodelle eingesetzt werden konnten, um Cashflows über mehrere Geschäftseinheiten hinweg auszugleichen und stabil zu halten. Heute ist man von dieser Methode allerdings völlig abgekommen. Das strategische Management hat sich eher kompetenzbasierten Konzepten zugewandt, um Wettbewerbsvorteile zu schaffen. Und ausgeklügelte, maßgeschneiderte Finanzprodukte und -märkte schmälern die Vorteile der Strategie, ein Unternehmen mithilfe eines anderen zu subventionieren.

Wenn Ihre eigene Organisation parallele Geschäftsmodelle nutzt, können Sie jedes dieser Modelle individuell mithilfe eines der von uns vorgestellten Konzepte analysieren. Parallele Geschäftsmodelle weisen keine signifikanten Verbindungen oder Wechselwirkungen auf. Wenn Sie ein Geschäftsmodell verändern oder es sogar ganz aufgeben, sollte sich dies auf die anderen Modelle kaum auswirken.

Wenn Sie parallele Geschäftsmodelle betreiben, sollten Sie auf jeden Fall ergründen, ob diese Strategie innerhalb Ihrer Organisation auch sinnvoll ist. Denn Virgin scheint die Ausnahme zu sein, die die allgemeine Regel bestätigt; das Unternehmen ist ebenso einzigartig wie sein charismatischer Gründer.

Verbundene Geschäftsmodelle

„Was mich überrascht (bei Managementteams, die mehrere Geschäftsmodelle gleichzeitig betreiben), ist, dass die Unterschiede zwischen den Kennzahlen, den erforderlichen Kompromissen und Kompetenzen sowie den Größenverhältnissen der Modelle nicht explizit formuliert werden Eines der verwendeten Modelle dominiert meistens, sodass unter dem Strich nur eine mittelmäßige oder sogar unrentable Gesamtleistung herauskommt."

Keith Mackenzie

Die britische Supermarktkette Tesco dehnt ihre Aktivitäten mit der Zeit immer weiter auf eine Vielzahl neuer Dienstleistungen und Branchen aus. Arbeitet das Unternehmen mit nur einem umfassenden Geschäftsmodell, nutzt es mehrere Modelle parallel oder betreibt es mehrere miteinander verknüpfte Modelle?

Diese Frage ist nicht so leicht zu beantworten. Denn es lassen sich für jede der genannten Optionen gute Argumente finden. Vielleicht könnte man Tescos Geschäftsmodell so beschreiben: ein Geschäft, das nahezu alle gängigen Konsumgüter und -dienstleistungen unter einem Dach und zu günstigen Preisen anbietet. Vielleicht funktionieren der Lebensmittel-, Finanz- und Technologiebereich bei Tesco auch als parallele Geschäftsmodelle, die sich zufällig unter einem Dach befinden. Vielleicht weisen aber auch die Gemeinsamkeiten bei den Kundenbedürfnissen sowie der Einsatz der jeweiligen Infrastruktur darauf hin, dass hier Geschäftsmodelle im Einsatz sind, die zwar auch für sich allein funktionieren, aber dennoch miteinander verknüpft sind.

Verbundene Geschäftsmodelle funktionieren separat innerhalb einer großen Organisation, allerdings sind einige Elemente aus allen Modelldimensionen bei allen Modellen dieselben. Ein gutes Beispiel für diese Strategie ist W.L. Gore. Die meisten von Ihnen kennen sicherlich das Material Gore-Tex®, das für wasserfeste Kleidung und Schuhe verwendet wird. Die grundlegende Technologie wird aber auch für Materialien in ganz anderen und völlig unterschiedlichen Bereichen verwendet – von Medizinprodukten bis hin zu schweren Maschinen und sogar Handys.

Um seine Produkte über die Grenzen dieser sehr unterschiedlichen Branchen hinweg herstellen und verkaufen zu können, nutzt Gore eine Vielzahl organisationaler Prozesse, die im Rahmen verschiedener Geschäftsmodellelemente auch unterschiedlich ablaufen. Schließlich unterscheidet sich das Kundensegment der Biopharma-Branche auch ganz erheblich vom Kundensegment der Schuhhersteller. Auch die Transaktionen und Wertangebote sind völlig verschieden. Würde man versuchen, all diese Aspekte in einem recht komplizierten Geschäftsmodell zusammenzufassen, wäre das Ergebnis sicher eher kontraproduktiv. Die Unterschiede zwischen den einzelnen Elementen ließen Raum für zu viele zu detaillierte und verwirrende Möglichkeiten.

Allerdings sind die einzelnen Geschäftsmodelle über die sehr spezifischen Ressourcen und Fähigkeiten in der Organisation auch ganz klar miteinander verbunden. Dabei verdienen zwei Elemente besondere Beachtung. Erstens ist Gore weltweit führend und bekannt für die Herstellung eines sehr speziellen Materials – expandiertes Polytetrafluorethylen. Dieses Material bildet die Grundlage für nahezu jedes Produkt und jede Technologie, die Gore anbietet.

Zweitens kombiniert Gore eine wirklich atypische Unternehmenskultur mit einer ebenso ungewöhnlichen Struktur. Gore fördert eine Kultur, die Leistung belohnt und Innovationen in den Mittelpunkt stellt. Viel ist schon darüber geschrieben worden und an dieser Stelle möchten wir auch einige Kernpunkte nennen. Jeder Mitarbeiter von Gore ist ein „Partner". Das Thema Hierarchie wird nur dann wichtig, wenn Partner sich entschließen, sich einem anderen Team für ein bestimmtes Projekt oder eine bestimmte Aktivität anzuschließen. Außerdem verfolgt das Unternehmen einen sehr langfristigen Ansatz, wenn es um Innovationen und Mitarbeiterentwicklung geht. Gore sorgt dafür, dass Produktentwicklungen immer sehr eng an andere Aktivitäten wie etwa Marketing oder Kundendienst gekoppelt sind. Und schließlich achtet Gore darauf, dass seine einzelnen Arbeitsbereiche nicht zu groß werden – das Limit liegt bei 150 bis 200 Mitarbeitern. Übersteigt eine Abteilung, ein Team oder eine Einrichtung diese Mitarbeiterzahl, wird der Bereich geteilt oder das Team wird aufgelöst und neu organisiert, um so zu gewährleisten, dass innerhalb der gesamten Organisation eine große Vertrautheit herrscht und die Kommunikation funktioniert.

Verbundene Geschäftsmodelle können die Entwicklung neuer Chancen besonders voranbringen. Gore etwa wird regelmäßig für seine innovativen Entwicklungen ausgezeichnet. Als eines von nur zwölf Unternehmen erschien Gore bisher jedes Jahr auf der Fortune-Liste „100 Best Companies to Work For".

Google (okay, „Alphabet") ist ein weiteres Beispiel für noch komplexere verbundene Geschäftsmodelle. Im Kerngeschäft generiert Alphabet Einnahmen durch Onlinewerbung (via Adsense und Admob). Doch sein wahrer Wert basiert auf den riesigen Massen an gesammelten Daten, denn Alphabet verfügt über die vielleicht größte unternehmenseigene Datensammlung weltweit. Diese Daten sind immens wichtig für die Steuerung und Kapitalisierung von Werbeaktivitäten, doch Alphabet nutzt sie offensichtlich noch für andere Zwecke. Die Liste der Projekte und Unternehmen, die Alphabet besitzt oder finanziert, wird immer länger – und einige dieser Projekte zeigen deutlich, dass die fachkundige Nutzung der Daten weit über reine Werbeaktivitäten hinausgeht.

Das Konzept selbstfahrender Autos etwa basiert voll und ganz auf Datenakquise und -analyse. Sensoren und Software eines selbstfahrenden Autos müssen unglaublich große Datenmengen in Echtzeit sammeln und auswerten. Stellen Sie sich nun vor, dass ein zentrales computerisiertes Lernsystem all diese Daten nutzt, um seinen eigenen Algorithmus sowie die eigenen Entscheidungsregeln immer wieder auf den neuesten Stand zu bringen. Die wahre Macht eines Systems wie Waymo liegt nicht darin, dass Alphabet über großartige Programmierer und Datenmanagementsysteme verfügt. Sie gründet sich darauf, dass dieses zentrale System die Daten jedes einzelnen Autos integrieren kann, das dieses System nutzt – und ständig daraus lernt.

Ein menschlicher Autofahrer lernt – hoffentlich – aus seinen Erfahrungen im Straßenverkehr. Doch er fährt vielleicht nur ein paar Tausend Kilometer, bis höchstens 20.000 Kilometer pro Jahr. Wenn Waymo dagegen die Daten von 50 Autos erfasst, die jeweils etwa 10.000 Kilometer pro Jahr fahren, lernt das System aus insgesamt 500.000 zurückgelegten Kilometern, und das jedes Jahr. Und die Rückschlüsse und Vorteile aus diesen Erfahrungen sind zudem sofort und automatisch für jedes Fahrzeug im System verfügbar. Im Jahr 2016 gab Alphabet bekannt, das System habe mittlerweile über 3,2 Millionen Kilometer an Fahrerfahrung gesammelt. Per Nachsimulation bildete das System zudem täglich etwa 6,4 Millionen gefahrene Kilometer ab.

Die grundlegenden Ressourcen zur Datensammlung, -verwaltung und -analyse und für das automatische Lernsystem, die auch Basis sind für Googles ursprüngliche Suchmaschinentechnologie, werden mittlerweile in zahlreichen Bereichen angewendet – von selbstfahrenden Autos über Biotechnologie, Wetterprognosen, Energieverbrauch im Eigenheim, Robotik und auch abstraktere Konzepte wie geopolitische Sicherheit und künstliche Intelligenz.

Wer mit verbundenen Geschäftsmodellen arbeitet, muss genau erkennen, wo die entscheidenden Verbindungen liegen, besonders wenn er sich in seiner Analyse auf Veränderung und Innovation konzentrieren möchte. Natürlich können Sie Ihre Untersuchung genau mit den Elementen beginnen, die miteinander verknüpft sind, wir empfehlen allerdings, die Modelle zunächst einzeln und parallel zu betrachten, um erst einmal alle vorhandenen Verbindungen aufzudecken. Durch diesen Ansatz lässt sich auch zu Beginn klären, wie viele Geschäftsmodelle Sie genau nutzen (möchten).

Gore hat beispielsweise zehn verschiedene Produktkategorien. In einer Geschäftsmodellanalyse ließe sich also jede dieser Kategorien separat untersuchen. Die Verbindungen zwischen den einzelnen Kategorien sind allerdings relativ offensichtlich: ein gemeinsam genutztes Material sowie eine höchst eigenwillige Organisationskultur und -struktur. Wollten Sie bei Gore eine Geschäftsmodellanalyse durchführen, wäre es sicher ratsam, zunächst mit der Dimension der Ressourcen zu beginnen und dann nach und nach die anderen Bereiche ausgehend von den verschiedenen Paarungen aus Produkten und zugehörigem Kundensegment zu betrachten.

Eine umfassende Analyse aller Geschäftsmodelle von Alphabet wäre dagegen um einiges komplizierter und anspruchsvoller. Denn hier ist nicht nur die enorme Anzahl und Vielfalt der eingesetzten Geschäftsmodelle zu beachten – bei Alphabet sind einige dieser Modelle zudem auf besondere Weise miteinander verknüpft. Google nutzt seine Kenntnisse über Webinhalte, um Werbeeinnahmen zu generieren (Adsense), und die Zusage von Werbegeldern wird wiederum genutzt, um Inhalte zu generieren (YouTube). Diese Geschäftsmodelle sind also sozusagen selbsterhaltend und funktionieren synergetisch.

Synergetische Geschäftsmodelle

„Wir prognostizieren, dass die meisten der führenden Technologieunternehmen fünf oder mehr Geschäftsmodelle haben werden …“

Accenture: Scaling to Succeed in New Business Models

Über mehrere Geschäftsmodelle gleichzeitig zu verfügen, birgt keineswegs inhärente Vorteile. Risikokapitalgeber und private Investoren sind vielmehr eher skeptisch, wenn Start-up-Unternehmen versuchen, mehr als nur ein Geschäftsmodell umzusetzen. Verschiedene Geschäftsmodelle haben unterschiedliche Chance/Risiko-Profile und auch unterschiedliche Kapitalanforderungen. Was sie aber alle gemeinsam haben, ist ein hoher Bedarf an Aufmerksamkeit vom Unternehmer oder Manager – die Ressource, die in der Regel am knappsten ist.

Einige Innovationen und Organisationen können aber durchaus vom Einsatz mehrerer Geschäftsmodelle profitieren, die synergetisch funktionieren. Und manche sind sogar nur aufgrund dieser Synergien überlebensfähig.

Im Fall von Google und YouTube sind die Synergien, die wir heute beobachten können, offensichtlich. Allerdings sollten wir darüber nicht vergessen, dass Google im Jahr 2006 für seinen Schritt, YouTube für 1,65 Milliarden Dollar aufzukaufen, scharf kritisiert wurde.

Andere Beispiele sind weniger offensichtlich, zeigen aber dafür deutlicher, wie und warum synergetische Geschäftsmodelle das Herzstück einer überlebensfähigen Organisation sein können.

Return Path ist weltweiter Marktführer im Bereich intelligentes E-Mail-Marketing und Zustellbarkeit.

Auf der Website des Unternehmens heißt es: „Zu unseren Partnern zählen über 70 Anbieter von Mailbox- und Sicherheitslösungen, die 2,5 Milliarden E-Mail-Inboxes abdecken – etwa 70 Prozent aller Inboxes weltweit.“ Durch die Partnerschaft mit Internetanbietern, Verbrauchernetzwerken und Datenaggregatoren nutzt Return Path zudem Daten von über zwei Millionen Verbrauchern und über 5.000 Einzelhändlern. Durch die Kombination all dieser verschiedenen Daten erhält Return Path einzigartige Einblicke in das „Wie“ und „Warum“ des E-Mail-Marketings. So kann das Unternehmen Standards festlegen, die eine klare Grenze ziehen zwischen bewährten Verfahrensweisen und Spam.

Herzstück all dieser Statistiken sind eine Reihe von Grundwahrheiten über unser zunehmend digitaler werdendes Leben:

- Einzelpersonen und Organisationen setzen immer mehr auf E-Mails.
- Die Mehrzahl aller E-Mails sind Spam-Mails.
- Die Unterscheidung zwischen Spam-Mails und legitimen Mails ist nicht immer eindeutig.

Return Path arbeitet mit zwei synergetischen Geschäftsmodellen, um diese Herausforderung zu bewältigen. Das Unternehmen bezeichnet diese Modelle als „Senderseite" und „Empfängerseite".

Das Geschäftsmodell der Empfängerseite setzt auf Partnerschaften mit den wichtigsten Internetanbietern und E-Mail-Providern (z.B. Comcast, Microsoft, Yahoo!, Warner Media, Yandex etc.), um Daten über die Zustellbarkeit von E-Mails zu sammeln und zu integrieren. Es wird also genau untersucht, welche E-Mails im normalen Posteingang und welche im Ordner Spamverdacht landen und warum. Return Path wertet Daten aus über 2,5 Milliarden realen Inboxes aus und erhält so einzigartige Einblicke in die Zustellungsbedingungen von E-Mails.

Die Beziehungen im Geschäftsmodell der Empfängerseite generieren allerdings keine nennenswerten Einnahmen für Return Path. Das Unternehmen sammelt und integriert die Inbox-Daten, um eben Daten über die E-Mail-Zustellbarkeit zu generieren. Diese integrierten Daten werden dann an die Partner zurückgegeben, um ihnen dabei zu helfen, ihre internen Filter und Systeme zu verbessern. Return Path nutzt diese Daten auch, um die Branche darin zu unterstützten, Standards für die Praktiken des E-Mail-Marketings zu setzen und so die Bedrohung durch Phishing-Betrug und andere kriminelle E-Mail-Aktivitäten zu verringern.

Die Einnahmen von Return Path kommen ganz klar von der Senderseite. Return Path nutzt seine Fachkenntnisse und Erfahrungen im Bereich E-Mail-Zustellbarkeit, um seine Dienstleistungen und entsprechende Software E-Mail-Marketingunternehmen anzubieten, die sicherstellen möchten, dass ihre legitimen E-Mail-Marketingkampagnen auch tatsächlich bei den Kunden ankommen, die sie haben möchten.

In *Abbildung 12.1* ist dies grafisch dargestellt. Diese Darstellung unterscheidet sich von den Geschäftsmodell-Canvases, die wir bisher genutzt haben, doch auch hier können Sie vereinfacht die wichtigsten Ressourcen, Transaktionen und Werte sehen.

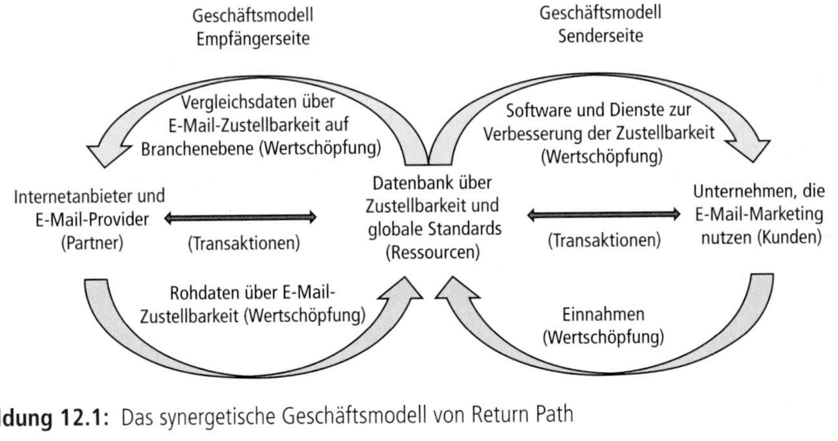

Abbildung 12.1: Das synergetische Geschäftsmodell von Return Path

Fakt ist, dass keines der beiden Geschäftsmodelle, die Return Path nutzt, für sich allein funktionieren würde. Die Empfängerseite ist praktisch betrachtet ein Non-Profit-Modell, das anspruchsvolle Informationen über problematische E-Mail-Ergebnisse generiert. Es ist zwar möglich, dass Internetanbieter und E-Mail-Provider für den Erhalt dieser integrierten Informationen bezahlen würden, doch durch die direkte unentgeltliche Weitergabe ist es für Return Path sehr viel leichter, seine Partner davon zu überzeugen, dem Unternehmen ihre Inbox-Daten zur Auswertung zur Verfügung zu stellen. Auf der Senderseite etabliert die globale Datenbank Return Path als qualifiziertesten Experten der Welt. Ohne diese Datenbank wäre Return Path einfach ein E-Mail-Marketingunternehmen von vielen.

Return Path könnte mit einem dritten Kreis dargestellt werden, der globale Non-Profit Organisationen meint, die im Bereich E-Mail- und Informationssicherheit aktiv sind, wie z.B. Signal Spam, die Online Trust Alliance, die Anti-Phishing Working Group und DMARc.org (Domain-based Message Authentification, Reporting and Conformance). Wir dachten aber, das Schaubild sei so schon kompliziert genug – besonders wenn man kein E-Mail-Marketingexperte ist.

Synergetische Geschäftsmodelle enthalten mindestens zwei solcher sich überschneidenden Kreise aus Ressourcen-, Transaktions- und Wertstrukturen. Eine der Herausforderungen, wenn es um die Entwicklung der Darstellung eines synergetischen Geschäftsmodells geht, besteht darin, ausreichend, aber nicht zu viele Details darstellen zu wollen. Denn selbst einfache Varianten einer solchen Darstellung können für jemanden, der mit dem RTW-Konzept nicht vertraut ist, sehr verwirrend sein. Schließlich könnte jeder einzelne der in *Abbildung 12.1* dargestellten Kreise für sich als vollständiges RTW-Diagramm oder Business Model Canvas ausgearbeitet werden.

Die Gestaltung tatsächlich synergetischer Geschäftsmodelle funktioniert weder einfach noch schnell. Im Fall von Google und YouTube ist gar nicht ganz klar, ob Google die sich ergebende Synergie im Vorfeld wirklich voll und ganz erkannt hat. Vielleicht war Google einfach nur davon überzeugt, dass Onlinevideos sich zu einem enormen Vermögenswert entwickeln würden. Googles ehemaliger CEO Eric Schmidt gab einmal an, Google habe 1 Milliarde US-Dollar mehr bezahlt, als YouTube wert gewesen sei, selbst nachdem Analysten das synergetische Potenzial für die Nutzer erkannt hatten, die sich Inhalte hochluden und gleichzeitig bezahlte Werbung sahen.

Auch der Weg von Return Path hin zum synergetischen Geschäftsmodell dauerte über ein Jahrzehnt und schloss mehrere Unternehmensübernahmen und -veräußerungen ein. Viele Führungskräfte bei Return Path waren lange Zeit davon überzeugt, E-Mails würden sich zur „Killer-App" entwickeln. Und natürlich war der gesicherte Zugang zu E-Mail-Nutzern sehr wertvoll. Doch die Schlüsselressource des Geschäftsmodells könnte schlussendlich eine ganz andere sein: die Überzeugung, die Menschen von Return Path seien „die Guten" im Bereich E-Mail-Marketing, die immer neue, innovative Wege finden, um Spam und Betrug zu eliminieren.

Allerdings steckt die Geschichte von Return Paths Geschäftsmodell voller Ironie.

Return Path begründete seine Existenzberechtigung mit der Herausforderung, sicherstellen zu wollen, dass E-Mail-Nutzer nur die Werbe-E-Mails bekommen, die sie auch haben wollen. Unerwünschte und betrügerische E-Mails sollten per Filter im Spam-Ordner landen. Der Präsident des Unternehmens sagte uns einmal, das Herausfiltern von Spam-Mails aufgrund von Schlagworten („V!agR@") sei im Grunde „von Anfang an ein verlorenes Rennen gegen all die üblen Kerle da draußen". Die Veränderung einer Spam-Mail-Kampagne verursacht praktisch keine zusätzlichen Kosten; die Auswirkungen einer erfolgreichen Phishing-Kampagne dagegen können sehr kostspielig sein.

Return Path veränderte also irgendwann seine Herangehensweise von Grund auf. Anstatt alles herauszufiltern, was gefährlich aussah – also eine Blacklist zu erstellen, wurden alle Sender ausgezeichnet, die sich an alle anerkannten E-Mail-Marketingstandards hielten. Return Path erstellte also eine Whitelist. Manche dieser Standards können recht komplex sein, ein einfaches Beispiel ist aber eine verifizierte Funktion, mit der man ein unerwünschtes Abo in nur einem Schritt beenden kann.

Die Berechtigung des Modells der Senderseite, mit dem Return Path tatsächlich Geld verdient, gründet sich auf der Gewährleistung, dass die richtigen Werbe-E-Mails auch tatsächlich in der Inbox der Kunden landen. Wenn wir dies aber in unseren Managementkursen an der Universität so beschreiben, interpretieren es die Studenten häufig so, dass die Nutzer am Ende eigentlich mehr Spam in ihrem Postfach haben.

Abschließend kann man sagen, dass synergetische Geschäftsmodelle sehr stark und erfolgreich sein können. Gleichzeitig sind sie aber auch oft schwer zu beschreiben und noch schwerer zu entwerfen und umzusetzen.

Fazit

- Größere, komplexe Unternehmen haben auch komplexe, multiple Geschäftsmodelle, die parallel und/oder synergetisch funktionieren können.
- Parallele Geschäftsmodelle gibt es zwar noch, sie werden aber immer seltener, da viele Unternehmen verbundene Geschäftsmodelle vorziehen.
- Verbundene Geschäftsmodelle funktionieren innerhalb einer großen Organisation, beinhalten aber Elemente der RTW-Geschäftsmodelldimensionen.
- Manche Unternehmen haben auch synergetische Geschäftsmodelle. Die einzelnen Modelle können sich in diesem Fall gegenseitig stärken, um so Mehrwert zu schaffen und zu nutzen.

TEIL 4

Geschäftsmodellinnovation

„Ein Gespräch über ‚unser Geschäftsmodell‘ ist eine unterhaltsame Sache. Es war das Gesprächsthema der dot.com-Ära, Inhalt vieler Präsentationen vor Risikokapitalgebern, brachte Gespräche in Gang und sorgte für Spekulationen bei Zusammenkünften überall auf der Welt. Jeder zeichnete plötzlich Geschäftsmodelle auf Servietten, umgesetzt wurde davon aber kaum etwas. Das ist der spaßige Teil daran, Unternehmer zu sein – in Wahrheit aber auch die schwierigste aller Aufgaben, die ein Unternehmer bewältigen muss – nämlich ein erfolgreiches Geschäftsmodell zu schaffen und umzusetzen.“

Faisal Hoque, CEO der BTM Corporation

Im letzten Teil dieses Buchs gehen wir einen Schritt weiter und über die Konstruktion erfolgreicher Geschäftsmodelle hinaus.

Eine wichtige Lektion, die dieses Buch vermitteln möchte, ist, dass Geschäftsmodelle niemals statisch sind. Wirklich erfolgreiche Modelle müssen sich an Veränderungen in ihrer Organisation, auf dem Markt oder in der Branche anpassen. In diesem Teil des Buchs möchten wir den Geschäftsmodellzyklus vorstellen, ein einfaches Konzept zur dauerhaften Bewertung und Erneuerung Ihres Geschäftsmodells im Laufe der Zeit.

Eine der spannendsten aktuellen Entwicklungen im Bereich der Unternehmensstrategie ist das Konzept der Geschäftsmodellinnovation (GMI). Viele umfangreiche Studien kamen inzwischen zu dem Schluss, dass es vor allem auch Geschäftsmodellinnovationen sind, die Veränderungen in bestimmten Branchen vorantreiben und für außergewöhnliches Wachstum bei Organisationen sorgen. In *Kapitel 14* werden wir untersuchen, welche Faktoren die GMI begünstigen und welche Faktoren darüber entscheiden, ob eine GMI zum Erfolg führt oder scheitert.

In *Kapitel 15* stellen wir das Konzept des „nachhaltigen Geschäftsmodells“ vor. Der Begriff „Nachhaltigkeit“ hat verschiedene Bedeutungen und nirgends sind Geschäftsmodelle so verwirrend wie im Zusammenhang mit einer nachhaltigen Organisation. Manche Geschäftsmodelle können über einen langen Zeitraum erhalten werden; manche Modelle fokussieren sich auf Nachhaltigkeit beim Thema Umwelt. Zwischen diesen beiden Aspekten gibt es – zumindest in nächster Zukunft – keinerlei direkte Verbindung.

Mit dem *Kapitel 16* endet unser Buch und wir kehren noch einmal zu den Grundlagen des Geschäftsmodells zurück. Denn es gibt einige einfache Grundsätze, die Ihnen im Gedächtnis bleiben sollten – gleichgültig wie anspruchsvoll Ihre Analyse oder wie brillant Ihr Geschäftsmodell ist. Die Instrumente und Konzepte, die wir Ihnen in diesem Buch vorgestellt haben, funktionieren schließlich am besten, wenn sie auf die harten Fakten der Realität Ihres ganz realen Geschäftsmodells angewandt werden.

13

Der Geschäftsmodellzyklus

„Zeitungen mit sinkender Auflage können sich über ihre Leser noch so bitter beklagen und sogar schimpfen, sie hätten keinen Geschmack. Über kurz oder lang werden sie pleitegehen. Eine Zeitung ist keine öffentliche Stiftung – sie hat ein Geschäftsmodell, das entweder funktioniert oder eben nicht."

Marc Andreessen

Ein Geschäftsmodell zu schaffen und zu analysieren, scheint vielleicht eine einmalige, lineare Aufgabe zu sein.

Doch das „Geschäftsmodell", das wir auf dem Papier entwerfen, ist bestenfalls eine Annäherung an das, was in der Organisation geschehen soll und geschieht. Der Plan ist nicht gleichbedeutend mit der Realität.

Reid Hoffman, Gründer von LinkedIn, würde allen Unternehmern zum Thema Geschäftsmodell folgenden Rat geben: Behandelt Euer Geschäftsmodell immer wie eine Beta-Version. Sie sollten Ihr Geschäftsmodell, egal ob Sie es in Form von RTW, Lean Canvas, OBMC oder einer Kombination dieser Konzepte erstellt haben, als aktiv funktionierende Hypothese ansehen, die ständig getestet und hinterfragt werden muss.

Geschäftsmodelle profitieren davon, wenn man sie plant, recherchiert und sorgfältig analysiert. Es muss auf jeden Fall genügend Raum geben für Brainstorming, Intuition, Logik, Datensammlung, Analyse und Überarbeitung. Letztendlich ist aber jedes Geschäftsmodell nichts anderes als ein Experiment. Es ist ein Entwurf organisationaler Ressourcen und Aktivitäten, der dazu dienen soll, Mehrwert für die Stakeholder, also die Kunden, Nutzer, Partner, Mitarbeiter und Inhaber der Organisation, zu schaffen. Das Ergebnis des Experiments steht aber erst dann fest, wenn es in die Tat umgesetzt und getestet wurde.

Der Geschäftsmodellzyklus gibt einen Rahmen vor, innerhalb dessen ein Modell gestaltet und auch getestet werden kann.

Wie wir in *Kapitel 1* festgestellt haben, muss der Entwurf eines Geschäftsmodells überprüft werden, d.h., bestimmte Kennzahlen müssen identifiziert, erfasst und verglichen werden. Der Geschäftsmodellzyklus (GMZ) ist ein einfacher vierstufiger Prozess für den Aufbau und die Überprüfung von Geschäftsmodellen (*Abbildung 13.1*).

Diese vier Schritte sind:

- die Fehlersuche
- die (Neu-)Gestaltung
- die Prüfung
- die Umsetzung

Der GMZ kann zwar in jeder Phase begonnen werden, für die meisten Manager und Unternehmer ist allerdings die Fehlersuche der sinnvollste Ausgangspunkt. Und wenn Sie Ihr Geschäftsmodell von Grund auf (neu) aufbauen, beginnen Sie ohnehin automatisch mit der (Neu-)Gestaltung.

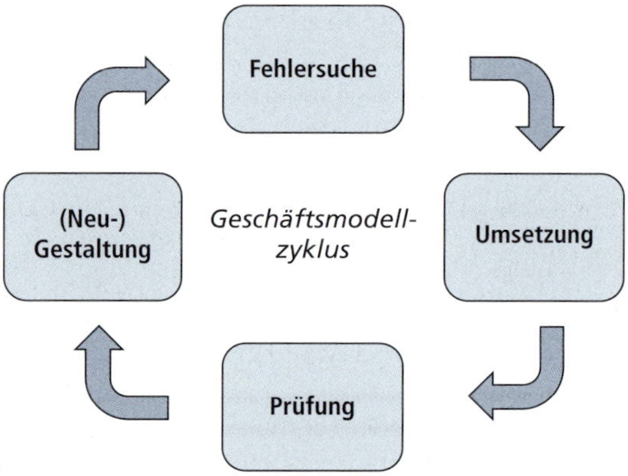

Abbildung 13.1: Der Geschäftsmodellzyklus

Fehlersuche

Wenn Sie die Angebote in diesem Buch genutzt und mindestens ein komplett neues Geschäftsmodell erstellt haben, haben Sie den GMZ bereits mit der Phase der (Neu-)Gestaltung begonnen.

In der Regel beginnt die Analyse eines Geschäftsmodells allerdings mit der Fehlersuche. Ein Manager oder Unternehmer erkennt, dass ein Aspekt seines Geschäfts nicht optimal läuft. Umsätze und/oder Gewinne sind rückläufig, viele Kunden sind nicht mehr zufrieden und auch die Motivation der Mitarbeiter lässt zu wünschen übrig. Was anfangs funktioniert hat, funktioniert mittlerweile eindeutig nicht mehr.

Die Anpassung oder Innovation des Geschäftsmodells sollte allerdings nicht immer automatisch der erste Schritt sein. Die Fehlersuche sollte vielmehr mit einer Reihe von Fragen beginnen, die aufzeigen sollen, ob das Geschäftsmodell im vorliegenden Fall überhaupt das richtige Werkzeug ist.

Gibt es vielleicht eine einfachere Lösung als die Veränderung des Geschäftsmodells? *Tabelle 13.1* zeigt die vier Arten von Fehlersymptomen, für die am häufigsten fälschlicherweise ein Scheitern des Geschäftsmodells verantwortlich gemacht wird. In der Tabelle finden Sie auch die richtigen Fragen, die Sie zu diesen Symptomen stellen sollten, sowie die Faktoren, die ein gescheitertes Geschäftsmodell von anderen Problemen in der Organisation abgrenzen.

Die vier Symptome, die häufig irrtümlich einem gescheiterten Geschäftsmodell zugeschrieben werden sind: ein sinkender Marktanteil, geringes Umlaufvermögen, keine marktfähigen Produkte und hohe operative Kosten.

In *Tabelle 13.1* können Sie nachlesen, welche Fragen Sie stellen müssen.

Gibt es zwei massive operative Probleme, z.B. ineffiziente Betriebsabläufe oder fehlende Übereinstimmungen zwischen Produkt und Markt, sollte man am besten zunächst davon ausgehen, dass das Geschäftsmodell nicht dafür verantwortlich ist. Warum? Weil eine Veränderung oder Innovation Ihres Geschäftsmodells ein relativ riskantes Vorhaben ist. In *Kapitel 14* werden wir auf dieses Thema näher eingehen.

Symptom	Wichtige Fragen	Alternative Erklärung zum gescheiterten Geschäftsmodell
Sinkender Marktanteil	Verhalten sich Konkurrenten anders als Sie? Haben sich die Bedürfnisse Ihrer Kunden verändert?	Schlechte Wettbewerbsstrategie oder schlechte Umsetzung der Strategie. Fehlende Übereinstimmungen zwischen Produkt und Markt.
Geringes Umlaufvermögen	Sind Veränderungen bei der Geldumschlagsdauer mit speziellen operativen Problemen verbunden? Gibt es eine Verbindung zwischen den Defiziten im Umlaufvermögen und den Lager- oder Vorratsbeständen?	Schlechtes Cashmanagement. Schlechtes Management des Wachstums oder des Lagerumschlags.
Keine marktfähigen Produkte	Ist das Zielmarktsegment attraktiv? Gibt es einen klaren Plan für die „Überwindung der Kluft" nach Moore und für die Erweiterung vom Kernsegment auf weitere Segmente?	Schlechte Beurteilung des Markts und der Chancen insgesamt. Produkt/Dienstleistung ist eher für frühzeitige Anwender als für den Massenmarkt attraktiv.
Hohe operative Kosten	Konnten die operativen Abläufe mit dem sich verändernden Markt / der sich verändernden Branche Schritt halten?	Ineffiziente Produktion oder Ressourcennutzung.

Tabelle 13.1: Liegt es am Geschäftsmodell oder an etwas anderem?

Wenn es aber zahlreiche operative Probleme gibt oder die zu beobachtenden Symptome weit schwerwiegender sind, als es diese Ursachen vermuten lassen, sollte das Geschäftsmodell als Wurzel des Übels allmählich ins Zentrum der Aufmerksamkeit rücken.

Auch wenn Sie neue Marktchancen entdeckt haben, die eine umfassende Veränderung erfordern, die über inkrementelle Produktveränderungen oder die Erweiterung auf verwandte Märkte hinausgehen, kann es sein, dass Sie tatsächlich ein neues Geschäftsmodell brauchen.

Tabelle 13.2 zeigt mögliche Ergebnisse der Fehlersuche, die nahelegen, dass es an der Zeit ist, den Geschäftsmodellzyklus anzuwenden.

Probleme	• Operative Probleme können nicht nur einer oder zwei Kernursachen zugeschrieben werden. • Probleme bei der Markteinführung scheinen mit der operativen Arbeit selbst nichts zu tun zu haben. • Die Bedingungen der Branche verändern sich schneller, als Sie Ihre Abläufe anpassen können.
Chancen	• Neue Produkte oder Dienstleistungen erfordern mehr als nur inkrementelle Veränderungen. • Sie glauben, dass Ihre aktuellen Produkte und Dienstleistungen für Märkte attraktiv sein können, die sich erheblich von den Märkten unterscheiden, die Sie zurzeit bedienen.

Tabelle 13.2: Sie brauchen wahrscheinlich ein neues Geschäftsmodell, wenn …

Die Fehlersuche gehen Sie am besten an, indem Sie eine der Geschäftsmodell-Canvases für Ihr aktuelles Geschäftsmodell ausfüllen (RTW, Lean Canvas, OBMC). Wo gibt es Probleme in Ihrem Geschäftsmodell? Wenn diese Probleme auf nur ein oder zwei Elemente in nur einem oder zwei Bereichen isoliert werden können, sollten Sie einen inkrementellen Ansatz für den Wandel wählen. Wenn die Probleme systematischer sind und/oder sich auf mehrere Bereiche des Modells erstrecken, kann es gut möglich sein, dass das Modell völlig neu aufgesetzt werden muss.

„In jedem Unternehmen, das mit nur einem Geschäftsmodell groß wird, kann eine Veränderung alles durcheinanderwirbeln."

Bing Gordon, Komplementär und Produktleiter von Kleiner Perkins, ehemaliger Kreativ-Direktor von Electronic Arts

(Neu-)Gestaltung

Wenn Sie alle in diesem Buch angebotenen Aktivitäten durchgeführt und alle Aufgabenblätter bearbeitet haben, haben Sie bereits einige Geschäftsmodelle (neu) gestaltet. Eine solche (Neu-)Gestaltung ist in der Regel der interessanteste und spannendste Teil des Geschäftsmodellzyklus. Dabei werden kurz gesagt neue Geschäftsmodelle erforscht, indem man einfach verschiedene Einschränkungen und Annahmen weglässt. So könnte sich eine (Neu-)Gestaltung beispielsweise auf alternative Konfigurationen aktueller Modellelemente konzentrieren, völlig neue Elemente könnten eingebaut oder sogar einige Elemente ganz eliminiert werden.

Der Fantasie sind hier sozusagen keine Grenzen gesetzt. Wir werden erläutern, warum in den besten (Neu-)Gestaltungen nichts einfach als selbstverständlich hingenommen wird. Auch exotische und scheinbar unwahrscheinliche Optionen sollten hier berücksichtigt werden.

Das RTWN-Konzept sowie die Canvases können auch für die Aufgabe der (Neu-)Gestaltung eingesetzt werden. Einer der Gründe, warum wir das Onlinehilfsmittel Canvanizer empfehlen, ist, dass es diese rasche und breit angelegte Erforschung neuer Optionen unterstützt. Wenn Sie schon eine Canvas gestaltet haben, können Sie diese einfach kopieren (damit Sie Ihre Originalversion nicht verlieren) und dann damit herumexperimentieren. Dieser Ansatz ist besonders hilfreich, wenn Sie mit einem bereits bestehenden Geschäftsmodell arbeiten. Die Canvases bringen Sie dazu, für Ihr Geschäftsmodell auch vielleicht eher abwegige oder nicht sofort offensichtliche Optionen in Betracht zu ziehen.

Manche Unternehmer gestalten ihr Modell einfach dadurch neu, dass sie neue Konfigurationen und Prozesse einzeichnen. Das ist vor allem dann sinnvoll, wenn es noch kein Geschäftsmodell gibt, an dem man ansetzen kann. Dieser Prozess beginnt häufig mit einer Mindmap, die sich mit dem sichtbaren Problem oder der vorgesehenen Lösung befasst.

Die entscheidenden Fragen, die Sie während der Phase der (Neu-)Gestaltung beantworten müssen, lauten:

1. Schafft und nutzt das vorgesehene Geschäftsmodell ausreichend Mehrwert, um mögliches Wachstum und Veränderungen der Organisation zu tragen?
2. Bilden die Elemente des vorgesehenen Geschäftsmodells ein kohärentes, gut funktionierendes System?
3. Erscheint das vorgesehene Geschäftsmodell stabil und nachhaltig?

Eine (Neu-)Gestaltung ist dann am effektivsten, wenn Unternehmer alle Annahmen aufgeben, die sie bereits bezüglich ihres möglichen Geschäftsmodells haben. Die Neugestaltung bei MRail ist hierfür ein ausgezeichnetes Beispiel. Ursprünglich ging man von der grundlegenden Annahme aus, die Kunden (also die Bahngesellschaften) würden ein eigenes System zur Prüfung der Gleisbeschaffenheit in Form eines entsprechend ausgestatteten Waggons besitzen wollen. Als das MRail-Team aber erkannt hatte, dass die Kunden lediglich an den gesammelten Daten interessiert waren, um bei der visuellen Inspektion der Gleise entsprechende Prioritäten setzen zu können, verlief die Umgestaltung in diese Richtung relativ reibungslos.

Ein weiteres gutes Beispiel für eine gelungene Umgestaltung liefert der *Exkurs 43* über Recurve auf der Website zum Buch.

Ihr Ziel im (Neu-)Gestaltungsprozess sollte es sein, so viele Alternativen wie möglich zu generieren. Zehn, zwanzig oder sogar mehr wären erstrebenswert. Dabei sollten Sie vor allem eines nie aus den Augen verlieren: Keine Annahme ist in Stein gemeißelt. Auch hier können Onlinewerkzeuge wie Canvanizer unglaublich hilfreich sein, denn damit können Sie die einzelnen Elemente Ihres Modells einfach in andere Bereiche verschieben, ganz aus dem Modell streichen oder in den Bereich „Brainstorm“ setzen. In diesem Bereich können Sie nahezu unendlich viele Modellelemente generieren und diese dann in unterschiedlichen Teilen Ihres Modells ausprobieren.

Weitere Hilfestellung zum Thema Brainstorming liefert Ihnen der *Exkurs 44* über IDEO auf unserer Website.

Letztendlich sollten Sie auch Ihre intuitiven Ideen im (Neu-)Gestaltungsprozess berücksichtigen. Denn sicherlich können Sie sich nicht ganz und gar von allen Annahmen frei machen, die Sie bezüglich Ihrer Geschäftschance nun einmal im Kopf haben. Verlassen Sie sich so gut es geht sowohl auf Ihre Intuition und beziehen Sie gleichzeitig Ideen außerhalb Ihres Komfortbereichs in Ihre Überlegungen mit ein. Auch die Meinung Dritter – gleichgültig ob es sich dabei um Experten handelt oder nicht, kann Ihnen hervorragende – und manchmal unerwartete – Einblicke in Ihre Modellelemente geben.

In dieser Phase zählt eindeutig die Quantität, nicht die Qualität. Wir empfehlen unseren Studenten und auch allen Unternehmern, jede Idee, die ihnen in den Kopf kommt, aufzuschreiben, gleichgültig wie verrückt sie ihnen anfangs erscheint. Einige der interessantesten Ideen entwickelten sich aus Einfällen und Ansätzen, die anfangs völlig abwegig erschienen. Schließlich kann man nur verwenden, was man zuvor schriftlich festgehalten hat. Und später lassen sich unbrauchbare Ideen immer noch leicht und schnell streichen, löschen oder ignorieren.

Prüfung

Letztendlich ist ein Geschäftsmodellzyklus natürlich immer nur so gut wie seine Umsetzung.

Während des Prozesses des Geschäftsmodellzyklus möchten wir unser vorgesehenes Geschäftsmodell so weit und genau wie möglich prüfen, damit die Umsetzung möglichst gut gelingt. Dabei nimmt die Phase der Prüfung in der Regel am meisten Zeit in Anspruch. Es gibt im GMZ drei Arten von Tests: Gedankenexperimente, Informationstests und Pilottests.

Denken Sie noch einmal in Ruhe über Ihre (Neu-)Gestaltung nach. Manche neue Geschäftsmodelle können nur in der Praxis überprüft werden, dafür muss man also bei einigen Aktivitäten Pilottests durchführen, um echtes Feedback von Kunden, Partnern oder sogar Konkurrenten zu erhalten. Wenn Sie sich für diese Art von Tests entscheiden, prüfen Sie zunächst, ob Sie Ihre (Neu-)Gestaltung so verändern können, dass Sie zunächst einige Gedanken- oder Informationsexperimente durchführen können.

Gedankenexperimente

Beim Gedankenexperiment durchläuft man mental den gesamten Wandlungsprozess sowie alle erwarteten Ergebnisse. Unternehmer und Manager beschäftigen sich sehr häufig mit solchen Experimenten, besonders wenn sie die Frage stellen: „Was wäre, wenn ...?“

Der GMZ profitiert von solchen offenen Sondierungen ebenso sehr wie von einer konkreten prozessgesteuerten Analyse. Dabei sind die „Was wäre, wenn …“-Experimente im Rahmen einer (Neu-)Gestaltung dann am sinnvollsten, wenn Sie bereits mehrere mögliche Veränderungen in Betracht ziehen und diese dann nach den Tests anhand klarer Messwerte und Ziele bewerten und vergleichen können.

Leider gibt es keine vollständige Liste aller Fragen, die bei solchen Gedankenexperimenten zur Überprüfung von Geschäftsmodellen gestellt werden sollten. *Tabelle 13.3* enthält aber eine ganze Reihe solcher Fragen, die sich am RTWN-Konzept orientieren und für Ihre eigenen Gedankenexperimente ein guter Ausgangspunkt sind.

Ressourcen	• Was wäre, wenn wir eine andere entscheidende Ressource wählen müssten? • Was wäre, wenn wir alternative Schlüsselaktivitäten finden müssten, um Mehrwert zu schaffen oder Kunden zu erreichen? • Was wäre, wenn wir mit jedem Partnerunternehmen auf der Welt arbeiten könnten? Für wen würden wir uns entscheiden? Warum? • Was wäre, wenn wir eine perfekte Ressource (Vermögenswert, Person, Kapital) schaffen könnten, um höheren Mehrwert zu erreichen? Wie würde diese Ressource aussehen? • Was wäre, wenn wir unsere Abläufe/Aktivitäten besser nutzen könnten, um eine neue, einzigartige und wertvolle Ressource zu schaffen – unabhängig von den Produkten/Dienstleistungen, die wir unseren Kunden bieten?
Transaktionen	• Was wäre, wenn wir einen anderen Kanal finden müssten, um unsere Kunden zu erreichen? • Was wäre, wenn unsere Kosten für Kundeninteraktionen gleich null wären? Was wäre, wenn diese Kosten zehnmal so hoch wären wie jetzt? • Was wäre, wenn wir uns jedes Kundensegment erschließen könnten, gleichgültig wie groß oder rentabel es ist oder wie die Tendenzen zur Adoption dort sind? • Was wäre, wenn wir den gesamten Markt verändern könnten? Wie würden wir ihn verändern? • Was wäre, wenn wir eine Sache an all unseren Kunden verändern könnten? Welche wäre das?
Wertschöpfung	• Was wäre, wenn wir unsere Kostenstruktur um 25 Prozent reduzieren müssten? Oder wenn es 50 Prozent wären? • Was wäre, wenn wir unsere Preise verdoppeln könnten? Was wäre, wenn wir unsere Preise um 50 Prozent reduzieren müssten? • Welches einzelne Wertelement wollen unsere Kunden, bekommen es aber aktuell nicht von uns? • Für welche Werte werden sich unsere Kunden in fünf Jahren interessieren, auch wenn sie dies momentan noch nicht wissen?

Tabelle 13.3: Gedankenexperimente

Wenn Sie noch mehr Kreativität und Inspiration benötigen, hilft Ihnen sicher der *Exkurs 45* über „Versteckte Strategien“ auf unserer Website zum Buch.

Auch der *Exkurs 46* zum Thema Gedankenexperimente kann Ihnen Hilfestellung dabei geben, wie Ihre Experimente zu sinnvollen und nutzbaren Ergebnissen führen werden.

Informationstests

Informationstests sollten im Allgemeinen präzise Datenabfragen sein, die sich auf ein bestimmtes Gedankenexperiment beziehen.

Bringen wir hier noch einmal den Handdesinfizierer „Orbel" ins Spiel: Bei der Kommerzialisierung seines Handdesinfizierers war eine entscheidende Frage für Adam Sutcliffe, ob das System in etwa zum gleichen Preis hergestellt werden könnte wie herkömmliche Spender für Desinfektionsmittel. Eine weitere Frage war, ob Kliniken und Krankenhäuser als Markt attraktiver waren als private Konsumenten. Sie erkennen sicherlich sofort, dass diese beiden Fragen eine vollkommen unterschiedliche Reichweite und somit auch verschiedene Investitionsanforderungen haben. Jemand, der viel Erfahrung in den Bereichen Produktentwicklung und -herstellung hat, kann die erste Frage bestimmt leicht beantworten – diese Person zu finden, könnte allerdings zum Problem werden. Die Beantwortung der zweiten Frage erfordert viel mehr Informationen über Kunden, Märkte und Markteintrittskosten. Besser wäre es, die Frage erheblich einzugrenzen und zu bestätigen, ob dies ein wichtiges Gedankenexperiment ist. Früher bezeichneten wir diese Frage als „Soccer Mom"-Frage. Dieser Begriff aus der amerikanischen Präsidentschaftskampagne 1996 bezeichnet eingeschränkt oder gar nicht berufstätige Mütter, die im Wesentlichen ihre Zeit damit verbringen, die Kinder zu Freizeitaktivitäten zu fahren. Würden amerikanische Mütter mehr für einen Handdesinfizierer bezahlen, den sie leicht transportieren und außerdem mit nur einer Hand bedienen könnten?

Informationstests sind dann besonders sinnvoll, wenn

1. sie schnell und mit wenig Ressourcenaufwand durchgeführt werden können,
2. die Ergebnisse für den (Neu-)Gestaltungsprozess von Bedeutung sind.

In manchen Fällen können in der kritischen Testphase über die Nutzung einer neuen Geschäftschance auch einige Informationstests ihre Gültigkeit verlieren. Betrachten wir erneut Orbel als Beispiel. Als Sutcliffe sich bezüglich der kommerziellen Nutzungsmöglichkeiten seiner Idee beraten ließ, bestand eine der größten Herausforderungen darin, einen professionellen Manager zu finden, der das Projekt zum Erfolg führen könnte. Denn Sutcliffe selbst wollte nie CEO sein. Er sah den administrativen und operativen Aufgaben des Produktstarts nicht unbedingt freudig entgegen. Einmal diskutierten wir über ein Führungsteam aus erfolgreichen Führungskräften aus den Bereichen Medizinprodukte und Gesundheitswesen. Bei Gesprächen mit diesen Managern stellte sich schnell heraus, dass der erste Zielmarkt dieses Teams Krankenhäuser und Kliniken und nicht private Nutzer sein würden. Angesichts ihrer Erfahrung und ihrer Netzwerke war das auch eine sinnvolle Entscheidung.

Eine Möglichkeit besteht darin, in einer solchen Situation die Markt- und Kundenrecherche zuerst durchzuführen und danach erst ein Führungsteam auszuwählen. Sutcliffe fehlten allerdings die nötigen Ressourcen (Zeit und Geld), um eine solche fundierte Markt- und Kundenanalyse durchzuführen. Am meisten wurde der Kommerzialisierungsprozess des Orbel-Produkts also letztendlich durch die Auswahl des Führungsteams vorangetrieben.

Pilottests

Die effektivsten Tests der (Neu-)Gestaltungsphase sind Pilottests. Denn damit haben der Unternehmer oder die Organisation die Möglichkeit, Hypothesen, Informationen, Produkte oder sogar ganze Geschäftsmodelle in der realen Welt zu testen.

Ein gutes Beispiel für den Pilottest einer Hypothese in der realen Welt findet sich bei FanDuel.

BEISPIEL **Pilottests**

FanDuel, ursprünglich beheimatet in Edinburgh, ist heute eine der zwei größten Onlinewettseiten für Fantasy-Sportspiele weltweit. FanDuel war ursprünglich von einem Team aus Entwicklern und Investoren eines fehlgeschlagenen Social-Networking-Projekts gegründet worden, nutzte dann aber eine andere Marktchance (Wetten im Bereich des Fantasy-Sports) und entwickelte das dazu passende Geschäftsmodell nach und nach bereits in der aktiven Phase. Tom Griffith, Mitbegründer und Produktleiter, schrieb, man habe in den ersten Geschäftsjahren einfach jedes beliebte und weit verbreitete Spiel auf der Website angeboten, um zu testen, woran die Kunden am meisten interessiert waren. In den ersten Jahren führte FanDuel also eigentlich einen Pilottest nach dem anderen durch. Wollten die Kunden lieber jeden Tag neue Teams bilden oder kam eine Liste mit den Ergebnissen einer ganzen Woche besser an? Wollten sie direkt gegen andere Sportfans wetten? Wollte z.B. ein Fan von Manchester United speziell gegen einen Fan von Manchester City wetten? Wie wichtig war den Spielern ihre Teamloyalität? Welche Informationen wollten und nutzten die Spieler, um ihre Wetten zu platzieren? Welche Informationen brachten die Nutzer dazu, auch in anderen Sportligen mit zu wetten? Tom erzählte, man habe Unmengen von Daten gesammelt, um so herauszufinden, was am besten funktionierte – ohne das Team oder die Internetserver zu überlasten. FanDuel war ein Projekt, das genau zum richtigen Zeitpunkt startete, denn es konnte von einem riesigen, explodierenden Markt profitieren.

Ein weiteres Beispiel finden Sie im *Exkurs 47* über Ocere auf der Website zum Buch.

In einem Pilottest präsentieren Sie Ihr neues Produkt oder Ihre neue Dienstleistung Ihren Kunden so gut wie möglich. Diese Tests funktionieren in einigen Branchen gut, in anderen dagegen nicht. Bei einem Onlineangebot beispielsweise ist ein Pilottest sehr effektiv, denn hier sind die Kosten für eine Veränderung der Inhalte oder Prozesse relativ gering. Für Hersteller medizinischer Geräte dagegen, die strengen gesetzlichen Regeln unterworfen sind, sind solche Tests fast unmöglich.

Manche Unternehmer sträuben sich jedoch regelrecht gegen einen Pilottest. Warum ist das so? Für einige von ihnen fühlt sich ein solcher Test an, wie der allerletzte Schritt hinaus in die feindliche Realität. Allerdings könnte die Einstellung eines Unternehmers an dieser Stelle kontraproduktiver nicht sein.

Der Pilottest ist vielmehr oft die letzte Chance zu erkennen, dass man mit seinem Projekt in eine Sackgasse hineinsteuert. Wenn Sie es versäumen, Ihr Produkt oder Ihre Dienstleistung einem Pilottest zu unterziehen, ist das fast so, als würden Sie ein neues Auto kaufen, ohne es Probe zu fahren. Gleichgültig wie beeindruckend ein Auto im Autohaus oder auf einem Bild aussieht – erst nach dem Praxistest wissen Sie sicher, ob Sie es kaufen möchten oder nicht.

„Stelle das her, was Du auch verkaufen kannst, und versuche nicht, das zu verkaufen, was Du hergestellt hast."

Jose Estabil, ehemaliger Präsident von tau-Metrix und Senior Director im Bereich Technologie bei KLA-Tencor (persönliches Interview)

Erfolgreiche Pilottests haben zwei Dinge gemeinsam:

- Erstens sollten sie einfach umzusetzen und auch wieder einfach abzuwickeln sein. Manchmal kann das bedeuten, dass Sie Ihren Testkunden sagen müssen, dass sich Ihr Produkt, Ihre Dienstleistung oder Ihr Geschäftsmodell noch in der Beta-Testphase befindet und möglicherweise doch nicht auf den Markt kommen wird. Manche Unternehmer äußerten diesbezüglich ihre Besorgnis, sie könnten einige potenzielle Kunden vergraulen, wenn sie ihnen ein unfertiges Produkt präsentierten. Diese Sorge ist zwar durchaus berechtigt, geht aber hier in die falsche Richtung. Wenn die Beziehung zum potenziellen Kunden so instabil ist, dass sie durch einen einzigen Fehler zerstört werden könnte, sollte dieser Kunde einfach nicht am Pilottest beteiligt werden. Zudem sollte sich der Unternehmer bemühen, seine Kundenbeziehungen insgesamt zu stärken, indem er seine Kunden von seinem Geschäftsmodell als Ganzes überzeugt, ohne sich zu sehr auf einzelne Produktmerkmale zu konzentrieren.

  Einfachheit bedeutet auch, dass so wenige Ressourcen wie möglich in Anspruch genommen werden sollten, um Ihren potenziellen Kunden ein neues Produkt oder eine neue Dienstleistung zu präsentieren. Wenn einer dieser Kunden also beginnt, komplexe Fragen zu stellen oder komplexe Hilfe anfordert, ist damit Ihr Pilottest schon teilweise abgeschlossen. Das bedeutet aber nicht, dass Ihr Pilottest damit gescheitert ist. Ein Pilottest kann eigentlich nicht scheitern – er liefert nur unterschiedliche Informationen.

  Und schließlich bedeutet Einfachheit noch Folgendes: Wenn die im Pilottest gesammelten Informationen allmählich darauf hindeuten, dass erhebliche oder komplexe Veränderungen am Geschäftsmodell nötig sind, ist der Test damit ebenfalls abgeschlossen. Pilottests sollten darauf ausgerichtet sein, aufzudecken welche inkrementellen Anpassungen nötig sind, um ein Modell dauerhaft tragfähig zu machen, oder aufzuzeigen, dass ein Modell von Grund auf neu aufgestellt werden muss.

- Zweitens sollten Pilottests ein bestimmtes Ziel haben. Jeder gute Wissenschaftler wird Ihnen bestätigen, dass das Geheimnis eines erfolgreichen Experiments darin besteht, die Anzahl der Variablen gering zu halten – besonders solcher Variablen, die man nicht kontrollieren kann. Wenn Sie herausfinden möchten, wie lange es dauert, bis Eiswürfel schmelzen, nutzen Sie dazu eine kontrollierte Umgebung mit konstanter Temperatur. Sie stellen die Eiswürfel nicht einfach jeden Tag und bei jedem Wetter nach draußen und warten ab, was passiert. Wenn Sie wissen möchten, ob Ihr Geschäftsmodell wirklich funktioniert, legen Sie Ihren Kunden eine Version vor, die so einfach wie möglich ist, und versuchen Sie auch, den Einfluss externer Faktoren so weit wie möglich zu begrenzen.

Umsetzung

Vielleicht kommt es Ihnen merkwürdig vor, dass wir das Thema der praktischen Umsetzung des Geschäftsmodells erst in *Teil 4* unseres Buchs behandeln. Schließlich beginnen die meisten Unternehmer ja mit dem Einsatz ihres Geschäftsmodells.

Und tatsächlich gibt es viele gute Argumente dafür, das Produkt dem Kunden alsbald zu präsentieren und mögliche Probleme dann zu lösen, wenn sie auftauchen. In unseren Unternehmerkursen empfehlen wir unseren Studenten in der Regel, wann immer möglich das Lean-Start-up-Konzept anzuwenden.

Allerdings lesen Sie dieses Buch ja höchstwahrscheinlich gerade deshalb, weil Sie sich davon einen tieferen Einblick und ein wenig Hilfestellung bei der Entwicklung und Umsetzung Ihres Geschäftsmodells erwarten. Die Philosophie „Jetzt starten, später testen" kann sehr effektiv sein, kann aber auch dafür sorgen, dass Unternehmer viel kostbare Zeit mit sinnlosen Aktivitäten verschwenden, besonders, wenn das Ende der Startphase nicht genau definiert ist.

Jose Estabil betreut Unternehmer am Deshpande Center for Technological Innovation am MIT. Im Laufe seiner Karriere in der schnelllebigen und besonders wettbewerbsintensiven Halbleiterbranche hat er bereits zahlreiche wichtige technologische Neuerungen auf den Markt gebracht. Sein kluger Rat stellt das entscheidende ausgleichende Element zur Lean-Start-up-Methodik dar. Gehen Sie zum Kunden und geben Sie alles, um genau herauszufinden, was er kaufen möchte und wie er es kaufen möchte. Wenn Sie mit einem Geschäftsmodell starten, bedeutet das keineswegs, dass Sie für immer an dieses Modell gebunden sind. Allerdings hängt sehr wohl Ihre Reputation von diesem Geschäftsmodell ab – zumindest eine gewisse Zeit lang.

Ein Geschäftsmodell (neu) umzusetzen, hat Ähnlichkeit mit dem Neustart eines Produkts oder einer Dienstleistung auf dem Markt. Viele der Unternehmer, die wir betreuen, finden die folgende Analogie sehr hilfreich.

Stellen Sie sich vor, Sie wollen – aus welchen Gründen auch immer – Ihr Unternehmen verkaufen. Woran ist der Käufer Ihres Geschäfts aber eigentlich interessiert – was kauft er wirklich? In manchen, Fällen, etwa wenn es sich um ein hochgradig spezialisiertes Unternehmen handelt, ist der Käufer vielleicht lediglich an bestimmten Lagerbeständen, geistigem Eigentum (IP) oder sogar nur an Informationen wie etwa Kundenlisten interessiert. Was der Käufer ironischerweise sicherlich am wenigsten braucht, sind die Strukturen und formalen Komponenten Ihres Unternehmens, z.B. die rechtliche Einheit und die Beziehungen zu verschiedenen Dienstleistern. Was ist es, was der Käufer wirklich will? Ihm geht es wahrscheinlich in erster Linie um Ihr Geschäftsmodell. Er möchte die Gesamtheit all Ihrer Tätigkeiten und Betriebsabläufe übernehmen, die sicher im Wert höher liegt als die Werte aller Einzelteile zusammen. Die Kombination aus Ressourcen, Transaktionen und Wertschöpfung macht ein Unternehmen attraktiv für einen Käufer. Vielleicht kommt es Ihnen zunächst merkwürdig vor, aber Sie sollten sich Ihr Geschäftsmodell selbst als Produkt vorstellen.

Wenn Sie Ihr Geschäftsmodell (neu) umsetzen, bringen Sie also eigentlich dieses Produkt (Ihr Unternehmen) auf einen neuen Markt. Und ja, dieses Produkt schließt auch den Verkauf spezieller Produkte und Dienstleistungen an Ihre Kunden mit ein. Auf einer höheren Ebene aber ist Ihr Geschäftsmodell selbst ein Produkt auf einem großen Markt für Organisationen. Wenn Ihr Geschäftsmodell auf diesem Markt einen höheren Mehrwert schafft, dann war die (neue) Gestaltung und Umsetzung ein Erfolg.

Leider ist aber eine (Neu-)Gestaltung keineswegs ein Garant für den Erfolg Ihres Geschäftsmodells. In *Kapitel 14* werden wir darauf eingehen, warum sich Geschäftsmodelle verändern und welche wichtigen Faktoren dafür sorgen, dass die Innovation eines Geschäftsmodells erfolgreich ist. Für eine effektive Umsetzung eines tragfähigen Geschäftsmodells oder einer Geschäftsmodellinnovation kommt es vor allem auf sorgfältige Planung, eine klare Ausführung und eine aktive Überwachung an.

AUFGABEN **Arbeitsblatt 13.1: Checkliste für die Umsetzung**

Hier finden Sie eine detaillierte Checkliste für Ihre Umsetzung basierend auf dem RTWN-Konzept. Diese können Sie auch benutzen, wenn Sie für Ihre (Neu-)Gestaltung ein anderes Werkzeug, z.B. eine Canvas, zu Hilfe genommen haben. Auch hier gibt es natürlich keine Erfolgsgarantie, doch Sie erhalten klare Angaben und Hilfestellungen, die Ihnen den richtigen Weg weisen.

Eine gute Möglichkeit, Ihr Geschäftsmodell (neu) umzusetzen, bietet die neue Canvas, die Sie im Zuge der (Neu-)Gestaltung Ihres Modells erstellt haben. Für jedes Element der Canvas sollten Sie die folgenden Fragen beantworten können:

- Wie unterscheidet sich dieses Element vom aktuellen Funktionszustand?
- Welche Investitionen müssen getätigt werden, welche Ressourcen erworben, welche Prozesse verändert werden, um das neue Element umzusetzen?
- Was sind die entscheidenden Schritte, um diese Veränderungen auf den Weg zu bringen? Wurde die Verantwortung für jeden dieser Schritte bereits einer bestimmten Person oder einem Team übertragen?
- Welche Probleme oder Hindernisse müssen überwunden werden?
- Woran kann man erkennen, dass die Veränderung vollzogen ist?

Der Geschäftsmodellzyklus bietet eine wichtige Überleitung, um ganz neue Geschäftsmodelle zu schaffen. Bei der Lektüre dieses Buchs konnten wir immer wieder feststellen, dass Geschäftsmodelle einen flexiblen Ansatz bieten, um besser verstehen zu können, warum Organisationen dauerhaft überleben, und um diese Überlebensfähigkeit zu verbessern. Die Geschäftsmodellanalyse regt dazu an, unkonventionell zu denken – jedes Element einer Organisation könnte verändert oder sogar eliminiert werden. Das Konzept der Geschäftsmodell-Canvas setzt den Prozess der Modellgestaltung in einen größeren Zusammenhang. Effektive Geschäftsmodelle sind dynamische Konstruktionen, die immer wieder geprüft und mit den aktuellen Markt- und Branchenbedingungen abgeglichen werden müssen. Im nächsten Kapitel werden wir untersuchen, wie und warum Organisationen ihre Geschäftsmodelle verändern, wie sich Veränderung und Innovation eines Geschäftsmodells unterscheiden und unter welchen Bedingungen die Innovation eines Geschäftsmodells optimal gelingt.

Fazit

- Geschäftsmodelle sind dynamisch und müssen regelmäßig im Rahmen eines definierten Prozesses überprüft werden.
- Der Geschäftsmodellzyklus besteht aus vier Schritten: Fehlersuche, (Neu-)Gestaltung, Prüfung und Umsetzung.
- Effektive Geschäftsmodelle müssen immer wieder neu untersucht, prozessbasiert analysiert und mithilfe des RTWN-Konzepts überprüft werden.

14 Wandel des Geschäftsmodells

„Geschäftsmodellinnovationen haben ganze Branchen neu gestaltet und Milliarden von Dollar an Wert neu verteilt."

Mark W. Johnson, Clayton M. Christensen und Henning Kagermann

„Die Innovation eines Geschäftsmodells ist riskant sie ist ein Vertrauensvorschuss, der auf begrenzten, unvorhersehbaren Informationen beruht vergleichbar mit dem Sprung von einem hohen Berg."

Adam J. Bock und Gerard George

Geschäftsmodelle scheitern.

Manchmal liegt es weder am Produkt noch an der Dienstleistung, am Team oder an der Ausführung. Manchmal liegt es tatsächlich am Geschäftsmodell.

Erinnern Sie sich noch an unabhängige Reisebüros? An Musikläden, die (neue) LPs, Kassetten und CDs verkauften? Oder an Videotheken wie z.B. Blockbuster? Bestimmte Teile und Einzelheiten dieser Branchen existieren bis heute (Thomas Cook, kleine „Vinyl"-Läden, Family Video in den USA), doch die Geschäftsmodelle, die eine große Anzahl von Unternehmen in diesen Branchen früher erfolgreich nutzten, funktionieren heute einfach nicht mehr. Erinnern Sie sich noch an kleine, lokale Internetanbieter, bei denen man sich über ein Modem ins Internet einwählen konnte?

Geschäftsmodelle verändern sich aus dem gleichen Grund, aus dem sich auch alles andere in der Geschäftswelt verändert. Schumpeters Vision der „kreativen Zerstörung" ist heute lebendiger und allgegenwärtiger denn je. Neue Ideen, Technologien und Prozesse sorgen ständig dafür, dass Ressourcen, Transaktionen und Werte immer wieder durcheinandergewirbelt werden. Immer wieder müssen altbekannte Produkte und Dienstleistungen neuen, beliebteren Angeboten weichen.

Wer sich noch eingehender mit diesem Thema befassen möchte, dem empfehlen wir den *Exkurs 48* zum Thema kreative Zerstörung auf unserer Website zum Buch.

In diesem Kapitel möchten wir die Konzepte der Veränderung und Innovation von Geschäftsmodellen erklären. Wir werden uns mit den Risiken und Chancen befassen, die diese Prozesse mit sich bringen. Und schließlich werden wir noch klären, warum sich Geschäftsmodelle verändern und welche Faktoren für eine erfolgreiche Geschäftsmodellinnovation sorgen können.

Der Unterschied zwischen einer Veränderung und einer Innovation des Geschäftsmodells

Die Veränderung eines Geschäftsmodells lässt sich auf den ersten Blick recht leicht erklären. Wenn am Modell etwas anders ist, dann hat eine Veränderung des Geschäftsmodells stattgefunden.

„Ist Ihr Produkt eine Beta-Version, sollte auch Ihr Geschäftsmodell entsprechend eine Beta-Version sein."

Joe Kraus, Google Ventures

Allerdings geben sich weder Manager noch Wissenschaftler mit dieser einfachen Sichtweise zufrieden. Beim praktischen Umgang mit Geschäftsmodellen sowie auch in einem Großteil der Fachliteratur herrscht zweifellos Einigkeit darin, dass kleine, inkrementelle oder isolierte Veränderungen eines einzelnen Modellelements technisch gesehen keine Veränderung des Geschäftsmodells darstellen.

Betrachten wir als Beispiel ein Unternehmen, das seinen Kunden aus den Bereichen Fertigung und Einzelhandel Dienstleistungen zum Back-End-Datenmanagement anbietet. Manche Prozesse und Aufgabenbereiche sind repetitiv und gleichbleibend, können aber dennoch nicht vollkommen standardisiert werden. Das Führungsteam beschließt, repetitive Aufgaben nach und nach outzusourcen, um so interne Ressourcen einzusparen. Entspricht das einer Veränderung des Geschäftsmodells? Wenn wir von der einfachsten Definition dieses Vorgangs ausgehen, müssten wir diese Frage mit „ja" beantworten. In der realen Geschäftswelt allerdings sehen die meisten Unternehmer und Manager dies eher als veränderte Ressourcennutzung oder als eine Veränderung der Zulieferbeziehungen. Das Outsourcing einer Nebendienstleistung oder -aktivität ist also keine Veränderung des Geschäftsmodells im eigentlichen Sinn.

In Übereinstimmung mit der Fachliteratur und auch mit unseren Beobachtungen aus der Praxis werden wir bei dem etwas anspruchsvolleren Ansatz zum Thema Geschäftsmodellveränderung bleiben. Unsere Definition dieses Begriffs lautet also: „Die Umsetzung bedeutender Veränderungen bei mindestens zwei Geschäftsmodellelementen."

Dies trägt auch dazu bei, den Unterschied zu klären zwischen einer Veränderung des Geschäftsmodells und kleineren Veränderungen bei Abläufen, Strategie, Produkt, Prozess oder Markt. Ein erfolgreiches Geschäftsmodell ist eben mehr als die Summe seiner Einzelteile. Wenn sich die Veränderung eines seiner Elemente nicht spürbar auf das restliche Modell auswirkt, kann man mit Recht behaupten, das sich das gesamte Geschäftsmodell nicht wirklich verändert hat.

Aber wie steht es mit der Geschäftsmodellinnovation (GMI)? Sie ist ganz klar ein Sonderfall der Geschäftsmodellveränderung. Eine GMI muss also sowohl die Kriterien der Veränderung eines Geschäftsmodells als auch einige zusätzliche Kriterien der Neuartigkeit erfüllen. In unserer wissenschaftlichen Forschung definierten wir die GMI als „Entwicklung neuer Konfigurationen von Ressourcen und Transaktionen, um neue Märkte zu schaffen oder bestehende Märkte auf neue Art zu bedienen". Wir halten diese Definition für aussagekräftig und präzise. Der Einfachheit und Konsistenz halber werden wir in diesem Buch eine leicht veränderte Definition nutzen.

Die Herausforderung besteht dabei in der Definition des Begriffs „Innovation". Ist ein Geschäftsmodell innovativ, wenn ein Unternehmen dieses noch nie zuvor ausprobiert hat? Kann man es nur dann als innovativ bezeichnen, wenn es regional in der Branche bisher noch nicht eingesetzt wurde? Oder trifft die Bezeichnung innovativ nur dann wirklich zu, wenn kein Unternehmen irgendwo auf der Welt dieses Modell jemals genutzt hat? Nun haben wir uns aber genug mit der Wortbedeutung beschäftigt.

Beim Thema Geschäftsmodelle kommt es vor allem auf den Inhalt an. Wenn eine Organisation ein Geschäftsmodell für sich ausprobiert, das es von einem Konkurrenten abgeschaut hat, ist das nicht wirklich innovativ. Wenn ein Unternehmer andererseits ein Modell testet, das in seiner Branche oder mit seinen Kunden noch niemals zuvor eingesetzt wurde, kann man es durchaus als Innovation bezeichnen.

Eine Geschäftsmodellinnovation bezeichnet die Umsetzung bedeutender Veränderungen bei mindestens zwei Geschäftsmodellelementen, woraus sich eine Geschäftsmodellkonfiguration ergibt, die in der Branche und auf dem Markt der Organisation neu ist.

Was ist jedoch, wenn der Unternehmer dieses Geschäftsmodell bereits in einer anderen Branche im Einsatz gesehen hat? Wir glauben, dass es sich dann dennoch um eine Innovation handelt, denn einige oder sogar viele der Modellelemente lassen sich nicht von einer auf die andere Branche übertragen. Unser Unternehmer setzt also immer noch ein neues Geschäftsmodell um.

Bedenken Sie aber, dass es keine vollkommen objektive Einteilung oder Bewertung einer „Geschäftsmodellinnovation" gibt. Wenn Sie das nächste Mal in der Presse über ein „innovatives Geschäftsmodell" lesen, machen Sie sich doch einmal Gedanken darüber, ob es auch die Kriterien erfüllt, die wir Ihnen gerade vorgestellt haben. Höchstwahrscheinlich wird man sich in Fachkreisen niemals vollkommen einig sein, was genau eine Geschäftsmodellinnovation ist und was nicht – schließlich gibt es auch keine Einigkeit im puncto Geschäftsmodell.

Risiken und Chancen der Geschäftsmodellinnovation

Vielleicht ist ja die Geschäftsmodellinnovation gar keine so große Sache. Wer weiß das schon?

Vorbereitende Studien und auch unsere eigenen Beobachtungen weisen allerdings darauf hin, dass dies sehr wohl eine große Sache ist.

Die Geschäftsmodellinnovation ist ein Vorhaben, das hohe Risiken aber auch viele Chancen birgt.

Die Veränderung eines Geschäftsmodells kann relativ inkrementell sein und sich darauf konzentrieren, die Organisation an veränderte Branchen- oder Marktbedingungen anzupassen. Oder sie betont inkrementelle Prozessverbesserungen, um die operative Effizienz zu steigern. Die Innovation eines Geschäftsmodells dagegen bringt mit sich, dass die Organisation unternehmerisch handeln und bereit sein muss, jedes Modellelement zu verändern, das nicht mehr seinem Zweck entspricht.

„Anders als die Produkt- oder Prozessinnovation muss die Geschäftsmodellinnovation sowohl chancenorientiert als auch disruptiv sein. Eine GMI bedeutet, dass ein Unternehmen auf grundlegend neue und andere Art und Weise Mehrwert schafft und nutzt."

Adam J. Bock und Gerard George

Die Geschäftsmodellinnovation kann ein sehr mächtiger Mechanismus sein, um einen neuen Vorteil zu schaffen. Das bekannteste Beispiel hierfür ist mit Sicherheit Apple, das eine Geschäftsmodellinnovation nutzte, um sich von einer insolventen Organisation im Jahr 1997 zum wertvollsten Unternehmen der Welt zu entwickeln – und das in nur 15 Jahren. Zudem revolutionierte Apple während dieses Prozesses die Musik-, Telefon- und Computerbranche.

Wie wertvoll eine Geschäftsmodellinnovation sein kann, erkannte man bereits 2007. Die Ergebnisse der von IBM durchgeführten globalen Befragung zahlreicher CEOs zeigten deutlich, dass Unternehmen, die herausragende Leistungen erbrachten, eher auf die Innovation ihres Geschäftsmodells als auf eine Prozess- oder Produktinnovation setzten. Im *Exkurs 49* zum Thema auf unserer Website finden Sie weitere Details zu dieser Umfrage.

Die Geschäftsmodellinnovation hat sich inzwischen zu einem Wettbewerbsfaktor entwickelt. Manche Schätzungen legen nahe, dass die Mehrheit aller großen Konzerne sich bereits mit dem Thema GMI beschäftigt hat. Und die Unternehmen, die am stärksten gewachsen sind und den höchsten Mehrwert geschaffen haben, haben allesamt eine Innovation ihres Geschäftsmodells umgesetzt.

„Ganze 11 der insgesamt 27 Unternehmen, die im Laufe der letzten 25 Jahre gegründet wurden und es in den vergangenen 10 Jahren unter die Fortune 500 geschafft haben, beschritten den Weg der Geschäftsmodellinnovation."

Mark W. Johnson, Clayton M. Christensen und Henning Kagerman

Gleichzeitig ist die Geschäftsmodellinnovation eine hochriskante Sache. Tausende Unternehmen haben auf sie gesetzt – und verloren. Von den meisten hat man nie wieder etwas gehört und so lässt sich ihre Geschichte auch nur schwer rekonstruieren. Einige wenige, wie etwa Napster, wurden zu Ikonen des wirtschaftlichen Niedergangs. Ein weiteres eindrückliches Beispiel wird im *Exkurs 50* über GeoCities auf unserer Website vorgestellt.

Bis heute gibt es keine schlüssigen Studien, die die Kosten einer Geschäftsmodellinnovation oder aber die Misserfolgsquote der Geschäftsmodellinnovation eindeutig beziffern können. Betrachtet man allerdings die Entwicklung einzelner Unternehmen, lassen sich weitaus mehr Misserfolge als Erfolge beobachten, wenn es um die Innovation eines Geschäftsmodells geht. Dies gilt besonders für Technologieunternehmen in der Wachstumsphase. Diese Organisationen, wie etwa Voxel im Bereich Online-Content-Hosting oder Savage Entertainment im Bereich Videospiele, versuchten sich in ihrer jeweils sehr wettbewerbsintensiven Branche an der Umsetzung neuer Geschäftsmodelle. Beide Unternehmen wurden letztendlich von anderen übernommen (und gingen nicht bankrott); doch diese Übernahmen kamen nur aufgrund der jeweils erfolglosen GMI zustande, die die betroffenen Unternehmen nahe an den Konkurs herangeführt hatte.

Das Problem bei der Innovation eines Geschäftsmodells ist ganz einfach. Um diese umzusetzen, muss ein Unternehmen in eine (zumindest teilweise) ungeprüfte neue Chance investieren. In den meisten Fällen gibt es kein Zurück, denn diese Investitionen führen das Unternehmen weg von den Wertschöpfungsprozessen, auf die es bisher setzte. Betrachten wir beispielsweise den Vorstoß der US-amerikanischen Buchhandelskette Barnes & Noble in die E-Reading-Branche. Der NOOK von Barnes & Noble trat gegen den Kindle von Amazon an und die Tatsache, dass er in den USA und Großbritannien zeitgleich auf den Markt kam, bescherte ihm einen sehr guten Start. Zwar gibt es keine öffentlich zugänglichen Informationen darüber, wie viel Geld insgesamt in den Marktstart und die Unterstützung des NOOK floss, doch allein Microsofts ursprüngliches Investment von 600 Millionen Dollar sowie Pearsons Investition von 90 Millionen Dollar lassen uns die Größenordnung erahnen. Im Jahr 2016 gab Barnes & Noble allerdings bekannt, den NOOK App Store zu schließen, und erkannte damit an, dass die westliche Welt längst die Plattformen von Google, Apple und Amazon zu ihrem Standard gemacht hatte. Viele Analysten äußerten die Meinung, NOOK sei nicht flexibel und innovativ genug, um mit Amazon und Google mitzuhalten. Und während Barnes & Noble zwar weiterhin die größte Buchhandelskette der USA bleibt, muss es ständig Verluste verkraften und eine Buchhandlung nach der anderen schließen. Schätzungen, wie viel Geld Barnes & Noble mittlerweile mit dem NOOK verloren hat, reichen von einigen Hundert Millionen Dollar bis hin zu über einer Milliarde Dollar.

> *„Der Erfolg einer Geschäftsmodellinnovation beruht teilweise auf wirklich neuen Ansätzen der Wertschöpfung sowie auf der Umsetzung drastischer Veränderungen bei den Prozessen, Ressourcen und Systemen einer Organisation. Dies ist wie ein Glücksspiel mit sehr hohem Einsatz, denn vielleicht gerät die Organisation dadurch in eine Falle schwer zu verändernder Projekte, Vermögenswerte und Fähigkeiten."*
>
> *Adam J. Bock und Gerard George*

Im letzten Teil dieses Kapitels befassen wir uns damit, welche Kräfte eine Geschäftsmodellinnovation vorantreiben und welche Faktoren diese zum Erfolg führen. Aus den von IBM gesammelten Daten der CEO-Befragungen haben wir einige erstaunliche Erkenntnisse über das Thema Geschäftsmodellinnovation gewonnen. Wenn Sie mehr zu diesem Thema wissen möchten, empfehlen wir Ihnen den *Exkurs 51* „Agile Geschäftsmodellinnovation" auf unserer Website.

Welche Kräfte treiben die Geschäftsmodellinnovation voran?

Warum befassen sich Unternehmen überhaupt mit Veränderungen und Innovationen ihres Geschäftsmodells? Tatsache ist, dass Veränderungen allgegenwärtig und unvermeidlich sind – Unternehmen, die sich diesem Prozess nicht anpassen können, laufen Gefahr, aufs Abstellgleis geschoben zu werden.

„Es gibt nicht nur ein einziges Geschäftsmodell. Tatsächlich gibt es zahlreiche Chancen und Optionen, die wir alle entdecken müssen."

Tim O'Reilly, das „Orakel von Silicon Valley" und Gründer von O'Reilly Media

Wie wir in *Kapitel 12* festgestellt haben, ist eine wichtige Kraft, die die Veränderung eines Geschäftsmodells bewirkt, häufig die Erkenntnis, dass die fehlende Leistung des eigenen Unternehmens nicht auf einen einzelnen operativen Faktor zurückgeführt werden kann. Eine weitere treibende Kraft der Modellinnovation kann auch das Erkennen einer neuen Geschäftschance sein. Im Grunde ist jeder einzelne Fall anders – fast alles kann ein Unternehmen dazu bringen, sein Geschäftsmodell anpassen oder erneuern zu wollen. Die von IBM gesammelten Daten zeigen allerdings, dass einige Faktoren als Antriebskräfte eine besonders große Rolle spielen.

Im Folgenden möchten wir diese Faktoren kurz vorstellen. Ausführlichere Informationen dazu finden Sie im *Exkurs 52* über die Antriebskräfte der Geschäftsmodellinnovation auf unserer Website sowie in unserem Buch „Models of Opportunity".

Tabelle 14.1 fasst zusammen, welche Faktoren die Innovation eines Geschäftsmodells vorantreiben:

- Die Innovation eines Geschäftsmodells ist unabhängig von Sektor, Branche oder Größe einer Organisation. Es gibt keine spezielle Branche und auch keine spezielle Organisationsgröße, bei der es häufiger zu Innovationen des Geschäftsmodells kommt als woanders.
- Homogene oder zielgerichtete Organisationen wagen häufiger den Schritt der GMI. In global agierenden Organisationen oder Unternehmen, die sich über mehrere Kulturen erstrecken (z.B. innerhalb der EU aktiv sind), sind Modellinnovationen seltener.

- Der einzige externe Faktor, der konstant immer mit einer GMI in Verbindung steht, ist die Globalisierung. Unternehmen, die sich unmittelbar der Herausforderung einer Globalisierung stellen, versuchen es häufiger mit einer GMI als andere.
- Die obere Führungsebene und besonders die CEOs unterstützen häufig eine Geschäftsmodellinnovation.
- Unternehmen, in denen es häufig zu Produkt- oder Prozessinnovationen kommt, wagen sich nicht so häufig an Geschäftsmodellinnovationen heran.
- Ein in der Vergangenheit erfolgreich vollzogener Veränderungsprozess ist unabhängig von einer möglichen GMI.

	Antriebskraft für eine Geschäftsmodellinnovation?	
	Ja	**Nein**
Branche/Sektor		X
Größe der Organisation		X
Klar definierte/fokussierte Organisationskultur/Ziele	X	
Regionale Markttrends		X
Globale Trends/Erschließung neuer Märkte	X	
Obere Führungsebene	X	
Produkt-, Prozessinnovatoren		X
Frühere erfolgreiche Veränderungsprozesse		X

Tabelle 14.1: Antriebskräfte der Geschäftsmodellinnovation

Die entscheidenden Antriebskräfte einer Geschäftsmodellinnovation sind immer Herausforderungen, die die langfristigen, zentralen Leistungs- oder Nutzenversprechen einer Organisation betreffen. Dies deckt sich zum einen mit unserem Verständnis, dass kleine, spezifische Veränderungen bei operativen Abläufen oder strategischen Entscheidungen nicht als Veränderung eines Geschäftsmodells gewertet werden sollten. Zum anderen bestätigt sich der Eindruck, dass eine Geschäftsmodellinnovation es durchaus in sich haben kann und „nichts für schwache Nerven" ist. Lässt sich ein Unternehmen tatsächlich auf eine grundlegende Innovation seines Geschäftsmodells ein, akzeptiert es damit, dass sein Überleben auf dem Spiel steht und es gleichzeitig zu massiven Veränderungen kommen muss.

Wenn die Geschäftsmodellinnovation ein Erfolg ist

Kein Wissenschaftler hat sich intensiver mit der Erforschung und Erklärung des Phänomens Geschäftsmodellinnovation befasst als Professor Henry Chesbrough. Er ist Autor zahlreicher aufschlussreicher Studien, die sich mit den Chancen und Risiken der Innovation eines Geschäftsmodells auseinandersetzen.

„Die Geschäftsmodellinnovation ist überlebenswichtig und dennoch sehr schwer zu erreichen."

Henry Chesbrough

Wir wissen, dass eine erfolgreiche Geschäftsmodellinnovation ein Unternehmen zu herausragenden Leistungen führen kann. Um eine GMI allerdings erfolgreich umsetzen zu können, muss ein Unternehmen agil und flexibel bleiben. Die GMI ist ein Sprung ins Ungewisse, denn dabei müssen die betroffenen Organisationen völlig neue, unbekannte Herausforderungen bewältigen. Soll das funktionieren, brauchen sie die entsprechende Agilität, um sich rasch immer neuen Bedingungen und Informationen anzupassen.

Unsere Forschungsarbeiten ergaben, dass Unternehmen, die während einer Geschäftsmodellinnovation agil bleiben, einen zweistufigen Prozess durchlaufen. Bedenken Sie dabei immer, dass eine GMI niemals einfach ist. Wäre sie es, würde jedes Unternehmen sie erfolgreich durchführen. Wenn Sie in Ihrem eigenen Unternehmen also eine GMI umsetzen möchten, bleiben Sie immer aufgeschlossen für Neues. Alle in Ihrem Unternehmen – jeder Mitarbeiter, jedes Team, jede Abteilung – müssen flexibel sein, manchmal Humor beweisen und brauchen die Unterstützung des Managements, um erfolgreich an den Veränderungsprozessen des Geschäftsmodells mitzuwirken. Erinnern Sie sich auch daran, dass es schon nicht leicht ist, die Chance für eine erfolgreiche GMI überhaupt zu entdecken. Die besten Ideen dazu kommen vielleicht von völlig unerwarteter Seite!

„Tatsache ist, dass es bei der Neuerfindung eines innovativen Geschäftsmodells häufig auf Intuition und den richtigen Spürsinn ankommt."

Gary Hamel

Der zweistufige Plan zur Geschäftsmodellinnovation

„Innovatoren eines Geschäftsmodells tun viel mehr, als nur ihre strategische Position zu verändern; sie ergründen auf den ersten Blick abwegige unternehmerische Chancen, die nur rückblickend offensichtlich erfolgversprechend sind. Eine GMI ist ein Vertrauensvorschuss, der nur auf begrenzten, unvorhersehbaren Informationen beruht."

Adam J. Bock und Gerard George

Wenn Sie in unserem Buch bis hierher gelangt sind und zu dem Schluss kommen, dass Ihre Organisation sich mit einer Geschäftsmodellinnovation auseinandersetzen muss, haben Sie eine gewaltige Aufgabe vor sich. Sie sollten versuchen, die Chance, die vor Ihnen liegt, sowie auch die Fähigkeiten Ihrer Organisation so genau wie möglich einzuschätzen – doch irgendwann müssen Sie den Sprung ins Ungewisse wagen. Wenn Sie erfolgreich sind, erscheint dieser Erfolg Beobachtern rückblickend vielleicht offensichtlich; scheitern Sie, so kann es sehr schwierig, ja vielleicht sogar unmöglich für Ihr Unternehmen sein, wieder auf die Beine zu kommen.

Abbildung 14.1 zeigt unser zweistufiges GMI-Tool. In Phase 1 nutzt das Unternehmen die Führungsstärke seines CEO, die Auslotung entfernter Marktchancen sowie einen Plan für eine diskontinuierliche Veränderung, um den GMI-Prozess in Gang zu setzen. Sobald sich die Organisation voll und ganz auf die GMI festgelegt hat, helfen die Faktoren aus Phase 2 dabei, diese Innovation erfolgreich umzusetzen.

AUFGABEN **Arbeitsblatt 14.1: Das zweistufige GMI-Tool**

Auf diesem Arbeitsblatt finden Sie eine Checkliste, anhand derer Sie prüfen können, ob Sie für eine Geschäftsmodellinnovation bereit sind. Die Fragen, die Sie dazu beantworten sollten, finden Sie auf dem Arbeitsblatt; wir werden sie aber auch auf den nächsten Seiten behandeln.

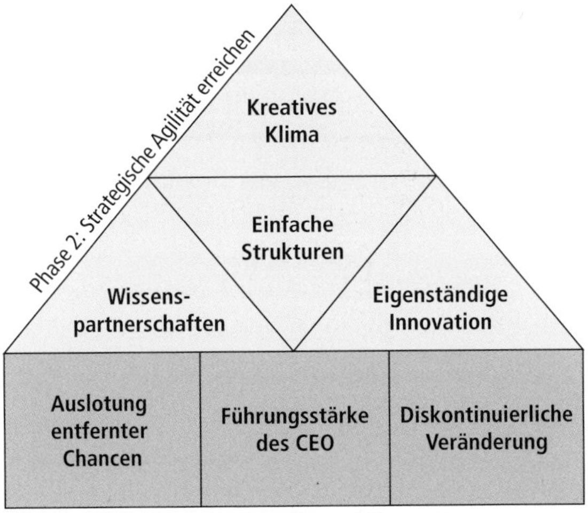

Abbildung 14.1: Das zweistufige GMI-Tool

Phase 1: Nutzung der entscheidenden Antriebskräfte der Geschäftsmodellinnovation

In Phase 1 sollte es Ihr Ziel sein, sicherzustellen, dass Ihre Organisation für eine Geschäftsmodellinnovation bereit ist. Sie brauchen dazu die Motivation und das Engagement Ihrer obersten Führungsriege, die Vision, völlig neue, langfristige Chancen zu erkennen und die Energie, radikale Veränderungen in Ihrer Organisation umzusetzen.

Führungsstärke des CEO

Sie – oder eben die Person, die an der Spitze Ihrer Organisation steht – müssen eine prominente, enthusiastische und optimistische Position einnehmen und so den Prozess der Geschäftsmodellinnovation für alle sichtbar anführen und vorantreiben.

Dabei ist es nicht erforderlich, dass der CEO (oder jede andere Führungskraft an der Spitze eines Unternehmens) jeden einzelnen Aspekt des GMI-Prozesses genau überwacht. Als geistiger und mentaler Anführer des Prozesses muss er aber dafür sorgen, dass die gesamte Organisation bereit ist, sich für eine klare, zielgerichtete Vision zu engagieren. Hat die Schlüsselperson im Unternehmen bereits die Funktion der antreibenden Kraft der GMI übernommen? Wenn nicht, weiß die Organisation, dass der CEO dieses Vorhaben 100-prozentig unterstützt? Gibt es eine klare, aussagekräftig formulierte Vision bezüglich des Ablaufs und der Ergebnisse der Geschäftsmodellinnovation?

Auslotung entfernter Chancen

Bei der Geschäftsmodellinnovation ist es wichtig, über den eigenen Tellerrand hinauszuschauen. Hier geht es nicht darum, angrenzende Märkte zu erschließen oder den Kunden inkrementelle Produktverbesserungen anzubieten. Wenn sich der Veränderungsprozess Ihres Geschäftsmodells bisher auf relativ einfache oder kleine Schritte beschränkt, setzen Sie damit nicht wirklich eine Geschäftsmodellinnovation in die Tat um. Wenn Sie bisher noch keine Aktivitäten gestartet haben, um weit entfernte Märkte, neue Technologien, Produktkonzepte und Kundenbedürfnisse zu erforschen, sollten Sie das jetzt tun. Mit das Schlimmste, das Ihre Organisation tun könnte, ist eine nur halbherzig umgesetzte Geschäftsmodellinnovation. Wenn Sie Ihren Prozess abgeschlossen haben, entdecken Sie vielleicht, dass einer Ihrer Konkurrenten oder sogar ein Neueinsteiger diese Aufgabe komplett bewältigt und Ihre Ergebnisse einfach übersprungen hat. Haben Sie sich Zeit genommen, um zu überlegen, wie Kunden, Märkte und Branchen in fünf Jahren aussehen werden? In zehn Jahren? In zwanzig Jahren? Was haben Sie unternommen, um Chancen auszuloten, die weit außerhalb der aktuellen Leistungs- bzw. Nutzenversprechen Ihrer Organisation liegen? Mit welchen neuen Konkurrenten werden Sie es Ihrer Einschätzung nach in fünf Jahren, in zehn Jahren oder in zwanzig Jahren zu tun haben? Wenn Sie dabei immer noch die gleichen Unternehmen wie heute im Kopf haben – befassen Sie sich dann wirklich ernsthaft mit einer Geschäftsmodellinnovation?

Diskontinuierliche Veränderung

Die meisten Fähigkeiten einer Organisation verbessern sich mit zunehmender Erfahrung. Bei der Geschäftsmodellinnovation ist das nicht unbedingt der Fall. Hat eine Organisation schon einmal einen Veränderungsprozess erfolgreich durchlaufen, bedeutet das nicht, dass auch eine GMI erfolgreich sein muss. Es scheint so, als könne man nicht lernen, eine Geschäftsmodellinnovation umzusetzen. Jede GMI-Initiative ist völlig einzigartig.

Ist Ihre Organisation bereit für einen diskontinuierlichen Wandel? Haben Sie Ihre wichtigsten Mitarbeiter auf neue und unbekannte Aufgaben und Verantwortungsbereiche vorbereitet? Sind Ihre physische Ausstattung und die Informationsstrukturen den neuen Aktivitäten und Kontrollprozessen wirklich gewachsen? Wer ist dafür zuständig, die Mitarbeiter zu betreuen, die von den aggressiven und disruptiven Veränderungen am stärksten betroffen sind?

Phase 2: Vorbereitung der Organisation auf eine erfolgreiche Geschäftsmodellinnovation

Ist die Organisation bereit für eine Innovation ihres Geschäftsmodells, gibt es vier Faktoren, die dafür sorgen können, dass diese ein Erfolg wird. In Ihrer Organisation muss ein kreatives Klima herrschen, die Strukturen in Ihrem Unternehmen sollten möglichst einfach gehalten sein, Sie sollten Partnerschaften eingehen, um Wissen über neue Geschäftschancen auszutauschen, und Sie müssen dafür sorgen, dass Innovation in Ihrem Unternehmen eigenständig stattfinden kann.

Kreatives Klima

Die wichtigste Bedingung für eine erfolgreiche GMI ist eine kreative Unternehmenskultur. Jedes Mitglied der Organisation muss bereit sein, neue Herausforderungen anzunehmen, neue Aktivitäten umzusetzen und möglicherweise auch völlig neue Wege der Wertschöpfung zu beschreiten. Eine kreative, innovationsfreundliche Unternehmenskultur bildet das Fundament für einen erfolgreichen Wandel.

Ohne ein solch flexibles, kreatives Klima lässt sich eine Geschäftsmodellinnovation in einem Unternehmen nur schwer umsetzen. Wie steht es mit Ihrer Unternehmenskultur im Vergleich zu der Ihrer Konkurrenten? Haben Sie zu diesem Thema in letzter Zeit eine interne Umfrage durchgeführt? Wenn das Klima in Ihrer Organisation im Augenblick eher ungünstig für eine umfassende Veränderung ist: Haben Sie vielleicht die Möglichkeit, die GMI auf einen späteren Zeitpunkt zu verschieben, um Ihre Organisation noch besser auf diesen Prozess vorzubereiten? Und welche Schritte könnten Sie unternehmen – unabhängig davon, wie das aktuelle Klima in Ihrem Unternehmen ist –, um flexibles und kreatives Denken in Ihrer Organisation zu fördern?

Einfache Strukturen

Kommt es zu einer Innovation des Geschäftsmodells, so müssen sich meist alle Aktivitäten in der Organisation, vom Topmanagement bis hin zum operativen Prozess, grundlegend verändern. Dieser Veränderungsprozess ist effizienter und effektiver, wenn sich die Organisation dabei auf ihre Kernfunktionen und -aufgaben konzentrieren kann. Allerdings birgt diese Vereinfachung auch verborgene Risiken. Wenn ein Unternehmen einfach bestimmte Nebenfunktionen eliminiert (durch Verkauf oder Spin-off), kann das die Geschäftsmodellinnovation sogar behindern. Die Herausforderung besteht darin, einerseits die Aufmerksamkeit des Managements ganz klar auf die zentralen Funktionen und Aktivitäten zu richten, ohne andererseits den Zugang zu externen Informationen über Marktbedingungen und neue Chancen zu verlieren. Sorgfältig ausgewählte Partnerschaften können hier besonders hilfreich sein.

Wenn Sie in Ihrer Organisation eine Innovation des Geschäftsmodells umsetzen möchten, sollten Sie genau überlegen, welche Aufgaben Sie wie delegieren möchten. Erstellen Sie eine Prioritätenliste aller Teams, groß angelegten Aktivitäten oder zentralen Prozesse, auf denen Ihr Geschäftsmodell aktuell aufgebaut ist. Im Idealfall sollte diese Liste etwa fünf bis zehn Teams und Prozesse enthalten. Legen Sie Ihre Prioritäten fest und überlegen Sie sich dann sorgfältig, ob einige oder mehrere der Elemente weiter unten auf der Liste eventuell an andere Organisationen delegiert werden könnten, denen Sie vertrauen. Denn dadurch entlasten Sie das Management in

Ihrer eigenen Organisation. Allerdings sollten Sie die Kontrolle über diese Prozesse nicht vollkommen abgeben. Sie sollten insbesondere sicherstellen, dass Sie über Ihre Partner weiterhin Zugang zu wichtigen Marktinformationen haben. Aber kommt es wirklich zu einer effektiven Entlastung Ihres Managements? Oder praktizieren Sie lediglich eine Neukonfigurierung interner Aktivitäten? Eine überraschende Erkenntnis, die wir durch unsere Forschungsarbeit gewonnen haben, lautet, dass das Delegieren bestimmter Prozesse die GMI begünstigen kann, während eine Neukonfigurierung interner Ressourcen diese eher behindert.

Ein faszinierendes Beispiel einer Neustrukturierung liefert der *Exkurs 53* auf der Website zum Buch.

Wissenspartnerschaften

Eine Geschäftsmodellinnovation bringt es meist mit sich, dass Sie Ihre Organisation an neue Geschäftsbereiche, Kundensegmente oder sogar völlig neue Märkte heranführen müssen. Welche Möglichkeiten haben Sie über das Delegieren unwichtigerer Funktionen hinaus, um in diesen neuen Bereichen Wissenspartnerschaften einzugehen? Überlegen Sie, welche potenziellen Kunden Sie am liebsten bedienen würden, wenn Ihre GMI ein Erfolg wird. Welche Kombination aus Fähigkeiten und Ressourcen würde die Chance erhöhen, dass diese Kunden tatsächlich einen Mehrwert durch Ihre Geschäftsmodellinnovation erlangen können? Welche externen Unternehmen könnten dazu beitragen, diese Fähigkeiten und Ressourcen bereitzustellen? Wie können Sie diese Organisationen erreichen, um den Weg für Ihren Eintritt in neue Bereiche und Märkte zu ebnen?

Eigenständige Innovation

Schlussendlich beruht eine erfolgreiche GMI auf intern generierten Ideen. Dabei ist es sehr hilfreich, mit Menschen und anderen Unternehmen Partnerschaften zu bilden, um so sicherzustellen, dass Sie über die aktuellsten Informationen bezüglich neuer Marktchancen verfügen. Letztendlich muss es aber immer Ihr eigenes Unternehmen sein, das für die Innovationen und Veränderungen verantwortlich zeichnet, die eine effektive Geschäftsmodellinnovation vorantreiben. Welche internen Anreize bieten Sie, um solche Innovationen zu fördern? Welche Anreize bieten Sie, um ihre Mitarbeiter darin zu unterstützten, die nötigen Veränderungen mitzutragen, damit die GMI funktioniert? Wie kann jeder einzelne Mitarbeiter Ihrer Organisation von einer eigenständigen Innovation profitieren? Wissen alle darüber Bescheid?

In unserem Buch über die Geschäftsmodellinnovation, „Models of Opportunity“, stellen wir Return Path vor, das weltweit führende E-Mail-Marketing-Unternehmen, das eine Whitelist führt. Return Path ging Partnerschaften mit globalen Internetanbietern ein, um Daten zu sammeln über die Eigenschaften von E-Mails, die direkt im Posteingang der Nutzer landen, und E-Mails, die in den Spam-Mail-Ordner umgeleitet werden. Diese Informationen waren zwar von entscheidender Bedeutung für Return Path, doch das Unternehmen nutzte sie keineswegs als Grundlage, um sein neues Geschäftsmodell für E-Mail-Marketingdienste sowie seine Whitelist-Datenbank für E-Mails umzusetzen. Diese Innovationen beruhten vielmehr auf den konstanten Bemühungen des Unternehmens, immer neue, abwegig scheinende Möglichkeiten innerhalb der E-Mail-Branche zu ergründen, gepaart mit dem außergewöhnlich kreativen und innovationsfördernden Klima innerhalb der Organisation. So gab das Unternehmen beispielsweise allen Mitarbeitern die Erlaubnis, anderen Kollegen kleine, unmittelbare finanzielle Belohnungen (25 Dollar) auszuzahlen, wenn sie der Meinung waren, diese hätten besonders gute Arbeit geleistet. Dies geschah durch einen standardisierten Prozess, der nicht von den jeweiligen Vorgesetzten abgesegnet werden musste. Viele der neuen Produkte und Dienstleistungsverbesserungen haben ihren Ursprung in einer solchen 25-Dollar-Idee.

Mehr zu den entscheidenden Antriebskräften einer erfolgreichen Geschäftsmodellinnovation lesen Sie in den *Exkursen 54 und 55* (Phase 1 und Phase 2) auf der Website zum Buch.

Eine Geschäftsmodellinnovation kann eine bittere, aber gleichzeitig auch eine berauschende Erfahrung sein. Wenn Sie während des Prozesses das Gefühl haben, „auf dem Vulkan zu tanzen“, dann sind Sie wahrscheinlich auf dem richtigen Weg. Wir alle, die wir die Erfahrung einer GMI schon einmal durchlebt haben, gleichgültig ob mit oder ohne Erfolg, wünschen Ihnen dabei viel Glück und gutes Gelingen!

Fazit

- Eine Geschäftsmodellinnovation birgt viele Risiken, aber auch viele Chancen.
- Entscheidende Antriebskräfte einer GMI sind weder Branche, Größe der Organisation noch lokale Markttrends oder frühere erfolgreiche Veränderungen.
- Unternehmen, die sich auf Produkt- und Prozessinnovationen konzentrieren, lassen sich seltener auf eine GMI ein.
- Unternehmen, die eine GMI anstoßen, werden meist von aktiven CEOs geleitet, sind bereit, abwegig scheinende Chancen zu prüfen, und arbeiten zielgerichtet mit einer homogenen Unternehmenskultur.
- Eine erfolgreiche GMI braucht eine kreative Kultur, einfache Strukturen, Wissenspartnerschaften und eigenständige Innovation.
- Bei der Geschäftsmodellinnovation gibt es keine Erfolgsgarantie.

15

Nachhaltige Geschäftsmodelle

„Ein nachhaltiges Geschäftsmodell muss Teil einer nachhaltigen Gesellschaft sein. Es ist unmöglich, ein nachhaltiges Unternehmen in einer nicht nachhaltigen Volkswirtschaft zu führen. Alle Geschäftsmodelle gründen sich auf bestimmte externe Bedingungen; um nachhaltig sein zu können, müssen diese Bedingungen einer florierenden Wirtschaft entsprechen, die innerhalb umweltverträglicher Grenzen den sozialen Fortschritt begünstigt."

David Bent, Forum for the Future

Was bedeuten „nachhaltig" und „Nachhaltigkeit" im Zusammenhang mit einem Geschäftsmodell?

In diesem Kapitel widmen wir uns dem Konzept des „nachhaltigen Geschäftsmodells". Wir werden Ihnen erläutern, wie Sie sich dafür oder dagegen entscheiden können, Aspekte der Nachhaltigkeit in Ihrem eigenen Unternehmensprojekt zu berücksichtigen. Manager und Unternehmer haben also die Wahl, ob sie ihr Geschäftsmodell nachhaltig gestalten wollen oder nicht – und diese Entscheidung basiert immer auf deren persönlichen Überzeugungen und Werten.

Es würde den Rahmen dieses Buchs sprengen, wenn wir Themen wie Ethik, Globalisierung, Gerechtigkeit oder Menschenrechte ansprechen wollten. Bitte lesen Sie hierzu den *Exkurs 56*. Dort erfahren Sie auch, mit welchem Bezug wir die Worte „Ökologie" und „soziales Engagement" verwenden.

Nachhaltige Geschäftsmodelle von allen Seiten betrachtet

Was also ist ein nachhaltiges Geschäftsmodell? Auch wir nutzen diesen Begriff, denn er ist mittlerweile allgegenwärtig und daher allgemein verständlich. Aber was bedeutet ein nachhaltiges Geschäftsmodell für Sie?

AUFGABEN **Arbeitsblatt 15.1: Wir betrachten das nachhaltige Geschäftsmodell von allen Seiten**

Wenn Sie wirklich optimal von der Lektüre dieses Kapitels profitieren möchten, laden Sie sich zusätzlich das *Arbeitsblatt 15.1* von unserer Website herunter. Erarbeiten Sie sich mit uns die Details und Feinheiten dieses nicht ganz einfachen Begriffs. Schreiben Sie am Anfang in Kasten Nr. 1 auf, was Sie persönlich unter einem nachhaltigen Geschäftsmodell verstehen. Blättern Sie bitte noch nicht vor auf Seite 2 des Arbeitsblatts!

Das nachhaltige „Geschäftsmodell"

Die wohl einfachste Interpretation dieses Begriffs ist die Vorstellung eines nachhaltigen (Pause) „Geschäftsmodells" – eines Geschäftsmodells also, das nachhaltig ist. Was bedeutet hier „nachhaltig"?

Wenden Sie sich jetzt Kasten Nr. 2 des Arbeitsblatts zu. Setzen Sie sich gedanklich mit der Vorstellung eines Geschäftsmodells auseinander, das nachhaltig ist. Was heißt das für Sie? Unterscheidet sich Ihre jetzige Einschätzung von dem, was Sie in Kasten Nr. 1 eingetragen haben?

Die einfachste Definition eines nachhaltigen „Geschäftsmodells" ist, dass es langlebig ist.

Im Endeffekt sprechen wir hier über das Thema Wettbewerbsvorteil. Der Begriff des nachhaltigen „Geschäftsmodells" wird von Wissenschaftlern verwendet, um zu betonen, wie ein Unternehmen es schafft, seinen Konkurrenten langfristig immer einen Schritt voraus zu sein.

„Eine Geschäftschance hat ein attraktives, nachhaltiges Geschäftsmodell: Sie macht es möglich, einen Wettbewerbsvorteil zu schaffen und ihn aufrechtzuerhalten."

William A. Sahlman, 1997

„Die Strategieanalyse ist also ein wichtiger Schritt auf dem Weg zum Entwurf eines wettbewerbsfähigen nachhaltigen Geschäftsmodells."

David J. Teece, 2010

Haben Sie in Kasten Nr. 2 etwas über Ihre Strategie oder Ihre langfristige Wettbewerbsfähigkeit geschrieben? Gleichgültig, ob die Antwort darauf „ja" oder „nein" lautet – verstehen Sie, warum die Wissenschaftler diesen Punkt so interpretiert haben?

Das Modell des „nachhaltigen Unternehmens"

Unsere nächste Perspektive ist ein bisschen anders: das Modell (Pause) des „nachhaltigen Unternehmens". Hier möchten wir also etwas anderes betonen – nämlich das Modell eines nachhaltigen Unternehmens. Was bedeutet das?

Wenden Sie sich Kasten Nr. 3 auf dem Arbeitsblatt zu. Denken Sie über die Vorstellung eines Modells eines nachhaltigen Unternehmens nach. Was bedeutet dieser Begriff für Sie? Schreiben Sie Ihre Definition in Kasten Nr. 3 auf.

Es scheint so, als sprächen wir jetzt über eine Art Plan, Darstellung oder Anleitung für ein nachhaltiges Unternehmen. Dabei haben wir noch nicht einmal übereinstimmend festgelegt, was ein „nachhaltiges Unternehmen" eigentlich ist!

„Ein Modell für ein nachhaltiges Unternehmen ist ein Plan, mit Hilfe dessen man Nachhaltigkeit erreichen kann, und es befasst sich mit den Themen und dynamischen Beziehungen der Nachhaltigkeitsdimensionen von Unternehmen."

Daud Ahmed und David Sundaram, 2007

Steht in Ihrem Kasten Nr. 3 etwas über Unternehmenselemente, die sich mit Nachhaltigkeit auseinandersetzen? Haben Sie klar dargestellt, was Nachhaltigkeit in diesem Zusammenhang bedeutet? Es könnte sein, dass wir hier immer noch über Machbarkeit und Langlebigkeit sprechen, doch es scheint, als ginge es doch um etwas anderes – und das hat mit ökologischen Auswirkungen oder gesellschaftlichem Nutzen zu tun.

Einige Wissenschaftler und Berater haben bereits versucht, diese Unterscheidung zu verdeutlichen, indem sie von einem „Nachhaltigkeitsunternehmen" im Gegensatz zu einem „nachhaltigen Unternehmen" sprachen. Wer mehr über diesen Unterschied erfahren möchte, dem empfehlen wir die Lektüre des *Exkurses 57* zum Thema auf der Website zum Buch.

Sie haben sicherlich mittlerweile erkannt, dass der Begriff des „nachhaltigen Geschäftsmodells" fast wie eine Abkürzung für viele verschiedene, komplexe Inhalte ist. Und diesen wollen wir nun weiter auf den Grund gehen.

Das „Geschäftsmodell" des „nachhaltigen Unternehmens"

In diesem Abschnitt sprechen wir über das „Geschäftsmodell" (Pause) eines „nachhaltigen Unternehmens". Dabei handelt es sich um ein Geschäftsmodell eines Unternehmens, das wir als nachhaltig bezeichnen würden.

Wenden Sie sich Kasten Nr. 4 auf dem Arbeitsblatt zu und schreiben Sie dort auf, was das für Sie bedeutet.

„Nachhaltigkeit auf Unternehmensebene und Nachhaltigkeit des Systems, zu dem das Unternehmen gehört."

Wendy Stubbs und Chris Cocklin, 2008

Mit diesem Begriff haben wir scheinbar alle Aspekte abgedeckt. Das Thema Ökologie als Teil des Geschäftsmodells ist enthalten. Und auch der Aspekt, dass Nachhaltigkeit etwas mit der gesamten Wirtschaft, dem gesellschaftlichen Kontext oder der Biosphäre eines Unternehmens zu tun hat, ist spürbar. Verloren gegangen ist uns allerdings das Element der langfristigen Überlebensfähigkeit.

Das nachhaltige „Geschäftsmodell" des „nachhaltigen Unternehmens"

War das von Anfang an der Zielpunkt unserer Überlegungen? Diese (furchtbare) Bezeichnung ist zu verstehen als das nachhaltige (Pause) „Geschäftsmodell" (Pause) eines „nachhaltigen Unternehmens". Es wird also ein Geschäftsmodell eines nachhaltigen Unternehmens beschrieben, das ebenfalls nachhaltig ist. In Kasten Nr. 5 auf dem Arbeitsblatt können Sie eintragen, was das für Sie bedeutet.

Wie sind wir an diesen Punkt gelangt? Wir wollten erreichen, dass sich das Element der „Nachhaltigkeit" sowohl auf das Unternehmen selbst als auch auf die dauerhafte Lebensfähigkeit seines Geschäftsmodells bezieht.

Vielleicht fragen Sie sich jetzt, ob dieser letzte Aspekt der langfristigen Lebensfähigkeit wirklich so wichtig ist. Wir glauben, ja: Wir könnten Geschäftsmodelle kreieren, die zwar von Nachhaltigkeit geprägt, aber ganz klar nicht wettbewerbsfähig sind. Es gibt viele Beispiele solcher Organisationen – die oft von einem visionären Unternehmer mit einem speziellen ökologischen oder sozialen Anliegen angeführt werden. Diese Unternehmen erleben eine kurze Blütezeit und brechen dann zusammen, denn die einzige Ressource, die ein solches Unternehmen am Leben hält, ist die unbezahlte Arbeitskraft des Unternehmers! Mit der Nachhaltigkeit dieser Unternehmen ist es nicht wirklich weit her.

Entspricht das, was wir bisher erarbeitet haben, dem, was Sie sich anfangs überlegt haben?

Was ist es denn nun, das echte „nachhaltige Geschäftsmodell"?

> *„In einem nachhaltigen Geschäftsmodell stehen das Gewinnmotiv und der Nutzen für die Umwelt im Einklang miteinander. Ein nachhaltiges Geschäftsmodell fördert ‚verantwortungsbewusstes Konsumverhalten', Engagement der Mitarbeiter, langfristige Beziehungen zwischen Kunden, Unternehmen und Zulieferern und legt den Fokus auf die Bedürfnisse der Kunden. All diese Faktoren sollten dazu beitragen, ein nachhaltiges wirtschaftliches Wachstum zu erreichen."*
>
> *Scottish Enterprise*

Was sollen wir nun mit all diesen Varianten und Erklärungen anfangen?

Wenn wir über nachhaltige Geschäftsmodelle sprechen, meinen wir damit Modelle, die zum einen eng verbunden sind mit ökologischen Themen und zum anderen über eine langfristige kompetitive Überlebensfähigkeit verfügen.

Ein nachhaltiges Geschäftsmodell verbindet die langfristige Lebensfähigkeit einer Organisation mit dem ökologischen System, in dem sie operiert. Erinnern Sie sich, dass ein Geschäftsmodell das Organisationsdesign ist, das eingesetzt wird, um eine neue Chance zu nutzen. Eigentlich geht es also immer noch darum, wie wir ein Unternehmensprojekt gestalten. Allerdings haben wir jetzt einen sehr viel weiteren Blickwinkel und denken auch an die Auswirkungen des Modells.

Ein nachhaltiges Geschäftsmodell ist ein Organisationsdesign, das eingesetzt wird, um eine neue Chance zu nutzen, und die Langlebigkeit der Organisation mit dem ökologischen und/oder gesellschaftlichen System in Einklang bringt, in dem sie operiert.

Ein Beispiel für diesen Ansatz liefert TOMS Schuhe, das für sein Programm Buy-One Give-One bekannt wurde.

> *„Die Zukunft von TOMS schafft tatsächlich ein völlig neues Geschäftsmodell, das auf diesem Ansatz zu kaufen und gleichzeitig zu spenden basiert, denn das TOMS-Modell wird längst auch auf andere Produkte angewendet."*
>
> *Blake Mycoskie*

Weitere Informationen zu TOMS sowie einen Link zu einem Video, in dem erzählt wird, warum Blake Mycoskie das Unternehmen gründete, finden Sie im *Exkurs 58* über TOMS auf unserer Website.

Wirklich nachhaltige Geschäftsmodelle müssen sich letztendlich im Laufe der Zeit immer wieder verändern, denn auch unser Verständnis von Nachhaltigkeit verändert sich immer wieder.

Ein gutes Hilfsmittel, um sich an das Thema Nachhaltigkeit anzunähern, besonders im Zusammenhang mit einer Geschäftsmodellinnovation, ist das Raster zur Geschäftsmodellinnovation (*Abbildung 15.1*). Es wurde von Wissenschaftlern am Centre for Industrial Sustainability in Cambridge entwickelt und wird von Plan C unterstützt, einem Netzwerk aus dem niederländischen Flandern, das sich der nachhaltigen Nutzung von Materialien verschrieben hat und für das Prinzip der Kreislaufwirtschaft wirbt. Das Raster schlägt nachhaltige Innovationen in drei breit angelegten Einflussbereichen vor: technologisch, gesellschaftlich und organisational. Eine technologische Optimierung beispielsweise könnte eine Materialreduzierung bei Produkten und deren Verpackungen sein. Eine gesellschaftliche Verbesserung, die sich auf Funktionalität und nicht auf Eigentum konzentriert, könnte es Kunden ermöglichen, für die Nutzung eines Produkts zu bezahlen und es dann – anstelle einer Entsorgung auf der Mülldeponie – an den Hersteller zurückzugeben. Dieser könnte es dann zur erneuten Verwendung anbieten. Eine organisationale Verbesserung, die soziales Unternehmertum in den Fokus rückt, könnte sich um die lokale Durchführung von Produktion und anderen Aktivitäten – im Gegensatz zu betrieblicher Zentralisierung – drehen.

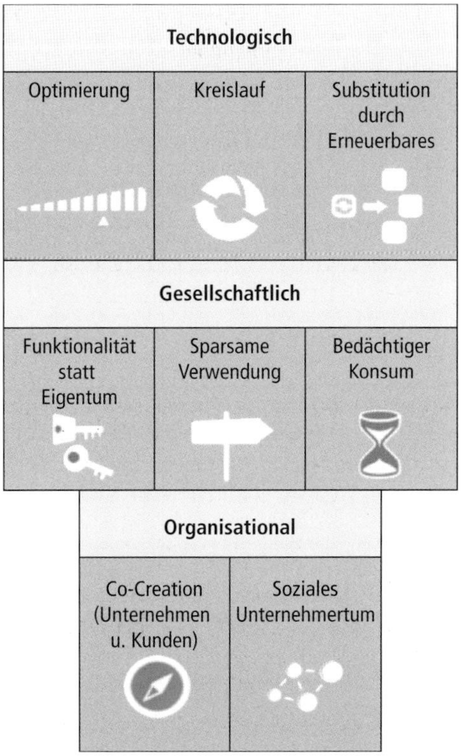

Abbildung 15.1: Raster zur Geschäftsmodellinnovation entwickelt vom Centre for Industrial Sustainability in Cambridge und Plan C
Quelle: Circular Flanders

Bewertung nachhaltiger Geschäftsmodelle

Das Thema, über das in der Fachwelt im Zusammenhang mit nachhaltigen Geschäftsmodellen am meisten Uneinigkeit herrscht, ist die Wahl der richtigen Bewertungsmethoden der Nachhaltigkeit.

Die Herausforderung besteht darin, dass wir Nachhaltigkeit aus mindestens drei verschiedenen Blickwinkeln betrachten können: Intention, Prozess und Ergebnis. Dabei geht es nicht darum, sich auf ökologische Auswirkungen, CO_2-Bilanzen, Störungen im globalen Klimasystem oder eine bestimmte noch akzeptable Wachstumsrate der Wirtschaft zu einigen. Ihre Einschätzung, ob ein Geschäftsmodell nachhaltig ist oder nicht, hängt vielmehr meist davon ab, aus welcher Perspektive Sie es betrachten. *Abbildung 15.2* zeigt drei mögliche Perspektiven. Dies ist eine gute Gelegenheit, darüber nachzudenken, wie Sie selbst Nachhaltigkeit in Ihrem eigenen Geschäftsmodell messen, und ob Nachhaltigkeit bisher ein Ziel Ihres Modells war.

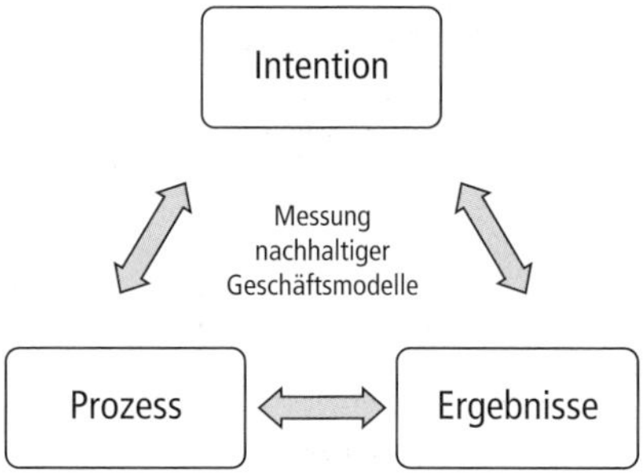

Abbildung 15.2: Perspektiven bei einem nachhaltigen Geschäftsmodell

AUFGABEN **Arbeitsblatt 15.2: Nachhaltigkeit bewerten**

Überlegen Sie mithilfe dieses Arbeitsblatts, wie Sie Nachhaltigkeit in Ihrem Geschäftsmodell messen können. Füllen Sie die erste Reihe aus, so gut Sie können; natürlich können Sie auch „nicht zutreffend" oder „aktuell nichts" eintragen.

Betrachten wir in diesem Zusammenhang das Unternehmen Walmart (das in Großbritannien unter dem Namen ASDA bekannt ist). Im Jahr 2015 gab Walmart bekannt, man habe den Kohlenstoffausstoß der globalen Lieferkette seit 2010 um 28,2 Millionen Tonnen reduziert. Das klingt sicherlich nach einem beeindruckenden ökologischen Erfolg. Auch über weitere ökologisch orientierte Ergebnisse berichtete Walmart.

Aber heißt das nun automatisch, dass Walmarts Geschäftsmodell nachhaltig ist? Mit Sicherheit ist es inzwischen in die Jahre gekommen: Seit Jahren wächst Walmart auf globaler Ebene. Doch ist sein Geschäftsmodell wirklich ökologisch nachhaltig? Das endgültige Urteil darüber ist wohl noch nicht gefallen – allerdings haben manche Beobachter bereits gute Argumente dafür vorgebracht, dass Walmarts Einfluss auf die globale Ökobilanz negativ ist: „Die Maßnahmen zur Nachhaltigkeit, die Walmart im Rahmen seines Geschäftsmodells ergriffen hat, können den ökologischen Schaden, den das Modell insgesamt bereits angerichtet hat, nicht kompensieren."

Und wie steht es mit Walmarts Intentionen? Im Laufe der letzten 20 Jahre hat sich das Unternehmen verpflichtet, eine ganze Reihe positive ökologische Ergebnisse zu erreichen – mit mehr oder weniger Erfolg. Und welche Prozesse nutzt Walmart dafür? Eine der wichtigsten Maßnahmen, die Walmart zur Reduzierung von Kohlenstoffemissionen einleitete, bestand darin, die eigenen Zulieferer dazu zu bringen, deren eigenen CO_2-Ausstoß zu verringern. Denn Walmarts CO_2-Bilanz wird zu 90 Prozent von dessen Zulieferern bestimmt. Spielt es eine Rolle, wie die Zulieferer es schafften, ihren Kohlenstoffausstoß zu drosseln? Wenn deren Aktivitäten nun andere (unvorhergesehene) negative ökologische Auswirkungen hätten, würde das unsere Bewertung in Bezug auf die Nachhaltigkeit von Walmarts Geschäftsmodell beeinflussen?

Das Problem ist, dass wir leicht Szenarien schaffen können, in denen eine der drei Perspektiven klar auf ein nachhaltiges Geschäftsmodell hinweist, während die anderen beiden Perspektiven eindeutig ergeben, dass keinerlei Nachhaltigkeit gegeben ist. Was ist, wenn ein Unternehmen zwar die Absicht hat, nachhaltig zu operieren, durch sein Handeln aber unbeabsichtigt ökologischen Schaden anrichtet? Und was ist, wenn eine Organisation umgekehrt, gar nicht nachhaltig sein will, durch ihre Aktivitäten aber unbeabsichtigt der Umwelt nützt?

Tabelle 15.1 vergleicht die drei Perspektiven und thematisiert einige der theoretischen und praktischen Aspekte, die Manager interessieren sollten.

Perspektive	**Intention**	**Prozess**	**Ergebnisse**
Bezugsrahmen	Ziele	Verhalten	Auswirkungen
Was gemessen wird	Gibt das Unternehmen ausdrücklich qualitative und quantitative Erklärungen über seine Nachhaltigkeit ab.	Hier geht es um die zu beobachtenden Entscheidungen und Handlungen, mit denen die Organisation ökologische Kompromisse eingeht.	Es gibt reale quantitative Ergebnisse.
Nachhaltigkeitstheorie	Langfristige Nachhaltigkeit muss von den Zielsetzungen des Unternehmens vorangetrieben werden, die die Überlebensfähigkeit des Unternehmens mit dem ökologischen und gesellschaftlichen System verbindet.	Nachhaltigkeit wird erreicht, wenn Organisationen reale Entscheidungen treffen, mit denen sie Kompromisse eingehen, die der Umwelt und der Gesellschaft nützen.	Nachhaltigkeit wird erreicht, wenn Organisationen Ergebnisse erzielen, die für das ökologische und gesellschaftliche System einen real messbaren Vorteil bringen.
Vorteile	Diese sind leicht zu beobachten und zu messen.	Wird die Theorie vollständig umgesetzt, ergeben sich bestimmte Regeln für die Entscheidungsfindung, die überprüft und kopiert werden können.	Es entsteht eine quantitative Basis für die Bewertung und den Vergleich mit anderen Organisationen und Situationen.
Nachteile	Es gibt eine unklare Grenze für die Intention der Nachhaltigkeit; es gibt keine Anforderungen bezüglich Aktionen und Ergebnissen; es herrscht Konfusion von Zweck und Mitteln, „Greenwashing".	Regeln lassen sich nur schwer aufstellen, da das Unternehmen eventuell gegen das eigene wirtschaftliche Interesse handeln muss oder einen Nachteil gegenüber weniger nachhaltigen Konkurrenten hat; Entscheidungen und Aktivitäten lassen sich nur begrenzt messen; die relative Bedeutung von Aktivitäten und wahrgenommenen Auswirkungen.	Die Wahl der Messgröße und des Zeitrahmens ist eventuell nicht klar; werden die Ergebnisse relativ oder absolut gemessen; kleine Verbesserungen könnten genutzt werden, um größere Probleme und Schäden zu verschleiern.

Tabelle 15.1: Perspektiven bei einem nachhaltigen Geschäftsmodell

Schauen wir uns ein weiteres Beispiel genauer an, und zwar Olam International.

BEISPIEL Nachhaltigkeit

Olam ist ein weltweit führendes Agrarunternehmen, das in über 70 Ländern operiert und seine Produkte, von Samen über andere Agrarrohstoffe bis hin zu konsumfertigen Lebensmitteln an über 23.000 Kunden weltweit verkauft. Die Unternehmenszentrale befindet sich in Singapur und Olam beschäftigt 70.000 Mitarbeiter rund um die Welt und in zahlreichen Branchen, wie etwa der Produktion von Reis, Kakao, Kaffee, Cashewnüssen und Baumwolle. Olams Kerngeschäft sind Plantagen und Handel. Das Unternehmen setzt sich in allen Bereichen, von den Farmen bis zu seinen Fabriken, für nachhaltige Prozesse und Praktiken ein. Die Innovationen des Unternehmens drehen sich um weniger Wasserverbrauch in der Landwirtschaft, z.B. durch eine Steigerung der festen Bestandteile in Zwiebeln um fünf Prozent. Dies hat mehrere Auswirkungen bezüglich eines reduzierten Wasserverbrauchs (um über sieben Milliarden Liter), einer geringeren Austrocknung des Bodens und weniger Transportkosten (um Kosten für acht Millionen Liter Diesel). Wichtiger noch – dadurch können über 800 Hektar Land eingespart werden. Die Nachhaltigkeit ist ein so zentraler Bestandteil von Olams Betriebsabläufen, dass das Unternehmen die Global Agri-business Alliance anführt, die die Ziele der Abteilung für Nachhaltige Entwicklung der UNO unterstützt. Diese sind unter anderem, die Armut zu beenden (Ziel 1), die Sicherung des Zugangs zu Wasser (Ziel 6), die Förderung nachhaltigen Konsums und nachhaltiger Produktion (Ziel 12), die Bekämpfung des Klimawandels (Ziel 13), die nachhaltige Nutzung des Walds (Ziel 15) und die Neubelebung von Partnerschaften zur nachhaltigen Entwicklung (Ziel 17). All diese Aktivitäten zeigen, dass Olam erkannt hat, dass die ökologische Nachhaltigkeit ein zentraler Baustein für die langfristige Nachhaltigkeit seiner Unternehmensaktivitäten ist.

Manche Unternehmer entwickeln vielleicht Geschäftsmodelle, mit denen sie beabsichtigen, nachhaltig zu sein. Häufig sind sie von einer grundlegenden Motivation getrieben, ein Ziel zu erreichen, das nichts mit Gewinnmaximierung zu tun hat. So wollte Matthew Golden mit seiner Unternehmensidee im großen Rahmen den verschwenderischen Umgang mit Energie eindämmen, um so einerseits die Umwelt zu entlasten und andererseits dem Kunden Energiekosten zu ersparen.

Perspektive der Intention

Definiert man den Begriff der Intention bezogen auf ein Geschäftsmodell, so steht er schlicht für eine Ressource der Organisation. Diese kann in Form einer klar formulierten Vision vorliegen oder ein Ziel oder eine Bemühung sein, um die impliziten Vorstellungen und Ideen des Unternehmers sichtbar und greifbar zu machen.

Eine Herausforderung bei der Perspektive der Intention besteht darin, eine geeignete minimale Grenze festzulegen. Die meisten Unternehmer, die Nachhaltigkeit erreichen wollen, haben gleichzeitig bestimmte Erwartungen hinsichtlich ihrer Ziele vor Augen. Denn wenn sie sich einfach nur mit minimalen Fortschritten zufriedengeben würden, würde es ja ausreichen, nur ihr eigenes Verhalten zu ändern. Matthew Golden etwa hätte ein Energiegutachten seines Privathauses erstellen lassen und es dann entsprechend umrüsten lassen können, um selbst Energie zu sparen.

Wo liegt aber die Mindestgrenze für ein Unternehmen und sein Geschäftsmodell, ab der man es als „nachhaltig" bezeichnen kann?

Wer die Intention verfolgt, ein nachhaltiges Geschäftsmodell zu nutzen, muss unterscheiden zwischen dem Zweck und den Mitteln, um diesen zu erreichen. Viele Modelle implizieren dies zwar, aber es wird nicht explizit thematisiert. Warum ist diese Unterscheidung wichtig? Manchmal sind Zweck und Mittel schwer zu definieren und in manchen Fällen ist dem Unternehmer selbst gar nicht klar, was genau seine Intention ist. Es lohnt sich durchaus, dieses Thema zu ergründen, denn auch die Prozessperspektive eines Geschäftsmodells baut darauf auf. Als Adam Purvis das Netzwerk Power-Of-Youth (POY) ins Leben rief, mit dem er erfolgreiche Unternehmer dazu ermutigen wollte, andere an ihrem Erfolg teilhaben zu lassen, erkannte er intuitiv, das POY selbst eher keine positiven Auswirkungen auf Umwelt und Gesellschaft haben würde. Schließlich nutzte es ökologische Ressourcen, ohne benachteiligten Menschen damit irgendeinen direkten Vorteil zu bringen. POY war ein rein mittelbasiertes nachhaltiges Geschäftsmodell. Eigentlich sollte die Intention aber darin bestehen, die Ideale der Nachhaltigkeit einer viel breiteren Auswahl von Organisationen nahezubringen.

Das Problem besteht letztendlich darin, dass viele Organisationen gelernt haben, öffentlich viel Gutes über ihre Absichten bezüglich Nachhaltigkeit zu sagen. Aktiengesellschaften platzieren diese Aussagen häufig in ihren Erklärungen zur sozialen Verantwortung ihrer Unternehmen. Solche öffentlichen Stellungnahmen von Unternehmen, die dann aber gar nicht zu deren Verhaltensweisen und Ergebnissen passen, werden als „Greenwashing“ bezeichnet.

Perspektive der Prozesse

Vielleicht eignet sich die Prozessperspektive besser, um die Nachhaltigkeit eines Geschäftsmodells zu bestimmen. Denn der Begriff „Prozess“ steht ja für das, was ein Unternehmen tatsächlich tut. Wie verhält sich eine Organisation, wenn sie Kompromisse schließen muss zwischen Nachhaltigkeit und Gewinn? Ihnen ist sicherlich klar, dass dieser Bereich eng verknüpft ist mit den Aktivitäten und Transaktionen innerhalb des Geschäftsmodellkonzepts.

Betrachten wir dazu Matt Goldens Projekt, Recurve. Für die Entwicklung der Software zur Prüfung des Energieverbrauchs brauchte er Startkapital. Um sein Unternehmen zu betreiben, war ein Büro mit der entsprechenden Ausstattung nötig. Golden hoffte, mit Recurve entscheidend und langfristig Einfluss nehmen zu können auf den privaten Energieverbrauch in den USA und letztendlich auf der ganzen Welt. Bedeutet das, dass die Organisation auch all ihre internen Prozesse und Praktiken auf Nachhaltigkeit ausrichten sollte? Fakt ist, dass viele nachhaltige Produkte (wie etwa klimafreundlich hergestelltes Büromaterial) teurer sind als andere Alternativen.

Eine wichtige Herausforderung ist es hier, Grenzen zu setzen. Wo zieht die Organisation die Grenze für den Einsatz und/oder die Durchsetzung nachhaltiger Aktivitäten? Sollte die Organisation auch von ihren Partnern und Zulieferern verlangen, sich an ähnliche Regeln der Nachhaltigkeit zu halten? Recurve bemühte sich beständig, auch intern innerhalb seines Geschäftsmodells seine Prozesse nachhaltig zu gestalten. Man bezog Büromaterial und -ausstattung von Unternehmen, die sich ausdrücklich der Nachhaltigkeit verschrieben hatten. Und es wurden Programme eingerichtet, die die Mitarbeiter dazu ermutigen sollten, auf möglichst umweltfreundlichem Weg zur Arbeit zu kommen.

Doch wie weit lassen sich diese Grenzen ausdehnen? Hätte Recurve seine Partner, Zulieferer und Mitarbeiter kontrollieren und überwachen sollen, um seine Ziele der Nachhaltigkeit noch effektiver durchzusetzen? Was wäre, wenn einige Zulieferer, wiederum von deren Partnern und Zulieferern keine nachhaltigen Praktiken verlangten? Eine derartige Überwachung wäre sehr kostspielig und zeitaufwendig gewesen.

Sollten alle Aktivitäten gleich bewertet werden? Wie tief muss ein Geschäftsmodell gehen, um seine Prozesse seiner Intention der Nachhaltigkeit anzugleichen? Viele Aktivitäten, die innerhalb einer Organisation stattfinden, erscheinen auf den ersten Blick trivial, z.B. die Reinigung der Büros. Muss wirklich jede Handlung innerhalb einer Organisation auf Nachhaltigkeit geprüft werden?

Diese Frage, wie tief man gehen sollte, ist eng verbunden mit dem Aspekt von Mittel und Zweck aus der Perspektive der Intention. Um dies zu verdeutlichen, nehmen wir das Beispiel des US-amerikanischen Superinvestors Warren Buffet. Buffet gilt als einer der erfolgreichsten Investoren und Manager, die es je gab. Er hat öffentlich versprochen, 99 Prozent seines Vermögens für gemeinnützige Zwecke zu spenden. Themen wie Gesundheitsfürsorge, Steuern und ungleiche Vermögensverteilung sieht er eher liberal – sein Unternehmen (Berkshire Hathaway) kauft und betreibt Unternehmen, um Gewinne zu generieren und zu maximieren. Es ist nicht sofort klar, ob für Buffet und sein Unternehmen bei der Auswahl der Investitionen das Thema Nachhaltigkeit eine Rolle spielt. Ist es besser, (a) ein Unternehmen zu führen, ohne sich über Aspekte der Nachhaltigkeit Gedanken zu machen und dann die langfristigen Gewinne für nachhaltige Zwecke zu spenden? Oder (b) ein Unternehmen bewusst und tiefgehend nachhaltig zu führen, um kurzfristigen Nutzen für Umwelt und Gesellschaft zu erreichen? Auf diese Frage gibt es keine klare Antwort, aber es lohnt sich, darüber nachzudenken – besonders im Hinblick auf Ihr eigenes nachhaltiges Geschäftsmodell.

Zwei unserer Lieblingsbeispiele, bei denen diesbezüglich klare Prioritäten gesetzt wurden, sind Recurve und Return Path. Beide Unternehmen brauchten dringend Startkapital, welches notwendigerweise gewinnorientiert eingesetzt werden musste. Dennoch hatten beide Unternehmen explizit Prioritäten, die zwangsläufig mit der Gewinnmaximierung im Konflikt standen. In der Unternehmenskultur von Return Path stand der Mitarbeiter klar an erster Stelle. Und Recurve war entschlossen, trotz höherer Kosten umweltfreundlich zu handeln. Letztendlich fanden beide Organisationen Risikokapitalgeber, die an ihre jeweilige Vision glaubten. Diese Investoren waren bereit, die Idee zu testen, dass ihnen solche – anderen – Prioritäten bessere Renditen bringen würden.

Perspektive der Ergebnisse

Die letzte der drei Perspektiven bezieht sich schließlich auf die Ergebnisse. An dieser Stelle setzen die meisten nachhaltigen Geschäftsmodelle an. Ein Unternehmer möchte die Umwelt verbessern (oder zumindest dafür sorgen, dass weniger Schaden angerichtet wird) oder die Gesellschaft positiv verändern. Die Ergebnisperspektive liefert die beste und eine endgültige Möglichkeit, Nachhaltigkeit zu testen und zu messen, kann aber nicht alle Themen berücksichtigen.

Sind die nachhaltigen Ergebnisse beispielsweise absolut oder relativ? Das Beispiel Walmart ist sicherlich relativ. Die verbesserte Energieeffizienz sowie der positive Umwelteinfluss müssen verglichen werden mit Walmarts Einfluss ohne jegliche Nachhaltigkeitsinitiativen. Es wäre sicher schwierig zu argumentieren, dass Walmarts absoluter Nettoeinfluss auf die globale Umwelt positiv ist, angesichts der Mengen an Energie, die das Unternehmen verbraucht, und der Mengen an Müll, die es produziert. Sollten wir Walmart für seine Verbesserungen Anerkennung zollen? Oder sollten wir diese Bemühungen nur dann wirklich anerkennen, wenn Walmarts Nettoeffekt auf die Umwelt positiv ist? Und wie soll der Einfluss auf die Gesellschaft berücksichtigt werden? Wir können dies nicht komplett analysieren, doch einige spezifische (positive und negative) Aspekte möchten wir an dieser Stelle erwähnen. Einerseits wurde Walmart (über seine Tochtergesellschaft Sam's Club) als einer der besten Arbeitgeber für Menschen mit Behinderung ausgezeichnet. Andererseits werden gegen das Unternehmen immer wieder Klagen wegen Diskriminierung eingereicht. Einerseits zeigen Recherchen, dass Walmart-Märkte sich negativ auf kleinere, lokale Konkurrenten sowie auf den lokalen Arbeitsmarkt und das lokale Wirtschaftswachstum auswirken. Andererseits bedeutet das aber vielleicht, dass lokal vorhandenes Kapital effektiver eingesetzt wird und die Kunden für ihr Geld einfach mehr bekommen. Das kann aber auch bedeuten, dass die entstehenden Gewinne von lokalen Märkten abgezogen werden und in die Unternehmenshierarchie fließen, was wiederum die wachsende Kluft zwischen Arm und Reich weiter vergrößert.

Sie sehen also, dass auch die Bewertung der Ergebnisse eines nachhaltigen Geschäftsmodells mit Herausforderungen verbunden ist, selbst wenn es nur darum geht, relative und absolute Auswirkungen zu vergleichen.

Eines der größten Probleme ist wieder einmal die Auswahl der richtigen Messgröße. Aus ökologischer Sicht könnte das die produzierte Müllmenge oder der Energieverbrauch sein. Aus gesellschaftlicher Sicht kommt es eher auf Einkommen, Einkommensverteilung oder Zugang zu Bildung an. Die Auswahl der Messgröße ist wiederum eng verknüpft mit den Prioritäten, die man innerhalb der Prozessperspektive festlegt. Man kann nicht alles gleichzeitig messen – jede Messgröße, die Sie auswählen, lässt also automatisch andere Aspekte in den Hintergrund treten.

Wirklich nachhaltige Geschäftsmodelle brauchen Zeit

Unser eigener Instinkt sagt uns, dass der Schlüssel zum wahren Verständnis nachhaltiger Geschäftsmodelle der Faktor Zeit ist. Legen Sie eher Wert auf kurzfristige oder langfristige Effekte? Messen Sie Ihre Zeit dabei in Monaten, Jahren oder Jahrzehnten?

Betrachten wir dazu die Stiftung SEED. SEED wurde 1997 von Rajiv Vinnakota und Eric Adler gegründet, um in einigen sozial benachteiligten Städten der USA den Zugang zu Schulbildung zu verbessern. Dabei wollte man vor allem Schülern weiterführender Schulen (ab einem Alter von etwa elf Jahren) qualitativ gute Bildung ermöglichen, da diese ansonsten höchst wahrscheinlich die Schule abgebrochen hätten. Der Zeitrahmen dieses Projekts lag nicht bei einem oder bei fünf Jahren. Das Zehnjahresziel bestand darin, die Schüler so zu unterstützen, dass sie die High School und das College abschließen konnten. Doch die Stiftung hatte ein noch längerfristiges Ziel: Man wollte die Städte wiederbeleben, indem eine qualitativ hochwertige Infrastruktur geschaffen werden sollte, die lokale Arbeitsplätze bot und letztendlich die einheimischen Collegeabsolventen dazu bringen sollte, wieder in ihre Heimatstadt zurückzukehren.

Ist der Zeitrahmen lang genug, wird es möglich, die ganzheitlichen und erweiterten Auswirkungen eines Geschäftsmodells zu sehen.

Dies ist ein guter Zeitpunkt, um sich die Messgrößen Ihres eigenen nachhaltigen Geschäftsmodells noch einmal genauer anzuschauen. Wenn Sie bereits mit der Bearbeitung von *Arbeitsblatt 15.2* begonnen haben, öffnen Sie noch einmal die entsprechende Datei oder nehmen Sie sich Ihren Ausdruck vor. Tragen Sie Informationen über die Messung und die Messgrößen ein. Es ist völlig in Ordnung, wenn Sie noch keine eindeutige Antwort geben können oder das Gefühl haben, es fehlen Ihnen noch Informationen. Schon wenn Sie diesen gesamten Prozess sorgfältig durchdenken, sind Sie damit weiter als die große Mehrheit aller Manager und Unternehmer!

Mit das Beste, das Sie an dieser Stelle tun können, ist es, all Ihre vorläufigen Ideen, wie Sie Ihr Geschäftsmodell nachhaltig gestalten können, den intelligentesten und cleversten Leuten vorzulegen, die Sie kennen. Vielleicht sind das Branchenexperten, Kollegen oder auch Familienmitglieder. Denken Sie immer daran, dass es – wenn überhaupt – nur sehr wenige konkrete Antworten gibt, wenn es um groß angelegte Nachhaltigkeit geht. Aus einem Gespräch mit Menschen, denen Sie vertrauen, können Fragen und Ideen entstehen, die Sie bei der Entwicklung Ihres Geschäftsmodells ein großes Stück weiterbringen oder Ihnen sogar den Weg zu neuen, innovativen Geschäftsmodellen weisen.

Die Forschungsarbeit zum Thema Nachhaltigkeit und Geschäftsmodelle steckt noch in den Kinderschuhen. Wir haben uns eingehend mit über einem Dutzend Technologieunternehmen weltweit beschäftigt, die sich alle noch in der Startphase befinden und nachhaltige Aspekte in ihren Geschäftsmodellen aufweisen. Einige dieser Unternehmen sind bisher sehr erfolgreich, andere scheiterten. Insgesamt gesehen konnten wir nicht feststellen, dass es das Element der Nachhaltigkeit war, das Erfolg oder Misserfolg entscheidend beeinflusste. Wir nehmen vielmehr an, dass clevere Unternehmer Mittel und Wege finden können, um nachhaltige Geschäftsmodelle attraktiv und wettbewerbsfähig zu machen und die Nachhaltigkeit sogar in einen Leistungsvorteil zu verwandeln. Gleichzeitig gibt es aber auch kaum Beweise dafür, dass ökologische oder soziale Nachhaltigkeit für sich allein genommen als Erfolgsgarant ausreicht.

Unsere Leitlinie für Unternehmer und Manager ist einfach. Schauen Sie sich um. Betrachten Sie Ihr eigenes Unternehmen, Ihre Kommune, Ihre Branche und Ihr Land. Trägt Ihre Arbeit, langfristig gesehen, zu einer Verbesserung in irgendeinem dieser Bereiche bei? Und wenn Sie alles einmal an die nächste Generation weitergeben – geben Sie dann mehr Probleme weiter, die man lösen muss, oder mehr Chancen, von denen man profitieren kann? Wird die nächste Generation glücklicher und gesünder sein aufgrund Ihres Geschäftsmodells? Oder wird sie härter arbeiten müssen und dennoch weniger erreichen, da sie von sozialen und ökologischen Schäden ausgebremst wird?

Atmen Sie jetzt einmal tief durch, gewinnen Sie etwas Abstand und betrachten Sie unseren gesamten Planeten. Beachten Sie dazu drei Dinge:

1. Unsere Erde ist das Einzige, das Sie wirklich mit jedem anderen Menschen teilen.
2. Anders als Ihre Organisation, Ihre Kommune, Ihre Branche oder Ihr Land – die Erde können Sie nicht verlassen.
3. Gleichgültig, was Sie tun – die Erde ist der einzige Planet, der der nächsten Generation zur Verfügung steht. Was werden Sie hinterlassen?

Ist Ihr Geschäftsmodell nachhaltig?

Fazit

- Der Begriff „nachhaltiges Geschäftsmodell" ist eine kurze Beschreibung für ein Geschäftsmodell, das untrennbar mit ökologischen Aspekten verbunden, aber auch langfristig überlebensfähig ist.
- Nachhaltigkeit kann anhand von Intention, Prozessen und/oder Ergebnissen gemessen werden.
- Will man die Nachhaltigkeit eines Geschäftsmodells grundlegend verstehen, muss man auch den zeitlichen und wirtschaftlichen Kontext berücksichtigen.
- Bisher gibt es keine allgemein gültigen Richtlinien oder Parameter, um ein nachhaltiges Geschäftsmodell genau zu identifizieren.

16

Zurück zu den Grundlagen

Wir haben einen weiten Weg zurückgelegt und dabei Geschäftsmodelle gestaltet, erstellt und an veränderte Situationen angepasst.

In diesem Kapitel möchten wir

- diesen Weg nochmals zusammenfassen und die einzelnen Schritte miteinander verbinden.
- einige Anmerkungen zum Thema Geschäftsmodelle machen, die nicht für gewinnorientierte Unternehmen bestimmt sind.
- dieses Buch mit einigen letzten Tipps beenden.

Warum Geschäftsmodelle wichtig sind

Ein erfolgreiches Geschäftsmodell verknüpft Ressourcen, Transaktionen und Wertschöpfung miteinander. Für die Entwicklung erfolgreicher Modelle gibt es eine Reihe hilfreicher Managementkonzepte und Systeme. Die Arbeitsblätter und Aufgaben in diesem Buch dienten Ihnen als Anleitung, um eine ganze Reihe von Geschäftsmodellen zu erstellen und zu bewerten. Sie verfügen jetzt über alle nötigen Hilfsmittel und Instrumente, um Geschäftsmodelle für Ihre eigene Organisation zu gestalten, zu erstellen und anzupassen.

> *„Das Entscheidende war für uns, das richtige Geschäftsmodell zu entwerfen, um es dann mit erstklassiger Technologie zu unterlegen und zu stützen. Bei Merrill hieß das, nicht das zu tun, womit die Leute gerechnet hatten."*
>
> *John McKinley, ehemaliger CTO bei Merrill Lynch (persönliche Korrespondenz)*

Die gute Nachricht ist, dass Ihr Geschäftsmodell der beste Indikator dafür ist, ob Ihre Organisation dauerhaft überlebensfähig ist oder nicht. Wenn Sie sich also die Zeit nehmen, um alle Elemente Ihres aktuellen oder neuen Geschäftsmodells zu entwickeln und miteinander zu verbinden, ist das auf jeden Fall ein lohnenswerter und informativer Schritt in Richtung Wachstum und Erfolg.

Die schlechte Nachricht ist, dass wir nicht immer vorhersehen können, warum manche Geschäftsmodelle erfolgreich sind und andere nicht. Die theoretische Analyse am Schreibtisch hat ihre Grenzen; manche Geschäftsmodelle müssen einfach in der Praxis und auf dem Markt getestet werden. Für diesen Prozess stehen Ihnen eine ganze Reihe verschiedener Optionen zur Verfügung – von Gedankenexperimenten bis hin zu konkreten Pilotprojekten. Diese Tests sind besonders wichtig, wenn Sie eine Geschäftsmodellinnovation umsetzen möchten, also ein völlig neues Modell schaffen.

Eine gute Idee ist nicht genug

Eine gute Idee oder Innovation ist nicht das Gleiche wie ein erfolgreiches Geschäftsmodell. Ein Geschäftsmodell setzt bei dem Aspekt an, wie die Idee innerhalb des Marktumfelds funktioniert. Es sind einige Organisationselemente erforderlich, um die Idee zu entwickeln und zu verbreiten. Außerdem muss es die richtigen Transaktionen geben, um Mehrwert zu schaffen und zu nutzen. Viele Unternehmer machen den Fehler, zu glauben, dass sich schon irgendwie ein Geschäftsmodell ergeben wird, solange ihre Idee nur gut genug oder wichtig genug ist oder sie damit einfach „das Richtige" tun.

Eine passgenaue Strategie kann Ihrer Organisation gegenüber Ihren Konkurrenten eine gute Marktposition verschaffen. Engagierte Mitarbeiter sorgen dafür, dass die Organisation effektiv funktioniert und wichtige Ressourcen optimal nutzt. Einen Mehrwert für Nutzer und Kunden zu schaffen, bietet die Chance auf kurzfristige und langfristige finanzielle Einnahmen. Und dennoch kann Ihr Unternehmen nur langfristig überleben, wenn all diese einzelnen Elemente in einem kohärenten Geschäftsmodell perfekt ineinandergreifen.

An den Anfang dieses Buchs haben wir ein Zitat von Sal Khan gesetzt, der angab, für seine Khan Academy kein Geschäftsmodell zu haben. Tatsache ist, dass es hier durchaus ein Geschäftsmodell gibt, das ganz auf die Idee ausgerichtet ist, dass Bildung allgemein zugänglich sein sollte. Sicherlich können wir alle der Aussage zustimmen, dass aus der Perspektive des gesellschaftlichen Nutzens und der Gerechtigkeit allgemein zugängliche Bildung eine gute Idee ist. Aber eine gute Idee ist eben nicht genug. Das Geschäftsmodell der Khan Academy ist unvollständig: Es verfügt über eine Strategie, sehr gute Mitarbeiter und kann Mehrwert schaffen. Damit erfüllt die Kahn Academy zweifellos einen wichtigen Zweck und generiert Ergebnisse. Gleichzeitig gibt es aber bisher keine Beweise dafür, dass das Geschäftsmodell der Khan Academy auch dauerhaft funktionieren kann.

Sebastian Thrun merkte dazu an, dass selbst ein so anerkennenswertes Projekt wie die Khan Academy früher oder später ein Geschäftsmodell braucht, um langfristig überleben zu können. Es ist eine sehr schöne Vorstellung, alle Bildungssysteme weltweit könnten so umgestaltet werden, dass alle Lerninhalte kostenlos zur Verfügung stünden und verfügbar wären. Aktuell ist die Khan Academy eine gemeinnützige Organisation, die immer wieder auf Spendenaktionen angewiesen ist, um ihre Kosten zu decken.

Geschäftsmodelle müssen nicht „nett" sein

Wir sind, ebenso wie viele andere Wissenschaftler und Praktiker, davon überzeugt, dass das Unternehmertum eines der wichtigsten sozialen Phänomene der modernen Zeit ist. Und wir glauben auch, dass das Unternehmertum ein nahezu unerschöpfliches Potenzial hat, die Welt zu verbessern – seinen wenigen „schwarzen Schafen" und seiner dunklen Seite zum Trotz.

Allerdings gibt es keine strukturellen Mechanismen, die dafür sorgen, dass Unternehmen beständig und ganzheitlich einen Beitrag leisten, um die Welt besser zu machen. Nationale und internationale Gesetzgebungen bieten nur begrenzt die Möglichkeit, kommerzielle Organisationen daran zu hindern, Schaden anzurichten. Diese Verantwortung liegt bisher vor allem bei den einzelnen Unternehmern und deren Umfeld.

Geschäftsmodelle müssen also nicht „nett" sein.

Geschäftsmodelle funktionieren innerhalb eines größeren wirtschaftlichen Zusammenhangs. Ein erfolgreiches Modell kann also durchaus wirtschaftlichen Mehrwert schaffen und gleichzeitig in anderen Bereichen Schaden anrichten.

Betrachten wir die Welt des Profi-Autorennsports (z.B. die Formel 1, NASCAR). Dieser Sport verbindet eine Reihe verschiedenster Organisationen, Nutzer und Kunden auf höchst komplexe Weise miteinander. Autohersteller beteiligen sich aus unterschiedlichen Gründen – Forschung und Entwicklung, Imagestärkung, kompetitive Notwendigkeit spielen ebenso eine Rolle wie potenziell gute PR und ein hoher Werbewert. Sponsoren der Autoindustrie und des Sports nutzen die hochkarätig besuchten Events zu Werbezwecken. Und die Fahrer können, gelinde gesagt, einzigartige Erfahrungen sammeln und eine steile Karriere machen. Und wie steht es mit den Kunden?

Warum schauen wir uns Autorennen an? Manche haben einfach nur Spaß an der extremen Geschwindigkeit und der Wettbewerbssituation, andere sind vielleicht beruflich mit der Branche und der genutzten Technologie verbunden, einige schauen sicher auch zu, um spektakuläre Unfälle zu sehen. Und auch die Dramen rund um mögliche Betrügereien in einigen Leistungsklassen könnten für einige Zuschauer durchaus zur Attraktivität des Sports beitragen.

„... Irgendwie kann man verstehen, warum diese Leute die Grenzen überschreiten. Das heißt nicht, dass dies gut ist, und natürlich werden sie schwer bestraft, wenn sie erwischt werden. Es steht einfach Risiko gegen Gewinn und diese Leute haben anscheinend entschieden, dass ihnen das reicht. Für den Sport selbst ist es schlimm, dass sich der Fokus nun darauf richtet, doch ich sage einmal, dass so ein Drama immer spannender ist als ein normales Rennen. Es zieht einfach mehr Aufmerksamkeit auf sich. Das Geschäftsmodell Autorennen ist kein schönes."

Jeff Gordon

Facebook, Google und andere Internetplattformen wurden aufgrund ihrer verschiedenen Werbepraktiken und -maßnahmen bereits rechtlich überprüft und auch scharf kritisiert. Sollten diese Unternehmen zur Verantwortung gezogen werden für die Inhalte, die den Nutzern auf ihren Seiten gezeigt werden – besonders wenn diese Nutzer die Dienstleistung umsonst erhalten? Aktuell ist dies eine Frage von Ethik und sozialer Verantwortung, die sich nicht direkt oder offensichtlich wirtschaftlich auf die Geschäftsmodelle der Unternehmen auswirkt.

„Es frustriert mich, dass immer mehr Menschen anscheinend davon ausgehen, dass ein Unternehmen, das sein Geschäftsmodell auf Werbung ausrichtet, automatisch nicht mehr voll auf seine Kunden ausgerichtet ist. Diese Vorstellung halte ich für absolut lächerlich."

Mark Zuckerberg, CEO von Facebook

Denn wenn die Nutzer der Meinung wären, sie erhielten aufgrund der Werbepraktiken der Internetdienste unter dem Strich keinen positiven Mehrwert mehr, würden sie doch sicherlich einfach aufhören, die Plattform zu nutzen. Und denken wir außerdem daran, dass die Kunden einer Plattform wie Facebook oder Google ja eigentlich die Werbenden sind und nicht die Konsumenten, die die sozialen Netzwerke oder Suchmaschinen nutzen. Ein Nutzer nutzt, ein Kunde zahlt. Die wahren Kunden von Facebook und Google sind die Werbenden. Und einige von ihnen nutzen diese Stellung inzwischen durchaus für sich aus.

Auch über Mediennetzwerke könnten wir Ähnliches berichten. Diese setzen meist besonders auf Werbeeinnahmen, um die Kosten für Produktion oder Einkauf von Sendeinhalten (z.B. Shows) auszugleichen. Wie der renommierte Produzent Joss Whedon angemerkt hat, ist dies ein Beispiel eines Geschäftsmodells, das sowohl einen Zweck als auch eine Struktur hat. Die Inhalte selbst sind dabei nur zum Teil relevant, da das Geschäftsmodell mit verschiedensten Arten von Inhalten funktionieren kann, deren Zielgruppe eben viele verschiedene Zuschauergruppen sind. Whedon merkt an, dass hier kein ethisches oder moralisches Urteil abgegeben werden sollte – die Netzwerke nutzen dieses Geschäftsmodell einfach, um Geld zu verdienen, da es sich ja auch um wirtschaftlich orientierte Unternehmen handelt.

Sicherlich gibt es auch Modelle, die mit werbefreien Inhalten arbeiten und Anbieter wie etwa Amazon oder Apple experimentieren bereits mit verschiedenen Geschäftsmodellen. Entscheidend ist, dass es in jedem Fall ein Geschäftsmodell geben muss, das Mehrwert schafft und nutzt und dadurch langfristig überlebensfähig ist.

Auch bei den Printmedien kann man derartige Spannungen beobachten. Viele Tageszeitungen mussten Konkurs anmelden, da das Internet die Art und Weise, wie Informationen aufgenommen, bewertet und vertrieben werden, grundlegend verändert hat. Geschäftsmodelle sind nicht fair oder gerecht – besonders nicht in Branchen, die sich gerade drastisch verändern. Vielleicht reagieren wir mit Empörung auf die neue Herausforderung, der sich unabhängige Medienunternehmen stellen müssen (z.B. The Guardian) oder auf die veränderten Eigentumsverhältnisse (z.B. The Independent). Vielleicht machen wir uns Sorgen wegen des zunehmenden Erfolgs von Geschäftsmodellen, die die Verbreitung von Fake News erleichtern. Oder wir fragen uns, wie effektiv Bemühungen von der Basis sein können, die sicherstellen möchten, dass Werbende sich darüber bewusst sind, dass sie möglicherweise fragwürdige oder unwahre Inhalte unterstützen.

> *„Zeitungen mit sinkender Auflage können sich über ihre Leser noch so bitter beklagen und sogar schimpfen, sie hätten keinen Geschmack. Über kurz oder lang werden sie pleitegehen. Eine Zeitung ist keine öffentliche Stiftung – sie hat ein Geschäftsmodell, das entweder funktioniert oder eben nicht."*
>
> *Marc Andreessen*

Bei solchen Fragen geht es um viel mehr als nur darum, warum Geschäftsmodelle funktionieren oder warum sie erfolgreich sind. Das Thema ethisch und sozial verantwortungsvollen Handelns kann innerhalb des Systems eines Geschäftsmodells nicht voll und ganz geklärt und abgedeckt werden. Ein Geschäftsmodell funktioniert innerhalb eines größeren Zusammenhangs und es reflektiert die Realität dieses Zusammenhangs, der natürlich auch wichtige ethische und rechtliche Aspekte beinhaltet. Erfolgreiche Geschäftsmodelle spiegeln im Grunde all das wider, wofür wir als kollektive Gesellschaft bereit sind, Geld zu bezahlen.

Bei einem Geschäftsmodell geht es nicht nur ums Geschäft

Zwar haben wir uns in diesem Buch vornehmlich auf gewinnorientierte Unternehmen konzentriert, doch ein Geschäftsmodell ist für jede Art von Organisation wichtig. Sobald irgendeine Form organisierten Handelns vorliegt, gleichgültig ob formell oder informell, legal oder illegal, mit positivem oder negativem Zweck, gewinnorientiert oder gemeinnützig – es gibt in jedem Fall ein Geschäftsmodell. Und es lassen sich immer die gleichen Systeme und Werkzeuge anwenden. Die wesentliche Unterscheidung ist in der Regel die jeweilige Definition des Begriffs „Mehrwert".

Tatsächlich besteht eines der wirkungsvollsten und wichtigsten Ergebnisse des Einsatzes der bekannten Tools (RTW, Lean Canvas, OBMC) für eine nicht traditionelle Organisation, in der auch andere Aspekte wie ein angenehmes Arbeitsklima eine Rolle spielen, in der Erkenntnis, dass entscheidende Modellelemente wie Wertschöpfung, Kundenbedürfnisse und zentrale Ressourcen unbedingt im Vorfeld klar definiert werden müssen.

Vielleicht ertappen Sie sich ja dabei, die Ihnen nun vertraute Denkweise bezüglich Geschäftsmodellen auch zur Bewertung anderer nicht gewinnorientierter Organisationen anzuwenden, z.B. Bildungseinrichtungen, Regierungsbehörden, Stiftungen, Nichtregierungsorganisationen, kommunale Gruppierungen oder Onlineforen. Wie sieht das Geschäftsmodell der Vereinten Nationen aus? Der FIFA? Des MI6? Der Pfadfinder? Welchen Mehrwert schafft jede dieser Organisationen? Wer sind die Kunden und welche Bedürfnisse haben sie? Welche entscheidenden Ressourcen nutzen diese Einrichtungen, um Mehrwert zu schaffen und zu nutzen?

Kernaussagen dieses Buchs

Unsere Reise durch die Welt der Geschäftsmodelle umfasste – schlussendlich analysiert – vier wichtige Themen:

- Was Geschäftsmodelle sind (und was nicht).
- Welche Elemente ein Geschäftsmodell enthält.
- Welche Tools zur Analyse eines Geschäftsmodells hilfreich sind.
- Welchen Zyklus es gibt, um Geschäftsmodelle zu bewerten und zu verändern, auch im Hinblick auf Nachhaltigkeit.

Letztendlich stellt ein Geschäftsmodell ein Konstrukt dar, das durch eine grafische Darstellung oder eine Geschichte veranschaulicht wird. Es beschreibt eine Reihe organisationaler Elemente und verdeutlicht, wie diese Elemente zusammenarbeiten. Diese Elemente sind ausgerichtet auf Ressourcen, Transaktionen und Wertschöpfung. Wenn sie kohärent sind und in ihrer Funktion ein gemeinsames, stimmiges und überzeugendes Narrativ bilden, so kann das Geschäftsmodell dauerhaft überlebensfähig sein. Wir können verschiedene Canvases und Systeme nutzen, um Geschäftsmodelle zu beschreiben, zu ergründen, zu bewerten und zu verändern. Und wir wissen, dass jedes Geschäftsmodell letztendlich in der realen Welt getestet werden muss; es gibt keine Erfolgsgarantie!

Inzwischen haben wir unserem Repertoire an organisationalen Veränderungen eine neue Variante, die Geschäftsmodellinnovation, hinzugefügt. Und wir können klarer durchdenken, wie und warum Geschäftsmodelle nachhaltig sind oder nicht. Als Unternehmer, Manager, Treuhänder, Aktionäre und Konsumenten können wir uns dafür entscheiden, Wertschöpfung als ein ganzheitliches Projekt zu betreiben, das auch langfristigen ökologischen und sozialen Nutzen bringt.

Wir arbeiten täglich mit Unternehmern, die eine Veränderung in ihrer Organisation bewirken möchten. Manche werden dabei erfolgreich sein, andere nicht. Manche dieser Veränderungen konzentrieren sich vielleicht auf Gewinnmaximierung, bei anderen geht es dagegen darum, die Welt zu verbessern. Manche nutzen altbewährte Geschäftsmodelle, um nachhaltige und vertrauenswürdige Organisationen zu schaffen. Wieder andere generieren völlig neue Geschäftsmodelle, die ihr Unternehmen, ihre Branche und sogar die Gesellschaft verändern.

Angesichts der Komplexität und Verwirrung innerhalb der Geschäftswelt bieten Geschäftsmodelle ein effektives und aufschlussreiches Werkzeug, um neue Geschäftschancen zu ergründen.

Damit beenden wir unsere Reise rund um das Thema Geschäftsmodelle. Wohin wird Sie Ihre Reise führen?

„Einfach nur durch die Nutzung ihrer Kernkompetenzen und ihres Fachwissens können Organisationen und Unternehmer ein neues Geschäftsmodell schaffen, das es ihnen ermöglicht, die Gesellschaft auf reale und nachhaltige Weise zu verändern – und dies auch zu zeigen."

Muhammad Yunnus

Fazit

- Ein Geschäftsmodell ist ein Konstrukt, das Ressourcen, Transaktionen und Wertschöpfung miteinander verbindet.
- Die Geschäftsmodellanalyse ist der bestmögliche Indikator dafür, ob eine Organisation überlebensfähig ist.
- Geschäftsmodelle müssen getestet werden: Wir können nicht immer vorhersagen, warum manche Modelle funktionieren und andere nicht.
- Die Geschäftsmodellinnovation ist ein Prozess, der hohe Risiken birgt, aber auch ein hohes Gewinnpotenzial beinhaltet.
- Erfolgreiche Geschäftsmodelle reflektieren die Normen und Werte des weiter gefassten sozio-ökonomischen Kontexts: Geschäftsmodelle müssen nicht „nett" sein.

Literaturverzeichnis

Im September 2017 ergab eine Internetsuche nach dem Suchbegriff „Geschäftsmodell" auf Google Scholar ganze 600.000 Treffer. Das zeigt deutlich, dass sich keine umfassende Literaturliste zu diesem Thema erstellen lässt, die alle relevanten akademischen und praxisbezogenen Veröffentlichungen abdeckt.

Die unten aufgeführte Liste haben wir aus einem bestimmten Grund erstellt: Wir wollten dem interessierten Leser, der mehr über Geschäftsmodelle erfahren möchte, den Einstieg in dieses Thema erleichtern. Wir haben die Liste zur Vereinfachung in die Bereiche „akademisch" und „praxisnah" unterteilt, wobei die Einteilung auf unserer persönlichen Einschätzung beruht, ob die jeweilige Veröffentlichung besser für Akademiker oder Praktiker geeignet ist. Dies ist unsere persönliche Meinung zu wichtigen Titeln, die es dem Leser ermöglichen, sich genauer über das Thema Geschäftsmodelle zu informieren.

Doch auch ein interessierter Praktiker kann einiges aus der Lektüre vieler der akademischen Titel für sich mitnehmen; umgekehrt tut ein praxisorientierter Akademiker ebenso gut daran, sich mit Veröffentlichungen zu beschäftigen, die sich direkt auf die Praxis des Managements beziehen. Und unsere Leser mögen es uns bitte nachsehen, dass wir auch unsere eigenen Beiträge zum Thema in die Liste aufgenommen haben.

Akademische Literatur

Bock, A. J., Opsahl, T., George, G. & Gann, D. M. (2012). The effects of culture and structure on strategic flexibility during business model innovation. Journal of Management Studies, 49(2), 279–305.

Chesbrough, H. & Rosenbloom, R. S. (2002). The role of the business model in capturing value from innovation: evidence from Xerox Corporation's technology spin-off companies. Industrial and corporate change, 11(3), 529–555.

Chesbrough, H. (2010). Business model innovation: opportunities and barriers. Long range planning, 43(2), 354–363.

DaSilva, C. M., & Trkman, P. (2014), Business model: what it is and what it is not. Long range planning, 47(6), 379–389.

Desyllas, P., Salter, A. & Oliver, A. (2017). When Does Business Model Reconfiguration Create Value? Strategic Management Journal.

George, G. & Bock, A. J. (2011). The business model in practice and its implications for entrepreneurship research. Entrepreneurship theory and practice, 35(1), 83–111.

Foss, N. J. & Saebi, T. (2017). Fifteen years of research on business model innovation: How far have we come, and where should we go? Journal of Management, 43(1), 200–227.

Morris, M., Schindehutte, M. & Allen, J. (2005). The entrepreneur's business model: toward a unified perspective. Journal of business research, 58(6), 726–735.

Stubbs, W. & Cocklin, C. (2008). Conceptualizing a „sustainability business model". Organization & Environment, 21(2), 103–127.

Zott, C. & Amit, R. (2007). Business model design and the performance of entrepreneurial firms. Organization science, 18(2), 181–199.

Zott, C. & Amit, R. (2008). The fit between product market strategy and business model: implications for firm performance. Strategic management journal, 29(1), 1–26.

Zott, C. & Amit, R. (2010). Business model design: an activity system perspective. Long range planning, 43(2), 216–226.

Praxisnahe Literatur

Amit, R. & Zott, C. (2012). Creating value through business model innovation. MIT Sloan Management Review, 53(3), 41.

Bock, A. J. & George, G. (2014). Agile business model innovation. European Business Review, 8.

Casadesus-Masanell, R. & Ricart, J. E. (2011). How to design a winning business model. Harvard business review, 89(1/2), 100–107.

Chesbrough, H. (2007). Business model innovation: it's not just about technology anymore. Strategy & leadership, 35(6), 12–17.

Christensen, C. M., Bartman, T. & Van Bever, D. (2016). The hard truth about business model innovation. MIT Sloan Management Review, 58(1), 31.

Fernández, E., Montes, J. M. & Vázquez, C. J. (2000). Typology and strategic analysis of intangible resources: A resource-based approach. Technovation, 20(2), 81–92.

George, G. & Bock, A. J. (2012). Models of opportunity: How entrepreneurs design firms to achieve the unexpected. Cambridge University Press.

Giesen, E., Berman, S. J., Bell, R. & Blitz, A. (2007). Three ways to successfully innovate your business model. Strategy & leadership, 35(6), 27–33.

Johnson, M. W., Christensen, C. M. & Kagermann, H. (2008). Reinventing your business model. Harvard business review, 86(12), 57–68.

Magretta, J. (2002). Why business models matter. Osterwalder, A. & Pigneur, Y. (2010). Business model generation: a handbook for visionaries, game changers, and challengers. John Wiley & Sons.

Weill, P. & Vitale, M. (2001). Place to space: Migrating to eBusiness Models. Harvard Business Press.

Index

A

B

C

D

E

F

G

O

P

R

S

T

U

V

W

Y